ÉLÉMENTS

DE

GÉOLOGIE SACRÉE

A L'USAGE

DES SÉMINAIRES ET DES COLLÉGES

Par l'Abbé DANIÉLO

Ancien Professeur de Mathématiques et de Physique au Petit-Séminaire de Sainte-Anne, diocèse de Vannes

CURÉ DE GUER.

PARIS

GAUME ET Cie, RUE CASSETTE, 4

VANNES

LIBRAIRIE DE LA MAISON DE LAMARZELLE.

1851.

ÉLÉMENTS

DE

GÉOLOGIE SACRÉE.

ÉLÉMENTS

DE

GÉOLOGIE SACRÉE

A l'usage

DES SÉMINAIRES ET DES COLLÉGES

Par l'abbé **DANIÉLO**

ANCIEN PROFESSEUR DE MATHÉMATIQUES ET DE PHYSIQUE AU
PETIT-SÉMINAIRE DE SAINTE-ANNE, DIOCÈSE DE VANNES

CURÉ DE GUER.

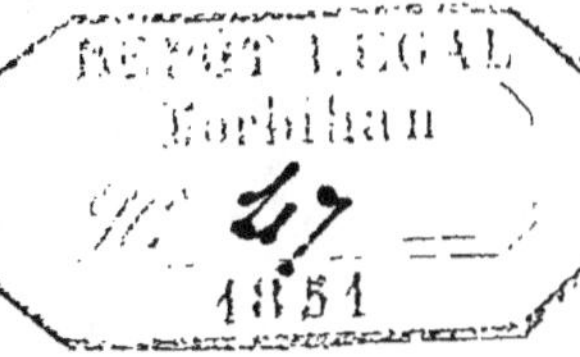

PARIS.

GAUME ET Cⁱᵉ, RUE CASSETTE, 4.

VANNES.

LIBRAIRIE DE LA MAISON DE LAMARZELLE,

1851.

PRÉFACE DE L'AUTEUR.

La géologie, par ses rapports intimes avec le plus
ancien de nos livres sacrés, touchant aux questions
les plus importantes de la philosophie chrétienne, sur
l'origine du monde, sur la création et l'organisation
du globe, sur le déluge, etc., est devenue non-seulement la première des sciences naturelles, mais encore la première des sciences philosophiques, par le
haut intérêt religieux qui s'y rattache. Elle est donc
appelée à devenir le complément nécessaire de toutes
les études sérieuses, et bientôt il ne sera permis à
personne de lui rester entièrement étranger. Depuis
longtemps elle a formé de nombreuses sociétés dont
les recherches et les observations l'enrichissent et
l'éclairent; elle a ses publications périodiques; elle
a sa place dans tous les ouvrages des savants; elle a
ses professeurs et ses cours spéciaux; déjà elle est
entrée jusque dans l'enseignement théologique, par
es écrits et sous la direction de plusieurs de nos il-
ustres et vénérables évêques.

En offrant tout particulièrement aux élèves des séminaires ces *Éléments de Géologie*, j'aime à me rappeler que les conciles de ces dernières années nous ont recommandé l'étude des sciences comme un devoir, nouveau peut-être, mais qui nous est imposé par les exigences de notre époque. Car il n'a jamais été plus vrai de dire, comme Mgr l'Archevêque de Paris [1] : « Chaque siècle a ses goûts, ses aptitudes
» et comme sa passion dominante. De nos jours les
» esprits élevés aiment, estiment, cultivent plus ac-
» tivement la science. C'est donc un devoir plus ri-
» goureux pour le prêtre d'étudier non-seulement
» la science sacrée, mais encore les sciences pro-
» fanes, en les coordonnant, en les rapportant à la
» science sacrée. L'Eglise a toujours aimé la science;
» ce serait même une erreur de croire que la piété
» suffise. Il faut que les jeunes ecclésiastiques ne
» redoutent aucune épreuve, ne négligent aucune
» étude : *Deus scientiarum Dominus est.* »

Lorsque je préparais ce petit travail, je n'avais pas d'autre pensée que celle qui est si bien exprimée dans ces augustes paroles. En le publiant, je n'ai qu'un seul désir : venir au secours de mes confrères dans l'examen des difficultés faites quelquefois à Moïse par les gélogues ; aider le travail des jeunes gens studieux des séminaires et des colléges chrétiens. Ils trouveront dans ces éléments tous les ren-

1 Paroles de Mgr Sibour adressées aux élèves du Séminaire de St-Sulpice le 21 novembre 1850.

seignements dispersés dans de grands ouvrages qu'ils n'ont souvent ni le moyen de se procurer ni le temps de consulter.

Ce n'est point un traité de haute science que nous avons voulu entreprendre ; c'est encore moins un nouveau système que nous aurions eu la prétention de proposer : c'est tout simplement une humble et modeste analyse de ce que nous ont appris de plus positif les savants que nous avons vus ou étudiés, un compte-rendu de l'état actuel des sciences géologiques et un examen de leurs rapports avec la cosmogonie sacrée.

Ce manuel s'est divisé naturellement en deux parties : la première est un abrégé des sciences géologiques, dans toute la simplicité qu'on peut lui donner ; la seconde est une discussion rapide des questions scientifiques considérées dans leurs rapports avec la Genèse. Il n'est guère de livres qui renferment plus de choses en moins de pages : il n'est pas un fait de quelque importance dans la science, pas un phénomène remarquable, pas un système de quelque valeur qui n'y soit indiqué et apprécié. Pour ne pas rompre, par des observations trop fréquentes et parfois un peu longues, l'ensemble de l'analyse que nous avions à exposer, nous avons réuni dans un même chapitre de la seconde partie les objections qui peuvent être faites contre quelques théories géologiques très-contestables, et dans le dernier nous avons réuni de même les principaux arguments que nous fournit la géologie pour démontrer l'existence

nécessaire d'un Créateur suprême, et pour ruiner par
des preuves de faits évidents et palpables la doctrine
matérialiste ou panthéiste de l'éternité de la matière,
de la génération spontanée, du développement graduel des espèces, etc.

Dans l'exposé des questions scientifiques, nous
avons toujours cherché à rester au point de vue où
se placent la plupart des savants, ne présentant avec
les caractères de la certitude que les faits bien dé-
montrés, et donnant comme simple hypothèse ce qui
n'est aussi qu'une hypothèse. Quand il s'est agi des
questions tout à la fois bibliques et géologiques,
nous ne pouvions les aborder qu'avec des précautions plus grandes encore ; et toutes les fois que
l'accord entre la Genèse et la Géologie s'est trouvé
trop difficile à établir, ce sont des théologiens du
plus grand mérite qui nous ont fourni les explications que nous avons proposées, non pas comme des
solutions définitives, mais comme des données pro-
visoires d'où la vérité pourra sortir un jour. En un
mot, nous n'avons fait que recueillir les enseigne-
ments des hommes de conscience et de savoir dont
les ouvrages sont venus à notre connaissance, et c'est
sous la protection de leur nom que nous publions
ces *Éléments de Géologie sacrée.*

ÉLÉMENTS

DE

GÉOLOGIE SACRÉE.

PREMIÈRE PARTIE.

ÉLÉMENTS DE GÉOLOGIE.

CHAPITRE PREMIER.

La Géologie. — La terre — sa forme — ses différents mouvements — sa surface — son atmosphère — son relief. — Partie de la terre connue des géologues. — Noyau. — Ecorce.

Étudier la structure et la composition du globe, rechercher les révolutions qui se sont opérées à sa surface et remonter aux causes qui ont dû les produire, tel est l'objet de la géologie.

La Terre.

La terre a la forme d'un sphéroïde aplati vers ses pôles et renflé à son équateur. La différence des deux rayons qui mesurent, l'un la distance du centre aux pôles et l'autre la distance du centre à l'un des points de l'équateur, est de 20,908 mètres ; c'est un peu plus de cinq lieues.

Comme toutes les planètes, la terre a un mouvement de rotation qu'elle exécute sur son axe, en 23^h $56'$ $4''$, et un mouvement de translation par lequel elle décrit une ellipse autour du soleil, en 365 jours 5^h $48'$ $45''$.

Sa surface, évaluée à 5,098,587 myriamètres carrés, est sillonnée par des montagnes, arrosée en tous sens par des fleuves, et les eaux de la mer en couvrent environ les trois quarts. Elle est enveloppée de toutes parts par cette masse gazeuse qu'on appelle atmosphère, et à laquelle on donne de quinze à vingt lieues de hauteur.

Les plus hautes montagnes ne s'élèvent pas à plus de deux lieues au-dessus du niveau de l'Océan, et il n'y a guère que les plaines des environs de la mer Caspienne qui soient au-dessous de ce niveau, de trente et quelques mètres.

La terre, dont la superficie nous semble si inégale, offrirait pourtant l'aspect d'un globe poli à un œil capable d'en embrasser le contour. C'est faire les plus hautes montagnes beaucoup trop élevées que de les comparer aux petites aspérités qui sont sur l'écorce d'une orange.

Les plus grandes profondeurs auxquelles on soit parvenu, soit en creusant des mines, soit en perçant des puits artésiens, ne sont pas de plus de 700 à 800 mètres au-dessous du niveau de l'Océan. Si on ne pouvait reconnaître, par une observation directe, une portion plus épaisse de l'écorce minérale du globe, ce serait bien peu de chose, pour avoir la prétention d'en juger ; mais les bouleversements qui ont eu lieu à sa surface, fournissent aux géologues des moyens d'exploration bien plus étendus. Les montagnes qui, en se levant, ont emporté à 3000 et 4000 mètres de hauteur les terrains qui les couvraient dans les plaines d'où elles sont sorties, les escarpements que présentent les falaises dans les pays à couches inclinées, les parties du sol qui ont été ouvertes ou rompues par des tremblements de terre, les vallées rongées et mises à nu par des cours d'eau, sont autant de moyens que nous offre la nature, pour étudier les matériaux qui composent le globe et la disposition qui leur a été donnée. A la profondeur des fouilles artificielles il faut donc ajouter la hauteur des montagnes que l'on a pu étudier, c'est-à-dire 4000 à 5000 mètres ; ce qui nous donne en tout une lieue et demie au plus, à peu près le millième du rayon terrestre, pour servir de base aux travaux des géologues. Cette épaisseur de la partie de la terre soumise aux recherches et aux études de la science, serait représentée par un millimètre sur une sphère qui aurait six mètres de circonférence.

En observant la structure et la constitution minérale du globe dans cette épaisseur dont il vient d'être fait mention, on reconnaît qu'il est composé de deux parties bien distinctes, dont l'une est comme son noyau et l'autre comme son écorce.

Le noyau se montre partout le même au-dessous de son enveloppe, qu'il perce en plusieurs points, en se mettant à son niveau et même en s'élevant fréquemment au-dessus d'elle. Les matériaux qui le composent sont tous d'une texture cristalline, durs et compactes ; caractères qui les distinguent des terrains qui les recouvrent.

L'écorce est composée de lambeaux plus ou moins étendus, plus ou moins rapprochés les uns des autres, et ces lambeaux sont eux-mêmes composés de parties distinctes et cependant intimement unies. Les différentes pièces superposées dans cette écorce ne sont pas d'une composition ni d'une structure homogènes dans leur ensemble, et de plus, il est évident que les matériaux qui y entrent n'ont pas la même origine que ceux qui forment le noyau. Leur épaisseur résulte d'une suite de zônes, de couches qui se distinguent par leur nature minéralogique, et surtout par les débris des corps organisés qu'elles renferment.

CHAPITRE II.

Noyau du globe. — Pesanteur. — Densité. — Chaleur centrale. — Effets de la chaleur centrale. — Eaux minérales et
thermales. — Explication des eaux thermales, par Laplace.
— Volcans. — Laves, puissance de l'agent qui les soulève. —
Nature des laves — leur température — leur marche — leur
épaisseur. — Tremblements de terre — leur étendue. — Soulèvements. — Formation des montagnes. — Nombre des volcans en activité.

Noyau du Globe.

Nous connaissons avec précision le volume de la
terre ; la physique et l'astronomie nous donnent le
moyen de calculer même sa pesanteur, et l'on sait
aujourd'hui d'une manière positive qu'elle pèse à peu
près cinq fois et demie autant que pèserait une masse
d'eau ayant les mêmes dimensions [1]. Nous sommes
donc en droit de conclure que l'intérieur de la terre
n'est rempli ni d'un mélange de gaz, ni d'une masse
d'eau, comme on le croyait il n'y a pas encore longtemps ; nous pouvons affirmer encore qu'il n'est pas
composé de pierres semblables à celles que nous
connaissons, puisque la densité des pierres les plus

[1] Playfair trouvait 4,7, Cavendish 5,5, et récemment
M. Reich 5,44.

pesantes est toujours au-dessous de trois, la pesanteur de l'eau étant prise pour unité. Mais en définitive, de quoi se compose l'intérieur de cette grande sphère ? C'est ce que nous ne savons pas et ce que nous ignorerons probablement toujours.

Quoi qu'il en soit de la nature des matériaux qui forment le noyau de la terre, il est probable qu'ils y sont soumis, au moins dans la partie supérieure, à une chaleur capable de les tenir dans un état de fusion constante. La chaleur intérieure du globe, confirmée par une foule de phénomènes, est devenue une des bases fondamentales de la géologie.

Chaleur centrale.

Il est reconnu de tous ceux qui sont descendus à quelques mètres de profondeur, dans l'intérieur de la terre, qu'il y fait plus chaud qu'à l'extérieur, et que cette chaleur augmente à mesure que l'on descend à une plus grande profondeur. C'est un fait prouvé par des observations directes faites dans les mines et sur la température des sources artésiennes, à l'aide du thermomètre. Il faut avouer pourtant que cette augmentation de chaleur n'est pas constamment la même, pour tous les lieux. En prenant le terme moyen, dans les diverses expériences qui ont été faites, la température du globe irait en augmentant d'un degré centésimal, pour trente mètres de profondeur.

Les calculs que les physiciens ont établis sur les

lois de la propagation de la chaleur, et en particulier
les travaux remarquables de M. Cordier, prouvent
que cette augmentation de température ne peut être
le résultat de l'action prolongée des rayons du soleil. La cause qui donne aux couches profondes une
température de plus en plus élevée, est donc une
chaleur propre à notre globe et tout-à-fait indépendante de l'action que le soleil exerce à sa surface,
action qui ne se fait sentir que dans la couche superficielle, où elle se borne à produire les alternatives
des saisons et la variété des climats.

En supposant que l'augmentation moyenne de
température soit d'un degré pour 30^m, et que cette
augmentation continue dans tout le noyau, en suivant la même proportion, on voit qu'il ne faudrait
pas descendre bien avant dans le sol pour trouver
une température égale à celle de l'eau bouillante, ou
même à celle qui ferait fondre les métaux et les roches que nous connaissons. Ainsi, à 3000^m ou trois
quarts de lieue, la chaleur serait telle, même dans
les climats les plus froids, que l'eau ne pourrait s'y
conserver liquide et qu'elle passerait à l'état de vapeur. A 3270^m, le soufre serait constamment à l'é-
tat de gaz ; à 6840^m, l'étain serait fondu et devien-
drait liquide comme le mercure l'est entre nos mains.
Aucun solide, même le plus réfractaire, ne pourrait
rester solide à la profondeur de 20 ou 25 lieues. Or,
qu'est-ce que cette profondeur dans une sphère dont
le centre est à près de 1500 lieues de la surface?

Sans qu'il soit nécessaire d'admettre que la chaleur va toujours augmentant jusqu'au centre, dans la proportion d'un degré pour 30^m, en supposant même que cette augmentation s'arrête à quelques lieues sous l'écorce, de même que, suivant M. Fourrier, l'abaissement de température s'arrête à — 40°, dans l'atmosphère, il est toujours bien probable que les parties moyennes et centrales de la terre diffèrent de ses parties superficielles en ce qu'elles sont tenues constamment à l'état de fusion par la chaleur, tandis que les couches extérieures sont à l'état solide et forment comme une croûte qui enveloppe de tous côtés la masse fluide de l'intérieur.

Effets de la chaleur centrale.

S'il est vrai qu'une explication facile d'un effet bien connu est une preuve qu'on en a trouvé la véritable cause, la chaleur intérieure de notre globe est un fait mis hors de doute; car elle donne la solution la plus simple de plusieurs problèmes des sciences naturelles qu'on ne saurait résoudre d'une manière satisfaisante sans son secours.

Ainsi les eaux minérales, ainsi les sources dont la température est quelquefois si élevée, trouvent une explication toute naturelle dans le fait de la chaleur centrale. Les eaux minérales sont celles qui sont chargées de gaz, de sels, en assez grande quantité pour qu'elles n'aient pas le goût et quelquefois la couleur de l'eau commune. On les trouve sous tous les climats, dans tous les terrains, mais particulièrement dans le voisinage des volcans éteints où en activité. La France seule en compte plus de deux cents, dont la plupart sont en même temps minérales et thermales. Leur origine, qui fut long-temps un mystère, s'explique facilement dans l'état de nos connaissances actuelles. C'est cette vaste mer composée de substances si variées, tenues constamment en fusion par la chaleur la plus intense, sous l'écorce du globe, qui fournit aux eaux minérales ces gaz, ces sels de toute espèce qu'elles tiennent en solution. Les vapeurs qui s'échappent continuellement de ce laboratoire inépuisable, pénètrent les couches qui les emprisonnent, s'y divisent, s'y déposent, et les eaux qui y circulent, soit liquides, soit en vapeur, les dissolvent et s'en chargent pour nous les apporter, lorsqu'elles sont forcées de venir sourdre à la surface du sol.

L'origine des eaux thermales s'explique encore par la chaleur centrale. Ces eaux, dont la chaleur s'élève quelquefois jusqu'à 80° et plus, ne descendent pas des lieux élevés, comme l'eau fraîche des puits et des fontaines; elles viennent de bas en haut, comme celle des puits artésiens, c'est-à-dire qu'elles viennent des couches de l'intérieur plus chaudes que celles de la surface, et par conséquent avec une température d'autant plus élevée qu'elles arrivent d'une plus grande profondeur; parce que, suivant les lois de l'équilibre de la chaleur, elles apportent à la surface de la terre la température des couches dans lesquelles elles ont séjourné.

« Si l'on conçoit, dit Laplace, que les eaux, en pénétrant dans l'intérieur d'un plateau élevé, rencontrent dans leur mouvement une cavité de 3000^m de profondeur, elles la rempliront d'abord ; ensuite, acquérant à cette profondeur une chaleur de 100° au moins, et devenues par-là plus légères, elles s'élèveront et seront remplacées par les eaux supérieures, en sorte qu'il s'établira deux courants d'eau, l'un montant, l'autre descendant, perpétuellement entretenus par la chaleur intérieure de la terre. Ces eaux, en sortant de la partie inférieure du plateau, auront évidemment une chaleur bien supérieure à celle de l'air au point de leur sortie. »

Les volcans, leurs éruptions, les tremblements de terre, les soulèvements du sol, sont encore autant d'effets qu'on peut attribuer à la même cause. Les gaz qui se dégagent continuellement de la masse minérale tenue à l'état liquide au foyer de la chaleur centrale, tendent à s'échapper à l'extérieur aussitôt qu'ils sont produits. Leur pesanteur spécifique les porte vers les couches supérieures, et le ressort que leur donne leur haute température, en fait un levier puissant contre l'écorce du globe. « [1] S'il se rencontre dans les roches des fissures qui communiquent jusqu'à la surface du sol, ils s'écoulent facilement ; mais lorsqu'il n'y a point d'issue, ils s'accumulent dans les cavités intérieures, comme il arrive dans le réservoir d'une machine à vapeur ; ils

---

[1] N. Boubée.

s'amoncèlent, ils se compriment jusqu'à ce que, excités par la grande chaleur à laquelle ils sont soumis, ils puissent percer, soulever ou déchirer la croûte terrestre qui les retient prisonniers. Dans le premier cas, il se forme un volcan ; dans le second, une montagne plus ou moins élevée ; dans le dernier, une crevasse, une dislocation quelconque : le plus souvent, il ne s'opère que des déchirements intérieurs, des secousses, d'où résultent les tremblements de terre. »

Il n'y a qu'un agent disposant de la plus grande puissance, un agent dont l'action peut s'étendre en même temps sur les points les plus éloignés, un agent tel que celui que nous admettons ici, qui puisse être considéré comme la cause de ces grands et terribles phénomènes que nous présentent les volcans, les tremblements de terre et les soulèvements du sol. On ne saurait se faire une idée de la force prodigieuse qu'il faut supposer sous le foyer d'un volcan, pour élever les laves qu'il vomit jusque par-dessus les bords de son cratère, ainsi que sous l'écorce de la terre, pour remuer, pour soulever, pour faire onduler, dans quelques secondes, les vastes contrées qu'agitent les tremblements de terre.

« [1] Il paraît que le sommet de l'Etna est la plus grande hauteur que les laves aient jamais atteinte. A cette hauteur de 10,202 pieds, d'après Smith, une colonne d'eau équivaudrait à 318 atmosphères, et

1. Bertrand, *Rév. du Globe.*

la densité de la lave étant à peu près deux fois et demie celle de l'eau, la pression de la colonne de laves qui atteindrait au sommet de l'Etna serait de 795 atmosphères, quand même on ne supposerait pas le foyer plus bas que le niveau de la mer; mais comme les foyers volcaniques sont certainement situés beaucoup au-dessous de ce niveau, on arrive à trouver que la pression qui peut porter des laves à 10,202 pieds de hauteur doit être énorme, et on ne peut supposer dans la croûte minérale aucune force qui approche, même de bien loin, de celle-ci. »

Et la haute température des laves, peut-elle être le résultat d'une combinaison chimique accidentelle, du développement subit d'une chaleur passagère? Et ces terrains entiers de plusieurs lieues, ces montagnes de cendres et de scories qui sortent des volcans, peuvent-ils devoir leur origine à une cause circonscrite dans les limites étroites du sol d'où ils sont venus?

Les laves sont des matières minérales qui s'échappent du cratère d'un volcan ou par des fissures latérales ouvertes dans la montagne conique qu'il a formée. Elles sont visqueuses, incandescentes, et contiennent une foule de roches et de métaux, de sels, de gaz qui peuvent nous donner l'idée de ce que doivent être les matériaux qui composent l'intérieur du globe. Ces vastes nappes de liquide enflammé, coulent sur la terre, renversant ou brûlant tout ce qui s'oppose à leur passage.

Leur température est telle, au moment de leur

sortie, qu'on y a trouvé fondus ou vitrifiés des fragments de silex qui y avaient été jetés. Des morceaux de fer malléable y ont été boursoufflés, et leurs éléments y ont été assez divisés pour qu'ils aient pu se réunir en cristaux octaèdres à la surface intérieure des géodes formées par l'action de la chaleur. On y trouve des corps qui ne sont fusibles qu'à 400° du pyromètre de Wedgwood.

La marche d'une lave est modifiée par son degré de fluidité, par l'inclinaison du terrain sur lequel elle coule. Quelquefois elle met un jour entier à avancer de quelques pas; d'autres fois sa course est extrêmement rapide. Dolomieu parle d'un courant qui mit plus de deux ans à parcourir une lieue; M. de Buch en a observé un sorti du Vésuve, en 1805, et qui franchit 7000^m en trois heures.

Le temps que les laves mettent à se refroidir, varie suivant le volume des coulées; on cite des laves de l'Etna qui avaient encore un mouvement sensible dix ans après leur éruption, et d'autres qui fumaient encore vingt ans après leur sortie.

Les laves ont souvent plusieurs pieds d'épaisseur; et s'étendent sur un espace de plusieurs lieues. Hamilton a suivi un courant du Vésuve, qui s'étendait à 14,000^m; celui de 1794 avait 4,200^m de longueur, sur une largeur moyenne de 200^m. En 1783, l'Hécla couvrit l'Islande d'un torrent de laves qui avait 80,000^m de long sur 16,000 de large. Les laves et les produits volcaniques accumulés sur Herculanum depuis l'an 79, forment aujourd'hui une couche qui a plus de 100 pieds d'épaisseur.

Une autre observation à faire sur les laves, c'est que tous les corps qui les composent sont dans un état de fusion parfaite ; c'est encore que dans tous les lieux du monde elles ont une même nature, de manière que celles qui sortent des volcans situés aux extrémités les plus éloignées de la terre, celles qui appartiennent à ceux qui remontent aux époques les plus reculées, ne diffèrent pas plus entre elles que si elles sortaient du même foyer dans deux éruptions consécutives. Enfin les laves, les produits volcaniques en général, forment des masses si considérables, qu'il est impossible de les supposer détachées des terrains d'où elles sont sorties. Le volume des matériaux d'une seule éruption ne pourrait être, la plupart du temps, contenu dans la montagne qui les a fournis, et il est prouvé du reste que ce sont les éruptions elles-mêmes qui ont formé en partie les montagnes volcaniques.

Ces considérations confirment donc l'opinion qui donne pour origine aux phénomènes volcaniques, l'état d'incandescence dans lequel se trouve la masse intérieure de la terre. Cette mer de minéraux en fusion fournissant les gaz et les vapeurs qui sont seuls capables de pousser les coulées de l'intérieur à l'extérieur, fournissant la matière des éruptions : la force nécessaire pour opérer les poussées de laves, la haute température, l'homogénéité, l'énorme quantité des produits volcaniques, tout s'explique et se simplifie, en présence d'une cause aussi grande et aussi puissante.

De toutes les explications données par les physiciens aux tremblements de terre, il n'en est pas non plus qui soit plus vraisemblable que celle qui les considère comme un effet de la chaleur centrale. Ces commotions du sol se font quelquefois sentir à de très-grandes distances; elles peuvent même agiter le fond de la mer et la masse entière de ses eaux, de manière à communiquer la secousse aux vaisseaux qui voguent à sa surface. Ainsi le tremblement de terre qui détruisit Lisbonne, le 1er novembre 1755, s'étendit au Groënland, aux Indes occidentales, en Afrique, en Allemagne, en Norwége, etc.[1]; et le même jour, une agitation extraordinaire des eaux, sans aucun mouvement sensible sur la terre, fut observée en divers endroits de l'Angleterre. Le même jour un navire, à cinquante lieues au large, éprouva une secousse si violente, que son pont en fut endommagé : le capitaine crut s'être trompé dans son estime et avoir touché sur un rocher. La même chose fut remarquée pendant le tremblement de terre qui détruisit les neuf dixièmes de la ville de Port-Royal, à la Jamaïque, le 7 juin 1692. Lors de la secousse qui eut lieu à Constantinople, en 1646, la mer fut tellement agitée qu'elle lança sur la grève 136 navires. En 1601, il y eut un tremblement de terre qui ébranla l'Europe entière et une partie de

---

1 *Transactions philosophiques.*

l'Asie. Il n'est pas possible d'expliquer, par une cause purement locale, des effets produits sur une si grande étendue.

Il arrive quelquefois que les fluides élastiques qui luttent contre l'écorce du globe, qui l'ébranlent et produisent les tremblements de terre, qui la percent et produisent les volcans, l'élèvent en masse pour former une colline, une montagne. C'est une vérité qu'on peut regarder comme démontrée par les savantes recherches de MM de Buch et Elie de Beaumont, que les montagnes se sont formées par voie de soulèvement; qu'elles sont sorties avec violence et successivement du sein de la terre, en sorte qu'il y a eu une époque où les terrains qui portent les plus hautes montagnes n'étaient que des plaines.

De pareils soulèvements ont eu lieu de nos jours, ou à des époques qui ne sont pas éloignées de nous, comme pour servir de preuves à cette théorie. [1] Le 19 novembre 1822, plusieurs villes du Chili furent détruites par un effroyable tremblement de terre qui dura trois minutes. Les jours suivants, divers observateurs reconnurent que la côte s'était élevée, sur une étendue de plus de 120 kilomètres.

Dans la nuit du 28 au 29 septembre 1757, un terrain de trois à quatre milles carrés (le mille vaut environ 1600^m) au Mexique, se souleva en forme de vessie. On reconnaît encore aujourd'hui, par les couches fracturées, les limites où le soulèvement s'arrêta.

[1] Extrait d'un Mémoire de M. Aràgo.

Sur ces limites, l'élévation du terrain n'est que de 12^m ; mais vers le centre de l'espace soulevé, l'exhaussement total n'a pas été de moins de 160^m. Ce phénomène avait été, comme d'ordinaire, précédé de tremblements de terre, et donna naissance au volcan de Jorullo.

Pendant le tremblement de terre arrivé dans la Campanie, en 1538, il s'éleva, auprès de la solfatare de Pouzzole, une montagne formée de scories et de cendres volcaniques, à laquelle on donna le nom de *Monte-Nuovo*, et qui a environ 140^m de hauteur. On pourrait encore citer l'île Julia qui apparut dernièrement dans les mers de la Sicile, élevant un sommet volcanique à plus de 150^m du fond de la mer ; l'île qui s'élève chaque jour dans l'Archipel grec, auprès de Santorin, etc.

Plus nous nous éloignons du foyer de la chaleur centrale, ou autrement, plus la croûte du globe devient épaisse en ajoutant à sa surface intérieure toutes les matières minérales que le refroidissement lui donne aux dépens du noyau, plus aussi les phénomènes dont il vient d'être question diminuent de fréquence et d'intensité. On compte encore aujourd'hui environ 560 volcans en activité, y compris ceux qui ne sont pas complètement éteints. Ils sont distribués dans les cinq parties du monde, de la manière suivante : 22 en Europe, 126 en Asie, 25 en Afrique, 205 en Amérique, 182 dans l'Océanie. Ils sont généralement situés dans le voisinage de la mer ; quelques-uns pourtant, dans l'intérieur de l'Asie, sont à plus de 300 lieues de toutes les mers. Il est bien certain qu'autrefois les volcans étaient plus puissants et plus nombreux qu'ils ne sont de nos jours, comme l'attestent une foule de montagnes qui ne sont que des volcans éteints. Dans la France seulement, dans l'Auvergne, dans le Vivarais et dans les Cévennes, on en compte plus d'une centaine; et dans un seul terrain volcanique, Faujas de Saint-Fond a reconnu une bande de près de 30 lieues de longueur sur 4 de largeur; ce qui donne une surface de 120 lieues carrées.

C'est une conséquence naturelle de l'origine présumée du globe. S'il était d'abord à l'état liquide, lorsque la première croûte s'est formée à sa surface, le bouillonnement de l'intérieur devait la percer avec la plus grande facilité de tous côtés. Les agitations du sol, les soulèvements devaient aussi se renouveler à chaque instant. C'est probablement alors qu'ont eu lieu, dans une grande partie des gneiss et des schistes, toutes ces ondulations si frappantes et si difficiles à expliquer dans une autre hypothèse; c'est alors que se sont formés tous ces plis de terrains, ces petites collines à couches contournées que l'on retrouve partout dans les plus anciennes formations. Il est évident que tous les premiers dépôts ont été tourmentés, retournés dans tous les sens, et peut-être n'en trouverait-on pas un seul dans sa position primitive; partout ils sont renversés, brisés, inclinés à l'horizon de plusieurs degrés, un grand nombre sont dans une position presque verticale et présentent leur tranche à la surface de la terre. Toutes les roches de cette époque ont été brisées dans leur masse, comme le prouvent les veines et les filons qui les coupent, et les nombreux minéraux qui sont venus de bas en haut remplir les vides, les crevasses qui étaient la suite des révolutions qu'elles avaient subies.

Il n'en est pas de même des grandes chaînes des montagnes les plus hautes. Elles ont été formées à une époque plus près de nous, comme le prouvent les couches de terrains qu'elles ont soulevées sur leurs flancs ou emportées en partie sur leur crète, couches qui n'ont point la même origine que celles qui se sont formées avec la première écorce du globe. A mesure que la croûte s'épaississait, elle opposait une plus grande résistance aux agents intérieurs qui tendaient à la soulever. De là sont venus sans doute ces vastes précipices, ces larges écartements de masses rocheuses qu'offrent les hautes montagnes. Les couches soulevées étant plus compactes, plus difficiles à ébranler, la cause du soulèvement devait employer plus de force et agir avec plus d'énergie ; l'effet devait donc être aussi plus grand et plus terrible. C'est pourquoi les montagnes soulevées en dernier lieu sont plus hautes et plus étendues que les premières.

CHAPITRE III.

Fluidité originaire du globe. — Aplatissement aux pôles, renflement à l'équateur. — Leur explication par M. Arago,
M. Francœur. — Les éléments créés à l'état gazeux. — Hypothèse de Laplace — confirmée par les découvertes de Herschell. — Les Neptuniens et les Plutoniens. — Calculs de
Breislack sur le poids de la mer et des matériaux solides
du globe. — Découverte de Mitscherlich. — Paroles de
Cuvier.

Fluidité originaire du Globe.

La chaleur centrale étant constatée, démontrée
autant qu'une cause peut l'être par ses effets, l'état
fluide dans lequel se trouve aujourd'hui l'intérieur
du noyau terrestre, devait porter à croire que, dans
son principe, le noyau tout entier a passé par cet
état. Cette conséquence que nous avons fait pres-
sentir, en parlant de la formation des montagnes
primitives, les savants l'ont adoptée d'un commun
accord, comme rigoureuse et comme un fait dont
ils trouvent la preuve dans toute la nature. « [1] De
toutes leurs recherches, ils sont parvenus à conclure
que la terre, autrefois, fut tout entière en feu ;

1 N. Boubée, *Élém. de Géologie.*

qu'elle n'était qu'une masse de matière incandescente au milieu de l'espace; qu'ainsi isolé, ce globe dut se refroidir extérieurement et se couvrir d'une première couche solide, comme le plomb fondu se couvre d'abord d'une croûte métallique qui s'épaissit insensiblement, tandis que l'intérieur est encore en fusion. De même on conçoit que cette première couche dut toujours s'augmenter intérieurement, à mesure que le refroidissement pénétrait plus avant... On concevra donc pourquoi la terre est chaude intérieurement, et pourquoi elle l'est davantage à mesure que l'on se rapproche du centre qui est encore en feu. Si la chaleur paraît être toujours la même aux mêmes profondeurs, si elle ne diminue pas sensiblement tous les jours, c'est que le refroidissement qui s'opère dans l'espace de dix ans, de cent ans, par exemple, étant réparti sur une aussi grande masse que la terre, est insensible pour chaque point. »

Un fait remarquable qui ne s'explique bien que dans l'hypothèse de la fluidité originaire du globe et qui la confirme, c'est l'aplatissement de la sphère terrestre vers ses pôles et son renflement à l'équateur.

Les grands travaux qui ont été exécutés avec tant de soins, vers la fin du dernier siècle et dans le nôtre, par les hommes les plus distingués, ont constaté l'aplatissement de la terre sous les pôles et son renflement à l'équateur. Cette forme est précisément celle qu'elle a dû prendre en vertu de son mouvement de rotation, si elle était originairement fluide. Les astronomes ayant reconnu la même figure dans les autres planètes qui tournent aussi sur elles-mêmes, et la quantité de l'aplatissement s'étant toujours trouvée proportionnelle à la vîtesse de rotation, on ne peut douter que cet aplatissement ne soit un effet du mouvement rotatoire dans un corps à l'état fluide, et qu'ainsi la terre et les planètes n'aient été primitivement dans cet état.

« [1] A l'origine des choses, la terre était probablement incandescente. Aujourd'hui elle conserve encore une partie notable de sa chaleur primitive.

« Si la terre était déjà solide quand elle commença à tourner sur son centre, la forme qu'elle avait accidentellement alors a dû se conserver à peu près intacte, malgré le mouvement de rotation. Il n'en serait pas de même dans la supposition contraire. Une masse fluide prend nécessairement, à la longue, la figure d'équilibre correspondante à toutes les forces qui la sollicitent ; (toutes les parties de la terre sont soumises à deux forces, la pesanteur ou l'attraction et la force centrifuge ; cette dernière étant nulle aux pôles et allant toujours croissant jusqu'à l'équateur où elle atteint son maximum, les parties situées sur ce cercle ont donc dû être entraînées par la force centrifuge) ; or, la théorie montre qu'une telle masse, supposée d'abord homogène, doit s'aplatir dans le sens de l'axe de rotation, et se renfler à l'équateur : elle donne la différence de longueur des deux diamètres ; elle fait connaître que, dans

1 Arago. *Annuaire* 1834.

l'état final d'équilibre, la figure générale de la masse est celle d'un ellipsoïde ; elle signale les modifications qui peuvent résulter, dans les hypothèses physiques les plus vraisemblables, d'un défaut d'homogénéité des couches liquides. Tous ces résultats du calcul se concilient à merveille quant à leur ensemble, et même quant à leurs valeurs numériques, avec les nombreuses mesures de la terre qu'on a faites dans les deux hémisphères. Un tel accord ne saurait être l'effet du hasard. La terre a donc été anciennement fluide. »

« [1] On doit donc accorder comme une vérité acquise à la science que, dans l'origine, la terre était à l'état de fluidité, sous l'influence d'une température excessivement élevée; que les particules de densités diverses, dociles aux lois de l'attraction qui les sollicitaient, se sont disposées dans l'intérieur par couches, par ordre de densité ; que le système de ces couches a pris la figure d'un ellipsoïde de révolution aplati sous ses pôles, en vertu de la force centrifuge qui agissait sur la masse, par suite de la rotation diurne autour d'un axe; que la chaleur, en se dissipant dans l'espace par l'effet du rayonnement, a permis à la surface de se refroidir et de se solidifier, jusqu'à une certaine profondeur, en conservant la forme d'un ellipsoïde qu'elle avait d'abord ; qu'à peu de distance de cette surface, peut-être trois ou quatre lieues, la matière est encore à l'état de fluidité ignée. »

____

1 Francœur.

Les Éléments créés à l'état gazeux.

La liquidité du globe, par incandescence, étant une fois admise, il n'y avait plus qu'un pas à faire pour remonter à une époque où la matière, soumise à la plus haute température possible, se serait trouvée à l'état gazeux. Ce pas, qui nous transporte tout d'un coup dans un monde nouveau, où l'apparence des choses est si différente de ce qu'elle est aujourd'hui, la science l'a fait, et elle nous apprend que l'univers, au premier jour de sa naissance, a été une immense masse gazeuse répandue dans l'espace. La chimie reconnaît partout l'action de ces gaz primitifs qui ont composé le monde élémentaire ; elle les retrouve eux-mêmes dans toute la nature ; elle nous les montre comme parties constituantes de presque tous les corps, et combinés les uns avec les autres sous toutes les formes. Il fut donc un temps où ces gaz étaient libres ; ils se sont rapprochés pour former d'abord les liquides, et ceux de ces derniers qui ont perdu le calorique qui les maintenait dans cet état, sont devenus ensuite les solides que nous connaissons. L'astronomie prétend aussi avoir découvert des indices de cet ancien ordre de choses dans quelques nébuleuses dont la partie solide paraît augmenter à mesure que leur partie fluide diminue.

De toutes les hypothèses imaginées jusqu'à ce jour pour expliquer l'état originel de notre globe, après l'œuvre mystérieuse de la création , la seule qui ait une valeur scientifique est sans contredit celle que nous devons au génie de Laplace.

D'après ce savant, le premier acte de la création aurait été de remplir l'incommensurable espace d'une matière éthérée , éléments de tous les corps, d'abord dans un état de diffusion , puis se condensant en masses globulaires , pour former tous les astres , sous l'empire des lois auxquelles Dieu soumit son ouvrage dès le commencement. Notre globe aurait donc été originairement une de ces masses globulaires , appelées nébuleuses , germes des étoiles, des planètes et des comètes. Par conséquent, toutes les substances solides ou liquides qui le composent se sont trouvées, immédiatement après leur création, disséminées à l'état de gaz, dans un espace incomparablement plus étendu que celui qu'elles occupent maintenant. Les corps qui entrent dans notre système planétaire, étant à l'état de gaz , devaient remplir au moins toute l'étendue de la sphère d'attraction de notre soleil. Ce système seul donne une explication vraisemblable des planètes et de leurs satellites, de l'anneau si extraordinaire de Saturne, de la position des astres dans le système solaire, de leurs mouvements et de leur forme.

¹ Cette hypothèse de Laplace s'est encore trouvée confirmée par les découvertes de Herschell. Cet illustre astronome, après de longues observations sur

¹ Extrait du *Système de Cosmogonie* de Ampère.

les apparences des corps célestes, et en particulier des nébuleuses, s'est cru aussi autorisé à admettre que la matière dont les mondes sont composés était d'abord à l'état gazeux. En effet, il avait vu que parmi les nébuleuses, les unes n'offrent à l'œil qu'une lumière diffuse et homogène, analogue à celle de la queue des comètes, tandis que d'autres présentent dans cette même lumière des points plus brillants qui semblent indiquer que les particules gazeuses commencent à se réunir en noyaux liquides ou solides. Il avait en outre remarqué que l'éclat de ces points s'augmente à mesure que la lumière diffuse va perdant de son intensité ; et de là, il avait conclu assez naturellement que ces différences correspondaient aux différentes phases par lesquelles un monde passe depuis l'époque de sa formation.

Les Neptuniens et les Plutoniens.

La fluidité originaire du noyau de la terre a été généralement reconnue par les philosophes anciens, comme par les savants modernes ; ils différaient seulement sur la cause qui l'avait produite. « Toutes les matières terrestres ont été dissoutes et ont cristallisé dans l'eau, et la charpente solide du globe s'est formée, comme son écorce, par voie de dépôt et de précipitation, » disait l'école des Neptuniens. «La fluidité des principes constituants du globe, dans toute sa masse intérieure, fut jadis le résultat d'une très-haute température qui les a tenus à l'état d'incandescence, et la terre a commencé à se solidifier, par sa surface, en se refroidissant, » disait l'école des Plutoniens. Il faut avouer que les uns et les autres se combattaient par des arguments peu décisifs.

Le vrai moyen de mettre un terme aux débats était d'examiner, comme on l'a fait depuis, s'il existait au sein du globe, dans sa constitution, dans sa forme, quelques restes, quelques indices de son état primitif.

Une des grandes difficultés qu'on faisait aux Neptuniens, c'est que la plupart des minéraux sont insolubles dans l'eau, et en supposant que l'eau ait pu dissoudre toutes les espèces de matériaux qui entrent dans la composition de la terre, c'est que le volume de celle-ci est trop considérable pour qu'on trouve jamais dans la nature une assez grande quantité de liquide pour le tenir tout entier en dissolution.

Suivant les calculs de Breislack, la masse de la mer est de

55,091,600 lieues cubes;

son poids est de 97,338,111,251,963,984 livres.

Le poids du globe étant de

9,959,364,000,000,000,000,000,000 livres

en retranchant le poids de la mer, il reste pour le poids de la terre

9,959,363,902,661,888,748,036,016 livres.

Or, en supposant seulement deux livres d'eau, ce

qui n'est pas trop assurément pour dissoudre une livre des matériaux terrestres, il faudrait

19,918,627,805,323,777,496,072,032 livres d'eau, et il n'y en a que 97 quatrillons.

Il faudrait donc qu'un kilogramme d'eau pût dissoudre à lui seul environ 50,000 kil. des matériaux de la terre.

Une difficulté à peu près du même genre, embarrassait aussi les géologues de l'école plutonienne, partisans de l'incandescence primitive : c'était de concevoir comment certains minéraux dont jusqu'alors on n'avait pu obtenir la fusion et la recomposition par aucun procédé artificiel, avaient pu, sans avoir été tenus en dissolution dans l'eau, de l'état de gaz, ou de l'état liquide par le feu, passer à l'état solide et prendre les formes d'une cristallisation.

Aujourd'hui l'objection n'est plus possible : un savant[1] académicien de Berlin, M. Mitscherlich, a trouvé dans des scories provenant de hauts fourneaux où sont réduits différents métaux, principalement le cuivre, des minéraux formés pendant la décomposition du minerai semblables à ceux des roches primitives, des silicates, de l'amphibole, du mica, de l'hyacinthe, etc. En exposant à une très-haute température les matières trouvées par l'analyse dans plusieurs espèces de cristaux, il aurait même vu ces cristaux se reproduire avec leur forme et le caractère que leur donne la nature.

1 *Annales de Chimie et de Physique.*

« Cette précieuse découverte, dit Cuvier[1], paraît porter enfin presque au degré d'une démonstration rigoureuse une hypothèse célèbre, avancée sans preuve par Descartes, Leibnitz et Buffon et à laquelle les travaux récents de M. Laplace avaient déjà donné un haut degré de vraisemblance. On peut donc regarder aujourd'hui comme une chose à peu près prouvée, que la terre a une chaleur propre, indépendante de celle qu'elle reçoit du soleil, et qui est un reste de sa chaleur originaire. Ce retour aux idées énoncées jadis par nos plus grands hommes, prouve qu'il ne faut jamais mépriser les conjectures même les plus hasardées des hommes de génie : c'est un de leurs priviléges que la vérité leur apparaît souvent jusque dans leurs rêves. »

[1] *Dis. sur les Progrès de la Chimie*, 1826.

CHAPITRE IV.

Ecorce du globe. — Couches de sédiment. — Terrain, formation, roche, minéral, fossile. — Stratification des roches sédimentaires. — Terrain massif. — Ordre des terrains stratifiés — Image de ces formations.

Écorce du Globe.

On a été longtemps divisé, on s'est perdu longtemps en conjectures sur l'origine de la première
enveloppe du noyau du globe. Il n'en est pas de
même de l'origine des couches qui recouvrent ce
premier terrain, du moins jusqu'au point où il ne se
trouve plus mêlé aux couches qui lui sont superposées. De l'aveu de tout le monde, la partie que
nous avons appelée *l'écorce du globe,* est formée de
matières transportées par les eaux ou déposées par
elles; c'est pourquoi on a donné à l'ensemble des
terrains qu'elle renferme le nom de *sol de transport,
sol de sédiment.*

Cette partie sédimentaire est composée de plusieurs couches distinctes qui sont évidemment le résultat de plusieurs opérations successives, et qui
nous prouvent que la croûte du globe n'a pas été formée instantanément. Les couches diffèrent entre
elles sous le rapport de leur composition, de leur

épaisseur, et des produits qu'elles renferment. Pour avoir une idée de leur nombre, il suffit de savoir que celles dont l'épaisseur dépasse dix mètres sont dites très-puissantes, et que leur ensemble compose pourtant toute la profondeur de l'écorce minérale jusqu'à la surface du noyau, c'est-à-dire une épaisseur de plusieurs milliers de mètres, sur un grand nombre de points.

Pour mettre de l'ordre dans les études géologiques, on a été conduit à diviser la partie du globe soumise aux recherches de la science, en groupes assez bien caractérisés dans leur ensemble et dans leurs détails, pour qu'ils ne puissent être confondus les uns avec les autres. Ces groupes ont été appelés *terrain, formation.* Ces deux mots ont été pris dans des acceptions trop différentes, pour qu'on puisse en donner une définition également recevable dans le langage de tous les systèmes. Nous leur donnerons le sens qu'ils ont reçu dans la classification wernérienne, agrandie par les savants qui ont suivi le chef de l'école de Freiberg, et modifiée en quelques points par les découvertes modernes.

On nomme *terrain,* un système de masses minérales formées ou déposées pendant une des époques dans lesquelles on a cru devoir diviser l'âge du globe.

Les limites des terrains ne sont pas arbitraires ; elles sont fondées sur les grands changements qui ont eu lieu à la surface du globe à différentes époques, comme l'indique la nature des substances minérales qui entrent dans leur composition, et comme l'indique surtout la différence des êtres organisés qui vivaient, à ces époques, sur la terre ou dans la mer.

On nomme *formation*, un ensemble de roches qui ont des caractères généraux de ressemblance, sous le rapport de l'origine, de l'âge, ou de la composition. Il y a des formations marines, lacustres ou d'eau douce, sédimentaires, volcaniques, etc.

Chaque terrain peut réunir plusieurs formations, et chaque formation peut réunir plusieurs couches. Une formation appartient, quelle que soit sa nature, au terrain qui correspond à l'époque géologique pendant laquelle elle a eu lieu. Une couche appartient à une formation définie, quand on peut y trouver les corps qui distinguent cette formation d'une autre, quand on y découvre des signes qui indiquent le même âge, quand on peut reconnaître qu'elle a été déposée dans les mêmes circonstances.

Les masses minérales dont se composent les couches qui forment la partie connue du noyau et l'écorce du globe, comprennent, sous le terme générique de minéraux, les substances métalliques et les substances pierreuses. Les corps métalliques *hétéropsides*, c'est-à-dire privés de l'éclat métallique et ne se montrant que sous un aspect étranger qui ne les laisse reconnaître qu'au minéralogiste, et les corps métalliques *autopsides*, c'est-à-dire reconnaissables, comme métaux, à leur éclat métallique, dans les différents états où la nature peut les présenter, forment la classe des minéraux proprement dits. Sur environ deux cents espèces distinctes connues, ils n'entrent guère qu'au nombre de quinze à vingt, comme masses considérables, dans la composition du sol. Tous les autres ne se trouvent qu'en petite quantité, disséminés par petits dépôts, formant des veines, des filons, dans les couches de la terre, et cristallisés dans des cavités, sur les parois des fentes dans des masses rocheuses.

Les corps connus sous le nom de *roches*, sont beaucoup plus abondants; ce sont eux qui forment la partie constituante du sol; aussi leur a-t-on donné, en géologie, un sens bien différent de celui qu'ils ont dans l'acception commune : *roche* ne désigne pas ici un corps d'une contexture compacte et dur il faut entendre par ce mot, *la matière d'une couche quelle que soit sa nature, fût-elle d'argile, de sable ou de craie.*

Les différentes espèces de roches servent à distinguer les formations; mais elles passent quelquefois si insensiblement les unes aux autres, elles se différencient par des nuances si légères, qu'on aurait peine à les bien définir, à trouver leur place dans une formation, si elles n'offraient que dans leur composition le moyen de ne pas les confondre. C'est surtout par les nombreux débris de corps organisés qui se trouvent dans la plus grande partie des couches de sédiment, qu'on peut reconnaître et leur origine et leur âge, si importants pour faire leur classification.

Ces débris , connus sous le nom de *fossiles,* sont les restes des végétaux ou des animaux terrestres , marins ou fluviatiles, qui vivaient à l'époque où ont été déposées les formations qui les contiennent. Les fossiles qui appartiennent aux espèces vivantes se rencontrent dans un état plus ou moins parfait de conservation , dans les couches supérieures de la terre ; ceux qui appartiennent à des espèces perdues qui ne vivaient qu'à une époque très-éloignée, sont profondément altérés , pour la plupart, dans leur composition primitive. Dans les uns , tous les principes constitutifs ont disparu et ont été remplacés, molécule par molécule , par la silice ou par le carbonate de chaux; tels sont ceux qu'on appelle *pétrifiés.* D'autres n'ont laissé que leur forme, leur moule, leur empreinte, dans la roche où ils se trouvent. Quel que soit l'état dans lequel se présentent ces débris des corps organisés du règne végétal ou du règne animal, ils sont appelés *fossiles,* suivant la définition généralisée par M. Deshayes : *Un corps organisé fossile , est celui qui a été enfoui dans la terre à une époque indéterminée, qui y a été conservé ou qui y a laissé des traces non équivoques de son existence.*

Comme les mêmes fossiles ne se retrouvent pas également dans toutes les couches, ils nous donnent comme les roches, et mieux que les roches, le moyen de reconnaître l'âge d'une couche, d'une formation , d'un terrain. Ceux qui se représentent le plus constamment dans une forma-

tion ou dans un groupe sont appelés *fossiles caractéristiques*.

Stratification des Roches sédimentaires.

Le défaut de cristallinité dans les roches qui composent les couches du sol de sédiment, les fossiles
qui y abondent, les cailloux roulés qui s'y trouvent,
ainsi que les fragments de roches provenant de terrains plus anciens, nous donnent un moyen facile
de les distinguer des roches d'origine ignée, dont la
pâte est toujours dure et compacte, la texture dense
et cristalline, dans lesquelles on ne rencontre jamais
de fossiles ni de cailloux roulés. Mais ces roches se
distinguent encore par un autre caractère plus frappant, parce qu'il se montre sur un plan plus général
et plus étendu, c'est par leur manière d'être sur le
globe. Les premières se présentent toujours dans un
ordre de superposition qui n'est autre que l'ordre
chronologique dans lequel leurs dépôts ont été formés. Elles se posent les unes sur les autres par assises, par strates ou lits, d'où vient qu'elles ont été
nommées *roches stratifiées*. Les secondes au contraire, celles qui se sont formées au premier refroidissement du noyau du globe, ainsi que celles qui
ont depuis brisé la croûte solide pour s'épancher au
dehors, comme nous le verrons bientôt, se présentent
partout en masses irrégulières, sans ordre de position, sans se prêter à des divisions un peu nettes.
C'est pourquoi le sol de sédiment, considéré dans

l'ensemble de toutes les formations de cette espèce qu'il comprend, s'appelle quelquefois *terrain stratifié*, tandis que le système des roches d'origine ignée, s'appelle *terrain non stratifié, terrain massif*.

L'ordre de série qu'affectent les terrains stratifiés n'est jamais interverti ; en sorte que dans un lieu on ne rencontre jamais au-dessous d'un terrain déterminé celui que, dans un autre lieu, on a trouvé au-dessus. S'il existait une contrée dont le sol offrît la superposition complète de toutes les formations sédimentaires, rien ne serait plus facile que de déterminer l'âge relatif de chacune. Mais ces strates ne se trouvent pas toutes ensemble dans le même lieu, ni en même nombre, ni avec les mêmes dimensions. La septième, par exemple, peut manquer dans certaines localités et la huitième se trouve alors en contact avec la sixième ; si la sixième manque avec la septième, la huitième reposera sur la cinquième, etc. On ne parvient donc à composer la série des différentes formations sédimentaires, qu'en observant la constitution géologique d'un grand nombre de lieux différents, en rapprochant les diverses superpositions observées, et en les liant ensemble par les caractères qui leur sont communs.

Les étangs, les lacs nourris par un ruisseau, les fleuves, à leur embouchure ou dans les plaines sur lesquelles ils se répandent quelquefois, les inondations nous donnent journellement l'image de ces grandes formations déposées en strates, à la surface de l'ancien monde, lorsqu'il était couvert de ces vastes bassins, découpé par ces golfes profonds dont nous voyons la place, lorsqu'il était sillonné par des torrents qui délayaient ses roches et les portaient ainsi remaniées sur tous les points qu'ils pouvaient atteindre. Les matériaux emportés par un courant diffèrent entre eux comme les terrains qu'il a parcourus ; ici c'est du gravier, du sable qu'il entraîne ; là ce sont des terres qu'il dissout et dont ses eaux se chargent, des végétaux qu'il arrache et qu'il roule, jusqu'à ce que la vitesse de son mouvement venant à se ralentir, les dépôts se forment, suivant les lois de la pesanteur, un banc de cailloux, de sable, plus loin une couche de limon, et sur un autre point un amas de plantes qui formeront bientôt un lit de tourbe, etc... Aujourd'hui, l'action de l'eau sur nos continents n'est rien en comparaison de ce qu'elle devait être, lorsqu'ils étaient presque tous occupés par l'Océan et si souvent envahis par de hautes marées, par des inondations, suite nécessaire des révolutions qui bouleversaient la surface du globe. Il faut donc se les représenter dans toute leur puissance et avec toute leur énergie, lorsque la terre était comme soumise à leurs lois, pour comprendre ce qu'ont dû y faire, pendant les anciennes époques géologiques, les grands cours d'eau et les flots de la mer qui modifient, qui remuent si profondément encore les lieux sur lesquels leur action peut s'étendre.

CHAPITRE V.

Division des roches en quatre grandes classes. — Roches plutoniques, volcaniques, aqueuses, métamorphiques. — Description générale de chacune.

Les deux agents qui ont formé la partie solide de la terre sont, comme nous l'avons vu, le feu et l'eau. Deux sortes de produits composent donc toute la masse minérale des formations et des terrains géologiques. Les uns, d'origine ignée, ont paru les premiers et continuent encore à se former à l'intérieur en donnant continuellement de l'épaisseur à l'enveloppe de la masse liquide, et à l'extérieur par les déjections volcaniques. Les autres, formés par l'eau, ont été déposés sur la première pellicule refroidie, et nous les voyons augmenter chaque jour sous l'action du même agent. On peut donc dire que les substances minérales, que les roches se divisent en deux classes, les unes d'origine ignée et les autres d'origine aqueuse. Cependant, comme les roches qui appartiennent à la partie solide du noyau ne ressemblent pas, sous tous les rapports, à celles qui proviennnent des volcans, on a cru devoir leur donner une dénomination propre à chacune ; les premières ont été appelées *roches plutoniques*, et les secondes, *roches volcaniques*. En second lieu, comme

le feu et l'eau paraissent avoir agi quelquefois simultanément et concurremment, quelquefois successivement et isolément dans d'autres formations : les
roches d'origine aqueuse ont été elles-mêmes divisées aussi en deux classes ; celles qui n'ont point
éprouvé l'action du feu ont conservé leur dénomination de *roches aqueuses*, tandis que celles qui ont
été modifiées ou altérées par cet agent ont reçu le
nom de *roches métamorphiques*.

Roches plutoniques.

¹ On désigne sous ce nom toutes les roches granitiques et quelques porphyres. Toutes éminemment cristallines et non stratifiées, ces roches couvrent des étendues de pays considérables, se
trouvent partout où la croûte primitive est mise à
nu, et partout au-dessous des autres formations
qu'elles ont quelquefois soulevées ou percées, dans
lesquelles elles ont envoyé des veines : ce qui prouve
que le granit, regardé longtemps comme étant, dans
tous les cas, la plus ancienne des roches, peut être
cependant, dans quelques circonstances, d'un âge
postérieur aux formations qui sont au-dessus de lui.
Le granit conserve souvent un caractère très-uniforme sur une vaste étendue de terrain, et constitue des collines d'une forme arrondie toute particulière. A sa surface, la roche s'offre presque tou-

---

1 Détails ext. de Lyell.

jours dans un état d'émiettement ; l'air et l'eau en ont souvent usé les arêtes et les angles. Quoique le caractère distinctif du granit consiste à ne prendre aucune forme définie , il arrive cependant qu'il se subdivise par fissures , de manière à affecter une structure cuboïde et même colonnaire.

Le feldspath, le quartz et le mica sont considérés comme les minéraux essentiels à la constitution du granit : le feldspath y est plus abondant que les deux autres , et la proportion du quartz est plus grande que celle du mica. Ces minéraux, dans leur union, forment ce que l'on appelle une *cristallisation confuse*.

Sous le nom de *roches granitiques* sont compris les *granits,* les *protogynes,* les *syénites,* les *pegma-lites,* les *eurites* et les *porphyres* à structure grani-toïde. Le passage de tous ces granits à certaines espèces de trapp, dit Lyell, fournit un des nombreux arguments par lesquels on démontre aujourd'hui l'o-rigine ignée des granits. Le contraste de la forme la plus cristalline du granit avec celle du trapp le plus commun , est sans doute très-grand ; mais il n'est pas un seul des membres de la classe volca-nique qui ne soit susceptible de devenir porphyri-tique , comme aussi la base du porphyre peut être de plus en plus cristalline, jusqu'à ce que la masse passe à la variété de granit la plus rapprochée, sous le rapport de la composition minéralogique.

Quand les roches plutoniques percent le sol de sé-diment, elles y forment des îlots, des noyaux massifs, et s'élèvent au-dessus de lui en dômes et en piliers droits à de grandes hauteurs. Leurs soulèvements paraissent avoir eu lieu, depuis l'époque la plus ancienne, jusque vers la fin de la période secondaire.

Roches volcaniques.

On appelle *volcaniques* toutes les roches produites, soit dans les anciens âges, soit dans les temps modernes, par les éruptions des volcans. Comme les roches plutoniques, elles ont leur source dans la masse liquide du noyau du globe; mais au lieu de se former dans la croûte, à sa surface intérieure ou dans des crevasses ouvertes dans son épaisseur, comme les premières, elles viennent se refroidir à l'extérieur chargées de sels et poussées dans les cheminées des volcans par des gaz qui laissent à leur structure un caractère tout particulier. La texture des roches plutoniques est plus cristalline que celle des roches volcaniques; elles ne sont point poreuses comme ces dernières; on n'y voit point les tufs et les brèches qui sont les produits ordinaires des éruptions. En sorte qu'on en conclut que les roches plutoniques ont été formées à de grandes profondeurs, qu'elles ont cristallisé lentement sous une énorme pression qui empêchait les gaz de s'y dilater; tandis que les roches volcaniques, quoique sorties aussi de bas en haut et dans un état de fusion, se sont refroidies plus rapidement à la surface de la terre ou près de sa surface dans les couches entre lesquelles elles se sont épanchées, ou dans lesquelles elles ont envoyé des veines et des coulées.

Les roches volcaniques, quoique bien plus circonscrites dans leur étendue que les roches plutoniques qu'on doit retrouver sous toutes les formations, se rencontrent cependant partout sur le globe, se faisant jour à travers les autres, tantôt les recouvrant de nappes larges et épaisses, tantôt alternant avec elles, s'élevant en masses tabulaires non stratifiées, ou en blocs informes et en cônes irréguliers, sous la forme de dykes ou de murs de séparation dans les formations qu'elles traversent, prenant une structure colonnaire ou se décomposant en sphéroïdes dont le diamètre varie de quelques centimètres jusqu'à un mètre et plus.

Les roches de cette classe ont reçu de Bergmann le nom commun de *trapp*, d'un mot suédois qui signifie escalier, et furent appelées en général *trappéennes*, de leur manière de se présenter en grandes masses tabulaires, d'inégale étendue, et disposées en terrasses, par degrés, sur les flancs des collines.

Les variétés les plus remarquables, sous le rapport de la composition, sont: le *basalte*, le *diorite*, la *dolérite*, la *phonolite*, l'*argilotite* et le *trachyte*. Sous le rapport de la texture, les plus remarquables sont : le *porphyre*, l'*amygdaloïde* (trapp rempli de noyaux arrondis), la *lave*, le *tuf*, la *ponce* et les *scories*. A cette classe appartiennent encore quelques roches qui ne sont pas sans intérêt pour le minéralogiste: l'*euphotide*, l'*obsidienne*, l'*ophiolite*, l'*ophite*,

le *pépérino,* la *perlite,* la *diallage,* l'*hypersthène,*
la *serpentine,* la *wacke.* On peut dire, en général, que
ces diverses roches se composent , en grande partie, de deux minéraux, le *feldspath* et l'*amphibole.*

Il est inutile de faire observer que les roches plutoniques, ainsi que les roches volcaniques, étant
composées de substances minérales qui proviennent
toutes de la masse intérieure tenue à l'état liquide
par la chaleur centrale, ne peuvent contenir de débris organiques ni du règne végétal, ni du règne
animal.

Roches aqueuses.

Dans cette classe sont comprises toutes les roches
formées par l'eau , soit par voie chimique, soit par
voie mécanique; c'est-à-dire, soit que leurs éléments
aient été tenus en dissolution dans l'eau , comme le
sel l'est dans la mer, soit qu'ils y aient été seulement tenus en suspension comme l'est un limon dans
une eau trouble. Elles sont reconnaissables à leur
structure généralement arénacée, à la faible cohésion qui unit leurs parties élémentaires, par leur défaut de cristallinité , et surtout par la présence des
fossiles qui y abondent. Quoique formant un nombre
considérable de couches et se trouvant à la surface
de la terre sur une plus grande étendue qu'aucune
autre, cette espèce de roches ne montre pas une
grande variété et ne se compose guère que de sable,
d'argile et de chaux ; en sorte qu'on peut les rame-

ner à trois espèces principales : les *arénacées* ou *si-liceuses*, les *argileuses* et les *calcaires*.

Les bancs de sable incohérent, les grès qui ne sont qu'un sable durci, tous les conglomérats siliceux, brèches, pondingues, appartiennent aux roches aré-nacées. Les sables et les graviers ne sont autre chose que des débris de quartz arrachés peu à peu aux roches plutoniques par l'action de l'eau. Ils ne se trouvent pas seulement dans le lit des fleuves et sur les bords de la mer : on en trouve aussi de vastes dépôts dans l'intérieur des terres, dans des déserts immenses, principalement sous la couche qui forme la terre végétale.

L'argile n'est qu'un mélange de sable très-fin et de la substance nommée *alumine*, diversement co-lorée par des oxides métalliques ; en sorte que l'ar-gile n'est elle-même qu'un limon provenant de la décomposition ou de l'usure de diverses roches. On sait que l'argile se présente partout, et quelquefois en masses très-puissantes et très-étendues.

Enfin les roches calcaires comprennent toutes celles qui, comme la craie, sont composées de chaux et de gaz acide carbonique. On les distingue facile-ment des autres par la faculté qu'elles ont de faire effervescence avec les acides et de se réduire en chaux vive par la calcination. Ces roches sont très-abondantes dans la nature et se montrent avec les plus grandes variétés de forme et de structure. Tout calcaire qui est assez dur pour prendre un beau poli, est appelé *marbre*.

Les roches arénacées, argileuses, calcaires, passent continuellement des unes aux autres. Quand la matière siliceuse se mêle au calcaire, on a le *calcaire siliceux*; quand c'est l'argile, on a la *marne*; si le sable se mêle à l'argile, on a la *glaise*. Le *gypse*, ou pierre à plâtre, composé d'acide sulfurique, de chaux et d'eau, appartient aux roches calcaires.

Quelquefois une seule de ces roches du sol sédimentaire forme une série de strates. Souvent aussi on rencontre des lits de calcaire et de marne, de grès, de sable et d'argile qui, en alternant un grand nombre de fois, dans un ordre à peu près régulier, forment une série de plusieurs centaines de couches, en stratification très-distincte.

La distribution des fossiles, dans ces différentes couches, prouve évidemment qu'elles ont été déposées successivement. Ainsi telle couche est caractérisée par des coquilles bivalves d'une ou de plusieurs espèces, telle autre par des coquilles univalves, telle autre encore par des coraux qu'on ne retrouve pas dans celle qui la précède ni dans celle qui la suit : il faut donc en conclure que les couches se sont formées séparément et successivement; car si elles avaient été le produit d'un seul et même jet, tous les fossiles qu'elles contiennent y seraient mêlées indistinctement.

C'est aussi par les fossiles qu'on distingue les *formations marines* des *formations d'eau douce*; car, dans ces deux cas, les fossiles sont bien différents, par la raison que les animaux qui vivent dans les lacs et dans les rivières ne ressemblent point à ceux qui vivent dans la mer. Quoique les formations d'eau douce soient souvent d'une grande épaisseur, leur étendue superficielle est ordinairement très-bornée, comparativement aux dépôts marins.

Une formation d'eau douce se reconnaît par l'absence de plusieurs fossiles qui se rencontrent presque invariablement dans les formations marines. Ainsi, par exemple, on n'y trouve ni coraux, ni oursins, ni, à peine, aucun autre zoophyte; ni coquilles cloisonnées, comme les nautiles. Dans un dépôt d'eau douce, le nombre des coquilles est souvent aussi grand que dans une couche d'origine marine; mais les individus ne sont pas aussi variés, il y a bien moins d'espèces et de genres. Les coquilles d'eau douce que l'on trouve le plus communément sont : les *cyclas*, les *cyrena*, les *unio*, les *anodonta*, les *limnéa*, les *planorbis* et les *paludina*, auxquelles se mêlent des coquilles terrestres, toutes univalves, et dont les plus abondantes sont les *hélix*, les *cyclostoma* et les *bulimus*.

L'alternation des formations marine et d'eau douce, est un fait bien établi en géologie. Il faut donc admettre que chaque époque ou chaque âge du globe a eu ses lacs et ses rivières, ses mers et ses continents, ses volcans et ses montagnes, comme nous le verrons bientôt.

Pour avoir une idée de la formation successive de toutes les roches, il faut se rappeler que chacune

des couches qui forment l'ensemble du sol sédimentaire, a été, *pendant qu'elle se déposait*, la couche
supérieure, et que sur elle a immédiatement reposé
l'eau dans laquelle ont été apportés les débris végétaux qu'on y trouve, et dans laquelle ont vécu les
animaux aquatiques qu'elle a conservés à l'état fossile. Chaque couche, quelle que soit aujourd'hui la
place qu'elle occupe au-dessous de la surface du globe,
a donc formé jadis le lit de quelque mer ; elle a été,
pendant que l'eau la recouvrait, à l'état de sable
incohérent et de limon boueux dans lesquels ont
pu s'introduire les fossiles qui s'y trouvent. Il est
probable que plusieurs de ces couches ne se sont
consolidées qu'au moment de leur émersion des eaux
dans lesquelles elles avaient été déposées, tandis
que d'autres auront pu le faire par l'action de l'affinité chimique ou à l'aide d'un ciment qui aura lié
leurs molécules.

Roches métamorphiques.

Le globe ayant été d'abord à l'état d'incandescence, n'a pu se refroidir que très-lentement ; et,
soit par les retours fréquents de la matière fluide de
l'intérieur à travers la pellicule qui enveloppait le
noyau, soit par les réactions chimiques qui s'opéraient à sa surface, toute la croûte a dû conserver
longtemps la plus haute température. Les couches
déposées au moment où a commencé la formation
du sol sédimentaire, ont donc été soumises tout à la

fois à l'action de l'eau et à l'action de la chaleur la plus intense ou du feu , et par conséquent elles doivent offrir les caractères de cette double origine. C'est aussi ce qu'elles ont de remarquable ; elles se présentent partout stratifiées , comme roches déposées par l'eau, et en même temps cristallines, comme roches qui ont été soumises à l'action du feu. Elles ont été assez profondément altérées pour avoir perdu leur première forme ; c'est pourquoi elles sont désignées , depuis quelques années , sous le nom de *roches métamorphiques.*

A cette première espèce sont jointes encore, sous la même dénomination, toutes les roches du sol sédimentaire qui ont été modifiées par la chaleur des roches plutoniques qui ont pénétré dans leur voisinage, ou par les roches volcaniques qui les ont percées et inondées de leurs coulées.

Cette quatrième classe comprend donc toutes les couches originairement déposées par l'eau , sous la forme ordinaire de sédiment , ou du moins toutes celles de leurs parties qui ont été modifiées par la chaleur intérieure du globe ou par le contact et le voisinage des roches d'origine ignée. A leur état normal, ces roches sont entièrement dépourvues de débris organiques , et ne contiennent point de fragments distincts, soit arrondis , soit anguleux, d'autres roches. Quelquefois elles s'élancent au milieu d'étroites chaînes de montagnes ; mais quelquefois aussi elles s'étendent sur des espaces considérables. En Norwège et en Suède, par exemple, elles occupent

la surface presque entière du pays où, comme dans
le Brésil, elles se montrent aux niveaux les plus différents.

Certaines couches laissent apercevoir, près de
leur point de contact avec des veines et des dyckes
de roches volcaniques, des altérations semblables à
celles que pourrait produire une chaleur intense. Ces
effets sur les couches fossilifères se sont manifestés
quelquefois jusqu'à la distance d'un quart de mille
(400 mètres) à partir du point de contact. Sur la
plus grande partie de cet espace, les couches à fossiles ont échangé leur texture terreuse pour une texture éminemment cristalline, et ont perdu toutes
traces de débris organiques. Ainsi, par exemple, les
calcaires noirâtres remplis de coquilles et de coraux
sont transformés en marbre blanc statuaire, et les
argiles dures en schistes dans lesquels on ne trouve
pas le plus léger indice de corps organisé.

Les principales roches métamorphiques sont : le
gneiss, le *micaschiste*, le *schiste amphibolique*, le
schiste argileux cristallin, le *schiste chloritique*, le
calcaire primitif, et certaines espèces de *quartzite*.

CHAPITRE VI.

Les fossiles — leur abondance dans les terrains de sédiment. — Hauteur où ils se trouvent. — Des végétaux fossiles. — Les cryptogames vasculaires. — Les conifères. — Les cycadées. — Haute température du globe à l'époque où vivaient ces végétaux. — Des animaux fossiles. — Apparition successive des espèces. — Le ptérodactyle, l'ichthyosaure, le plésiosaure — leur description par Cuvier. — Nouvelle preuve du décroissement de la température dans nos climats.

Les Fossiles.

Les couches de sédiment renferment une quantité prodigieuse de débris organiques. Ce sont des végétaux de toute espèce : des plantes, des tiges, des feuilles, des graines, des arbres entiers, des fruits ; ce sont des animaux inconnus aujourd'hui, des squelettes entiers, des ossements épars, des dents, des arêtes de poissons, des animaux marins, des animaux terrestres, des amphibies, et surtout une immense quantité de coquilles qui quelquefois composent seules presque toute la masse du sol à une grande profondeur.

Parmi ces débris, il y en a qui sont si bien conservés, qu'il est impossible d'élever le moindre doute sur leur nature. On les trouve partout, à partir des anciennes roches métamorphiques, des couches d'o-

rigine aqueuse qui n'ont point été modifiées, jusqu'aux terrains modernes, dans les pierres les plus
dures, comme dans le sable ou dans les terres
molles. « [1] Voltaire, entraîné par son système suivi
d'attaques contre les traditions religieuses, crai-
gnant sans doute qu'on ne voulût chercher dans
l'existence de ces débris une confirmation du déluge universel, fit tout son possible pour en parler
comme de coquilles semées çà et là dans les plaines
et sur les montagnes, par des pélerins qui en rap-
portaient de leurs voyages à la Terre-Sainte, ou bien
comme de ces petits tas d'écailles d'huîtres qu'on
jette devant les portes, après son déjeûner. Or ces
coquilles perdues par les bons pélerins d'autrefois,
ces petits tas d'écailles d'huîtres, de moules, etc., se
trouvent dans tous les pays, par bancs de cent et
de deux cents lieues de longueur. En Touraine, il
existe une masse évaluée à 130 millions de toises
cubes d'un terrain presque uniquement composé de
coquilles entières ou brisées, sans mélange de matières étrangères. Les paysans des cantons voisins
les emportent à charretées, pour fertiliser leurs
champs. Ces coquilles sont toutes placées horizontalement, comme celles qui se trouvent maintenant
dans la mer : aussi, pour tous ceux qui ont observé
ce phénomène sur les lieux, il est évident qu'il
prouve l'existence des eaux de la mer dans la Touraine, où elle a dû former un golfe à une époque

---

1 Ext. de Bertrand, *Rév. du Globe*.

de beaucoup antérieure aux temps historiques les plus reculés.

Les débris d'animaux et de végétaux se présentent à toutes les hauteurs connues au-dessus du niveau de l'Océan ; [1] car, dans les Alpes et les Pyrénées, on en a rencontré à 2440 et 2745^m d'élévation ; à plus de 3,965^m dans les Andes, et à plus de 4575^m dans l'Himalaya.

Les coquilles appartiennent pour la plupart à des testacés marins ; mais dans quelques localités, leurs formes indiquent exclusivement des espèces caractéristiques de lacs et de rivières. De là on est amené à conclure que quelques-unes des couches anciennes ont été déposées au fond de la mer, tandis que d'autres ont été déposées dans des lacs et des estuaires.

Des Végétaux fossiles.

[2] « Des diverses associations de végétaux qui ont successivement habité notre globe, aucune ne mérite autant de fixer notre attention que celle qui s'est développée la première sur sa surface, qui paraît avoir couvert pendant un long espace de temps toutes les parties de la terre qui sortaient du sein des eaux, et dont les débris amoncelés, les uns sur les autres, ont formé ces couches souvent si puissantes

1 Lyell.
2 Adolphe Brongniart.

et si nombreuses de houille , restes altérés des forêts primitives... »

Parmi les empreintes végétales des plus anciennes
couches, les plus fréquentes sont produites par des
feuilles de fougères ; mais ces fougères du monde
primitif ne sont pas celles qui croissent encore dans
nos climats ; car il n'en existe pas actuellement en
Europe plus de trente à quarante espèces, et les
mêmes contrées en nourrissaient alors plus de deux
cents, toutes beaucoup plus analogues à celles qui
habitent maintenant entre les tropiques qu'à celles
des climats tempérés.

On peut juger des dimensions de ces grandes fougères par leurs troncs , appelés *sigillaria*, dont la
grosseur varie de 15 décimètres à 1^m,5 de diamètre
et dont la hauteur a dû atteindre jusqu'à 12 ou 15^m.

Après les fougères se font remarquer encore les
calamites, de la famille des prêles , dont les tiges,
grosses à peine comme le doigt, dépassent rarement
un mètre de hauteur, tandis que sur le sol primitif
elles avaient jusqu'à 4 et 5^m de haut et 1 à 2 décim.
de diamètre.

[1] Enfin les *lépidodendrons,* dont les espèces nombreuses devaient essentiellement composer les forêts de cette époque reculée, et qui ont probablement contribué plus que tous les autres végétaux à
la formation de la houille. Sous le rapport de la
forme, ils ressemblent à nos lycopodes ; mais tan-

---

1 Al. Brongniart.

dis que nos lycopodes actuels sont de petites plantes, le plus souvent rampantes et semblables à de grandes mousses, atteignant rarement un mètre de haut et couvertes de très-petites feuilles, les lépidodendrons, tout en conservant les mêmes formes et le même aspect, s'élevaient jusqu'à 20 et 25 mètres, avaient à leur base près d'un mètre de diamètre et portaient des feuilles qui atteignaient quelquefois un demi-mètre de long : c'étaient, par conséquent, des lycopodes arborescents comparables par leur taille aux plus grands sapins...

La classe qui presque à elle seule constitue la végétation du monde primitif, est celle des *cryptogames vasculaires,* qui ne comprend actuellement que cinq familles dont les principales ont des représentants dans l'ancien monde ; telles sont les fougères, les prêles et les lycopodes... Ces plantes si simples et si peu variées dans leur organisation, et qui n'occupent plus par leur nombre et leurs dimensions qu'un rang bien inférieur dans la végétation actuelle, constituaient, dans les premiers temps de la création des êtres organisés, la presque totalité du règne végétal, et formaient d'immenses forêts qui n'ont plus d'analogue dans notre création moderne.

Après la destruction de cette puissante végétation primitive dont les terrains houillers nous ont conservé les débris, apparurent deux familles nouvelles dans le règne végétal. Elles sont perdues pour ainsi dire au milieu de l'immense variété de

végétaux dont est couverte aujourd'hui la surface
de la terre, mais alors elles dominaient toutes les
autres par leur nombre et leur grandeur. Ce sont
les *conifères*, qui, sous des formes très-diverses,
habitent encore presque toutes les régions du globe,
et les *cycadées*, végétaux tous exotiques, moins
nombreux dans notre monde actuel qu'à cette époque reculée, et qui joignent au feuillage et au port
des palmiers, la structure essentielle des conifères.
L'existence de ces deux familles, pendant cette seconde période, est d'autant plus importante à signaler, qu'intimement liées entre elles par leur organisation, elles forment le chaînon intermédiaire entre
les cryptogames vasculaires qui composaient presque
seules la végétation primitive de la période houillère,
et les *phanérogames dicotylédones* proprement dites,
qui forment la majorité du règne végétal pendant la
période suivante.

Ainsi, aux cryptogames vasculaires, premier degré de l'organisation ligneuse, succèdent les conifères
et les cycadées qui tiennent un rang plus élevé dans
l'échelle des végétaux, et à celles-ci succèdent les
plantes dicotylédones qui en occupent le sommet.

Cette classe des dicotylédones, dont on pouvait
à peine citer quelques indices douteux dans les derniers temps de la seconde période, se présente tout-
à-coup, d'une manière prépondérante, durant la
troisième période. Comme de nos jours, elle domine
toutes les autres classes du règne végétal, soit par
le nombre et la variété des espèces, soit par la gran-

deur des individus. Aussi cet ensemble de végétaux dont les débris sont restés dans les couches du sol sédimentaire de cette troisième période, a-t-il les plus grands rapports avec la masse de la végétation actuelle, et plus particulièrement avec la flore des régions tempérées de l'Europe ou de l'Amérique ; le sol de ces contrées était couvert, alors comme à présent, de pins, de sapins, de thuyas, de peupliers, de bouleaux, de charmes, de noyers, d'érables et d'autres arbres presque identiques avec ceux qui vivent encore dans nos climats.

Il est à remarquer que plusieurs des végétaux fossiles que nous trouvons dans les couches sur lesquelles ils ont vécu, semblent indiquer que la température du globe a été en décroissant ; car nous trouvons, dans des climats froids ou tempérés, des plantes qui y sont nées et qui y ont péri, et qu'on ne voit plus aujourd'hui que dans les climats chauds, où ils atteignent bien rarement encore et où peut-être ils n'atteignent jamais le prodigieux développement auquel ils sont parvenus dans les anciens âges de la terre. « Ce résultat s'accorde du reste parfaitement, dit Adolphe Brongniart, avec celui qu'on peut déduire de la présence, dans ces mêmes terrains et dans les mêmes contrées, d'éléphants, de rhinocéros et d'hippopotames, animaux qui maintenant s'étendent rarement au-delà des tropiques. »

Des Animaux fossiles.

Les animaux fossiles des couches les plus anciennes étant tous des animaux marins, prouvent que la vie s'est manifestée d'abord dans la mer, qui, à l'origine du globe, l'enveloppait de toutes parts, comme on le voit par les dépôts qu'elle a formés sur presque toute sa surface.

Ces sont des *crustacés*, dès *mollusques* qui apparaissent dans les premières couches fossilifères, avec des *zoophytes*. Les poissons vinrent ensuite et vécurent sur quelques points avec les êtres qui les avaient précédés ; mais dans certains terrains ils semblent leur avoir succédé complètement. Les poissons de cette première époque appartiennent aux *sauroïdes*.

Dans les couches de la seconde époque, quelques-uns des premiers animaux ont déjà entièrement disparu et sont remplacés par un grand nombre d'autres jusqu'alors inconnus. Cette période est caractérisée par l'apparition de plusieurs reptiles, les *monitors*, les *crocodiles*, les *tortues*, etc. ; plusieurs genres d'une forme extraordinaire sont aujourd'hui perdus.

Enfin, dans la troisième période, apparaissent les *oiseaux*, les *mammifères marins*, puis les *mammifères terrestres*, avec une foule de coquilles et de poissons qu'on ne trouve pas dans les couches inférieures à celles de cette formation. Parmi les mammifères marins on remarque les *phoques*, les *lamantins*, les *dauphins*, les *baleines*, les *hyperoodons*, et parmi les mammifères terrestres, des genres totalement perdus, comme les *palœothères* et les *anoplothères*, le *xidophon*, le *lophiodon*, le *chœropotame*, le *mastodonte*, etc., et les genres qui existent encore quoique bien différents quelquefois des animaux que nous connaissons. Car c'est une circonstance bien remarquable, que tous les animaux des couches fossilifères s'éloignent de plus en plus des espèces vivantes dans les formations les plus anciennes, et par-là même s'en rapprochent aussi de plus en plus dans les formations les plus récentes.

Si l'on compare entre elles les quatre classes des *vertébrés*, on trouve que, parmi les fossiles, les poissons sont plus nombreux que les reptiles, et les mammifères beaucoup plus que les oiseaux. Quant aux mollusques dont les dépouilles abondantes dans les terrains du sol de sédiment sont d'un si grand secours pour l'étude des terrains géologiques, on les trouve en quantité depuis les formations les plus anciennes jusqu'aux plus récentes. Comme dans les autres divisions du règne animal, plusieurs genres et plusieurs espèces de mollusques ont disparu ou ont été modifiés pendant le cours des siècles écoulés depuis leur création. « [1] Certains genres, tels que ceux des *corbules*, des *térébratules*, des *nautiles*, etc., présentent peu d'espèces et peu d'indi-

[1] M. Deshayes.

vidus à l'état vivant, tandis qu'ils en présentent beaucoup à l'état fossile. C'est le contraire pour d'autres, telles que les *patelles*, les *cônes*, les *porcelaines*, etc., qui présentent beaucoup moins d'espèces fossiles qu'à l'état vivant. D'autres genres, tels que les *conchólépas*, les *colombelles*, les *éburnes*, les *haliotides*, etc., ne se sont pas encore montrés à l'état fossile, tandis que d'autres n'ont encore été trouvés que fossiles, tels que les *ammonites*, les *planulites*, les *turrilites*, les *baculites*, etc. »

Quoiqu'il n'y ait guère de place pour les détails dans un tableau aussi abrégé que celui-ci, la classe des reptiles fossiles nous offre quelques individus d'une configuration trop extraordinaire, pour que leur description presque fabuleuse n'ait pas au moins quelques traits dans cet article.

[1] L'animal qui a le plus embarrassé les naturalistes est celui qui fut trouvé dans des schistes calcaires du comté de Pappenheim, vers la fin du siècle dernier. Suivant les uns c'était un oiseau, suivant d'autres c'était un mammifère qui formait une espèce plus intermédiaire encore que celle des chauvessouris, entre les mammifères et les oiseaux. Il s'est trouvé même un naturaliste qui se croyait si sûr de cette vérité, qu'il s'était amusé à le dessiner en entier revêtu de son poil. Un autre le considérait comme un reptile.

Cette divergence d'opinions n'a rien d'étonnant,

[1] Bertrand, *Rév. du Globe.*

car l'animal qui en était le sujet, réunit le singulier assemblage de caractères propres à chacune des trois grandes classes auxquelles on a voulu successivement le rattacher.

Comme les oiseaux, il avait un long cou et un corps en proportion très-court. Il portait comme eux des ailes qui, par leur charpente, rappelaient celles des chauves-souris, et dont les dimensions étaient proportionnées à sa taille. La forme de ses membres et celle de sa queue le rapprochait des mammifères. Sa tête présente un crâne qu'on ne remarque que chez les reptiles, jointe à une gueule garnie de soixante dents pointues et couvertes par un bec d'oiseau.

Tel est l'animal nommé *ptérodactyle* par Cuvier, qui a démontré que c'était un véritable reptile volant.

En Angleterre, et ensuite dans plusieurs autres localités, ont été trouvés encore deux fossiles non moins extraordinaires que le ptérodactyle, ce sont l'*ichthyosaure* et le *plésiosaure,* qui semblent tenir à la fois des cétacés et des sauriens. Le premier a le museau du dauphin, les dents du crocodile, la tête et le sternum du lézard, des vertèbres de poissons et les pattes d'un cétacé. Le deuxième a aussi les pattes d'un cétacé, la tête du lézard, mais il a le cou semblable, par sa longueur, au corps d'un serpent.

« L'ichthyosaure, dit Cuvier, était un reptile à queue médiocre et à long museau pointu, armé de dents aiguës ; deux yeux d'une grosseur énorme devaient donner à sa tête un aspect tout-à-fait extraordinaire et lui faciliter la vision pendant la nuit. Il n'avait probablement aucune oreille extérieure, et la peau passait sur le tympan comme dans le caméléon ; la salamandre et le pipa , sans même s'y amincir.

» Il recevait l'air en nature , et non par l'eau , comme les poissons ; ainsi il devait revenir souvent sur la surface de l'eau. Néanmoins ses membres courts, plats, non divisés , ne lui permettaient que de nager. Il y a grande apparence qu'il ne pouvait pas même ramper sur le rivage autant que les phoques, mais que , s'il avait le malheur d'y échouer, il y demeurait immobile comme les baleines et les dauphins. »

La longueur de ce singulier animal variait de un mètre et quelques centimètres jusqu'à plus de dix mètres.

Le plésiosaure avait des dimensions plus grandes encore que l'ichthyosaure. Il n'avait aussi pour tout moyen de progression que des nageoires, dont il devait lui être impossible de se servir sur terre. Mais ce qui devait lui donner un aspect tout différent , c'était son cou énorme, véritable cou de serpent composé de trente-cinq vertèbres, porté sur un tronc dont les proportions différaient peu de celles des quadrupèdes ordinaires , et terminé par une tête qui n'était que le cinquième de la longueur du cou et qui se rapprochait plus de celle des lézards que de tout autre animal. Sa queue, comprenant trente-six vertèbres, ressemblait plus à celle d'un quadrupède ordinaire qu'à celle d'un reptile.

Les animaux fossiles peuvent, ainsi que les plantes, nous fournir comme une espèce de thermomètre, pour apprécier la température des lieux où ils vivaient autrefois.

Dans la distribution actuelle des mollusques, le nombre des espèces est d'autant plus grand qu'on s'approche davantage des régions équatoriales. Ainsi ce nombre, qui, vers le 80ᵉ degré de latitude, est seulement de dix à douze, va en augmentant progressivement, jusqu'à dépasser neuf cents dans les mers du Sénégal et de la Guinée. Or, parmi les mollusques fossiles, une foule de genres et d'espèces se trouve dans les régions septentrionales; rien que dans la couche la plus superficielle des terrains de la troisième époque, en Russie, en Pologne, en Allemagne, comme en France, on connaît plus de quatorze cents [1] espèces ; le bassin de Paris, comme le mieux exploré, en fournit seul douze cents, et plusieurs ne vivent plus que dans les mers équatoriales. On peut faire la même remarque sur les crocodiles fossiles qu'on trouve en quantité à Caen , à Honfleur, etc., sur les éléphants, les rhinocéros , dont les débris ne sont nulle part aussi abondants que dans les terres glacées de la Sibérie : tous ces animaux n'ont pu vivre dans les pays où on les trouve,

---

1 Bertrand.

qu'avec une température égale à celle des lieux où ils sont confinés aujourd'hui. Les animaux comme les végétaux fossiles prouvent donc que la température du globe a dû aller continuellement en décroissant, et que les pays les plus froids, de nos jours, ont dû être soumis autrefois à une chaleur tropicale.

CHAPITRE VII.

Origine des fossiles. — Ils ne sont pas le produit du déluge historique — Examen de cette question. — Nature des dépôts
fossilifères. — Différence des fossiles. — Parfaite conservation de plusieurs. — Les couches fossilifères ont été déposées
dans une eau tranquille.

« [1] A l'époque où la géologie commença à être
cultivée, il était de croyance générale que tous les
fossiles étaient à la fois les effets et les preuves du
déluge universel. Mais ceux à qui il a été donné
d'étudier soigneusement les phénomènes, ont depuis longtemps rejeté cette doctrine. On pourrait
supposer qu'une inondation passagère laissât après
elle, sur la surface momentanément couverte par
les eaux, des amas de limon, de sable et de galets,
avec des coquilles confusément mélangées ; mais les
strates renfermant des fossiles ne sont pas des dépôts superficiels, et ne couvrent pas simplement
quelques portions de la terre : elles constituent la
masse entière de l'enveloppe du globe, des plaines et
des montagnes. En outre, un grand nombre de séries
distinctes de couches sédimentaires, de plusieurs
centaines et même de plusieurs milliers de pieds d'é-

[1] Extrait de Lyell.

paisseur chacune, sont entassées les unes sur les autres, renfermant chacune ses espèces particulières d'animaux et de plantes fossiles, espèces qui, à un petit nombre d'exceptions près, diffèrent des espèces actuellement vivantes. La masse de quelques-unes de ces couches consiste presque entièrement en coraux ; plusieurs sont formées de coquilles, d'autres sont dues à des plantes transformées en charbon, tandis que quelques-unes ne renferment absolument aucun fossile. Dans telle série de couches, les espèces viennent toutes de la mer ; dans telle autre, placée immédiatement au-dessus ou au-dessous, les fossiles indiquent, d'une manière évidente, que le dépôt fut formé dans un estuaire ou dans un lac. »

Il est impossible d'expliquer tous ces faits si distincts les uns des autres, par une seule et même cause. Une inondation aussi grande, aussi violente qu'on peut la supposer, n'aurait jamais déposé des couches si puissantes en étendue et en épaisseur, si différentes par la nature de leurs roches et de leurs fossiles ; elle n'eût pas porté dans un bassin une terre dont les éléments auraient été dissous dans une eau marine, et à côté ou par-dessus le premier dépôt, une terre dont les éléments auraient été dissous dans une eau douce. Dans une inondation, les eaux se mêlent avec leurs produits et ne font pas leurs dépôts séparément ; les matières qu'elles charrient sont emportées confusément, jetées çà et là, sans ordre, par les torrents qui en sont chargés, jusqu'au moment où la vîtesse des courants est assez ralentie pour permettre aux corps qu'ils entraînent de se déposer, suivant les lois de la pesanteur.

En supposant encore que la mer, sortant de son lit par suite d'une révolution soudaine, telle que celle qui amena le déluge historique, eût pu transporter et déposer ces immenses débris qu'on retrouve partout, à toutes les hauteurs comme à toutes les profondeurs, comment expliquerait-on leur présence dans les pierres les plus dures? comment trouverait-on assez de temps, dans le cours d'une inondation passagère, pour opérer le changement complet de leur substance, soit végétale, soit animale, en carbonate de chaux ou en silice?

D'un autre côté, si les fossiles avaient été emportés tumultueusement par les eaux, si les éléphants, les rhinocéros, etc., qu'on trouve aujourd'hui dans la Sibérie y avaient été entraînés de la zône torride, leurs ossements seraient brisés, usés comme des cailloux roulés. Il faut donc admettre qu'ils ont vécu où on les trouve, et que les terrains qui les contiennent se sont déposés dans une eau tranquille. Si les coquilles avaient été jetées par les flots au milieu des continents, elles devraient toutes avoir été brisées, réduites en poudre calcaire, par le frottement qu'elles auraient éprouvé, soit entre elles, soit contre les rochers; on devrait ne les trouver que par morceaux, amoncelées confusément, sans aucun ordre ni parmi leurs genres, ni parmi leurs espèces. Au contraire, la plupart se sont conservées dans un état d'intégrité si parfaite, qu'on les retrouve avec leurs angles les plus aigus, leurs arêtes les plus saillantes, disposées par famille, groupées par genres et par espèces.

Les débris de plantes à l'état fossile donnent lieu à faire une remarque semblable. En effet, le célèbre Jussieu, dans une dissertation sur les plantes, etc. de Saint-Chaumont, fait observer que parmi ces plantes, toutes d'ailleurs ou inconnues aujourd'hui, ou au moins étrangères au pays dans lequel on les rencontre, il y en a bien plusieurs brisées, mais qu'on n'en retrouve aucune repliée sur elle-même. On les rencontre toutes couchées à plat dans toute leur étendue, comme si on les avait collées avec la main ; ce qui suppose qu'elles ont été déposées tranquillement dans une substance molle, qui depuis s'est durcie en les conservant dans son intérieur.

¹ Une preuve non moins forte de la formation de nos terrains, avec les débris organiques qu'ils contiennent, par un séjour tranquille de la mer, se tire de l'uniformité de composition des couches horizontales dans une grande étendue de terrain, et même dans des montagnes séparées actuellement par des vallées ou des bras de mer ; car, dans ces montagnes, on ne manque pas de trouver, aux mêmes hauteurs, des couches qui se succèdent d'une manière si semblable, qu'il est impossible de ne pas

_____

1 Bertrand.

reconnaître qu'elles ont été formées en même temps, dans les mêmes eaux, avant les grandes révolutions qui les ont séparées.

Enfin, suivant la remarque de Lyell, la lenteur de l'accumulation des fossiles dans les couches où on les trouve, devient plus évidente encore par les preuves qu'on découvre si souvent, du séjour, sur le fonds de l'Océan, de certains corps fossiles après leur mort et avant leur enfouissement dans le sédiment. Rien, par exemple, n'est plus ordinaire que de voir, dans l'argile, des huîtres fossiles, avec des serpules, des coraux et d'autres corps organisés, adhérents à l'intérieur des valves, ce qui prouve que le mollusque n'était certainement pas enfoui dans le limon au moment où il mourut. Il doit au contraire avoir été entouré d'eau claire durant tout le temps qui fut nécessaire au testacé ou aux autres animaux qui y adhèrent, pour passer de l'état d'embryon à leur entier développement.

Les coquilles qu'on trouve attachées à l'extérieur des oursins démontrent de la même manière qu'ils sont restés longtemps au fond de l'eau et dans une eau qui ne devait pas être très-agitée, puisque, malgré sa grande fragilité, leur test n'a pas été brisé et que des mollusques ont pu s'y fixer et s'y développer. On sait que les oursins, quand ils sont vivants, sont toujours couverts d'un grand nombre d'épines, qui leur servent d'organes de mouvement et sont supportées par des rangs de tubercules qui ne deviennent visibles qu'après la mort de l'animal,

quand les épines sont tombées. Or, on trouve aussi
des serpules sur la surface ainsi dépouillée des oursins ; ceux-ci étaient donc morts , ils avaient eu le
temps de perdre leurs épines , les serpules avaient
eu ensuite le temps d'y naître et d'y grandir, avant
leur enfouissement dans le sable ou dans la vase.
Cette série d'observations sur un seul fossile peut
s'étendre plus loin encore. Souvent on rencontre
dans la craie un oursin auquel adhère la valve inférieure d'une crania , genre perdu de mollusque bi-
valve. La valve supérieure manque presque toujours ; quelquefois, cependant, on la trouve dans un
état parfait de conservation, à quelque distance dans
la craie. Dans ce cas , il est évident que l'oursin a
acquis d'abord toute sa croissance, puisqu'il mourut et perdit ses épines. Ce fut alors que la jeune
crania adhéra à la coquille mise à nu, et qu'ensuite
cet animal, étant mort à son tour, la valve supérieure
se sépara de la valve inférieure : ce qui prouve
que tout cela se fit avant l'enfouissement de l'oursin
dans la vase crayeuse, et que la crania périt à l'endroit où elle se trouve, puisque sa valve supérieure
est auprès d'elle.

Concluons donc que les débris de corps marins
accumulés en si grande quantité dans nos continents, sont les témoins du séjour tranquille que la
mer y a fait, et qu'on doit chercher ailleurs les preuves du déluge qu'attestent les traditions religieuses
de presque tous les peuples. Le séjour de la mer sur
la plus grande partie de la surface du globe , après

l'apparition des premières terres, a dû être très-long, puisqu'elle a eu le temps de déposer lentement et successivement la longue série des formations fossilifères si puissantes et si variées; puisque les animaux dont ces formations nous présentent les débris, ont pu s'y succéder par de nombreuses générations; puisque la plupart ont eu le temps de s'y modifier de la manière la plus sensible, et qu'un très-grand nombre enfin, depuis les premiers qui apparaissent dans les couches fossilifères jusqu'aux derniers, depuis les trilobites jusqu'aux mastodontes, ont vu leurs espèces et même leurs familles y naître et s'y éteindre pour toujours, sans laisser vivant un seul individu pour représenter leur race.

CHAPITRE VIII.

Géognosie. — Classification des terrains géologiques. — Terrains primitifs et secondaires de Lehman, terrains de transition de Werner; terrains tertiaires de Cuvier et d'Al. Brongniart. — Diluvium. — Alluvium. — Classification particulière des roches d'origine ignée. — Leur ordre de superposition ne donne pas toujours leur âge. — Caractères généraux des terrains.

Géognosie.

Après avoir distingué le noyau d'avec l'enveloppe de la terre, les géologues, croyant avoir la preuve de deux époques successives dans sa formation, établirent d'abord deux ordres pour l'ensemble des terrains qui la composent. Les uns, censés appartenir uniquement à la partie centrale, furent nommés terrains *primitifs*; les autres, formant l'écorce, furent nommés terrains *secondaires*.

Un des premiers auteurs de cette division fut l'allemand Lehman, ingénieur des mines, vers le milieu du siècle dernier. Il plaça dans la première classe les roches plutoniques et métamorphiques, et dans la seconde les roches aqueuses ou fossilifères.

Environ cinquante ans après, Werner ajouta à la classification de Lehman une nouvelle classe, sous le nom de formation *intermédiaire* ou de *transition,*

qu'il intercala entre les terrains primitifs et les terrains secondaires. Il avait remarqué entre ces deux
dernières classes une série de couches qui, sous le
rapport minéralogique, offrent un caractère intermédiaire, participant en quelque sorte de la nature
cristalline des roches primitives, et présentant çà et
là des traces d'origine mécanique et de débris organiques, comme pour s'approcher des roches du terrain secondaire.

Enfin, vers 1810, Cuvier et Al. Brongniart, ayant
fait une étude spéciale des terrains du bassin de
Paris, reconnurent que les terrains qui avaient été
appelés *secondaires*, étaient eux-mêmes composés
de deux parties bien distinctes dont la plus superficielle et la plus récente comprend toutes les couches superposées à la craie. Ils établirent en conséquence un nouvel ordre de terrain sous la dénomi-
tion de terrains *tertiaires*. Ordre qui, depuis que
ces savants eurent éclairé les géologues par leurs découvertes, a été reconnu dans un grand nombre de
localités.

Sur les terrains tertiaires sont d'autres terrains
complètement différents. L'un, à cause de son étendue, de sa disposition, de sa nature, de ses matériaux, paraît devoir être attribué à la dernière grande
révolution qui a eu lieu sur le globe, au déluge universel, et, pour cette raison, est appelé *diluvium*
ou terrain diluvien. L'autre, produit par des causes
permanentes qui agissent encore sur la surface de
la terre, comme les pluies, les inondations, les fleu-

ves, etc. , est appelé *terrain d'alluvion*, ou simplement *alluvium*.

Cette classification n'est pas admise ni considérée de la même manière par tous les géologues modernes. Dans le tableau des terrains géologiques que nous avons à étudier, nous la suivrons cependant comme la plus répandue et la plus commode, en y faisant toutefois quelques modifications devenues nécessaires dans l'état actuel de la science. Quant aux nouvelles divisions , ainsi qu'aux nouvelles dénominations adoptées dans quelques traités ; sans contester leur valeur, on peut les regarder comme ne soulevant , la plupart du temps, qu'une question de mots qu'il est facile d'apprécier, et comme un nouvel ordre dans l'exposition des mêmes idées, qu'il est toujours facile de saisir, quand on a compris l'ensemble des différents systèmes de la géognosie.

Suivant la classification que nous avons indiquée, nous aurons donc cinq groupes comprenant toutes les formations :

Le terrain primitif,

Le terrain de transition ,

Le terrain secondaire,

Le terrain tertiaire,

Le terrain diluvium et alluvium.

Ces terrains correspondent à cinq époques géologiques ayant des caractères propres à chacune, qui les séparent assez nettement les unes des autres.

Classification particulière des formations d'origine ignée.

Il ne faut pas se tromper sur le sens qu'on doit attacher à la division de l'écorce de la terre en terrains primitifs, terrains secondaires, etc. Cette nomenclature ne doit pas faire préjuger la question de l'âge relatif de toutes les roches qui entrent dans ces différents groupes. Sur le seul principe de la superposition, on ne peut déterminer que l'âge des masses ou des systèmes de formations qui composent chaque terrain stratifié.

Les roches de sédiment sont bien disposées en couches posées les unes sur les autres, par ordre d'âge, les plus anciennes sous les plus récentes ; mais il n'en est pas de même des roches d'origine ignée, qui occupent une si grande place sur le globe. Il est reconnu aujourd'hui que les roches plutoniques, considérées autrefois comme appartenant exclusivement aux terrains primitifs, se trouvent très-souvent dans les terrains supérieurs, qu'elles ont percés et enveloppés, de manière à démontrer qu'elles sont postérieures aux formations dans lesquelles elles se sont introduites. On trouve ces roches d'origine ignée jusque dans les formations fossilifères qu'elles ont traversées et altérées. Ces roches, appelées autrefois primordiales, primitives, peuvent donc appartenir à des formations récentes, et ne peuvent que très-difficilement être reconnues d'une manière certaine comme appartenant à la formation dont elles font partie. Il en est de même des roches volcaniques qui peuvent se rencontrer dans toute espèce de terrains. Elles leur sont contemporaines, si le volcan d'où elles sont sorties faisait éruption au moment où les couches qui les contiennent se déposaient, comme le font aujourd'hui les volcans sous-marins dans les couches qui se déposent au fond de la mer; elles leur sont postérieures, si elles ne sont venues s'y mêler qu'après leur formation, comme le ferait une coulée qui se glisserait de nos jours entre deux formations récentes. Quant aux roches métamorphiques, elles peuvent avoir un âge double, celui du terrain dont elles font partie et celui de la roche d'origine ignée qui les a rendues métamorphiques, en changeant leur constitution primitive.

Nous ne signalerons donc les roches d'origine ignée que comme des formations remarquables dans les terrains de sédiment, sans les faire remonter par-là à la même époque géologique. Nous les présenterons ensuite, sous le nom de *terrains de cristallisation*, suivant l'ordre que leur assignent les géologues, sans prétendre indiquer, pour chacun d'eux, un âge relatif bien déterminé, une position relative fixe, mais seulement une plus fréquente apparition.

Les quatre grandes classes de roches qui forment les terrains, savoir : les roches plutoniques , les roches volcaniques, les roches aqueuses et les roches métamorphiques « sont, dit Lyell, comme

quatre colonnes parallèles, ou à peu près parallèles,
réunies dans une table chronologique, et doivent
être considérées comme quatre suites de monuments
se rapportant à quatre séries d'événements contemporains, ou à peu près contemporains. Les membres
de chacune des quatre classes ont pu, à chaque
époque géologique, être produits simultanément.
En admettant que les choses se soient passées ainsi,
la terre, depuis les temps les plus anciens, et par
suite de causes tant aqueuses qu'ignées, aurait été
sans cesse déformée et remodelée, soit à sa surface,
soit à l'intérieur. Ainsi, par exemple, de même qu'à
l'époque actuelle, a lieu, dans quelques mers ou
dans quelques lacs, la formation de certaines couches aqueuses et fossilifères, simultanément avec la
production, en d'autres lieux, de certaines roches
volcaniques qui, tout en se projetant à la surface,
correspondent, à d'immenses profondeurs, dans les
entrailles de la terre, avec des réservoirs de matière
fondue dont une partie peut passer à l'état solide
et former dans les terrains inférieurs des roches
plutoniques; de même aussi, à chaque période ancienne, des dépôts fossilifères et des roches ignées
superficielles ont existé ou se sont formés contem-
porainement avec d'autres roches souterraines et
d'origine plutonique, en même temps que certaines
couches sédimentaires, soumises à l'action de la chaleur, ont pris une structure cristalline ou métamorphique. »

Caractères généraux des Terrains.

Chaque terrain est le représentant d'une époque géologique pendant laquelle avaient lieu concurremment, comme de nos jours, deux sortes d'action, l'action du feu et l'action de l'eau, en sorte qu'il doit comprendre des dépôts de toute nature. Chaque âge, en effet, a eu ses mers et ses continents, ses fleuves et ses lacs, ses volcans, ses révolutions.

Les roches ignées étant exclues de la classification, ce qui détermine un terrain est donc la continuité de l'action sédimentaire, pendant toute la durée du temps auquel il correspond et dont il nous conserve la trace dans les phénomènes qu'il présente. Son principal caractère est le défaut de parallélisme que l'on observe généralement entre la stratification des couches qui composent son système, et celle des formations qui composent le système du terrain sur lequel il repose. Outre ce trait caractéristique tiré de la différence de stratification, les terrains géologiques en présentent quelques autres plus frappants peut-être : c'est une variation subite et tranchée, une différence complète dans la nature de leurs dépôts; c'est la présence ou l'absence de certains êtres organiques, végétaux ou animaux, dont ils recèlent les débris.

Dans un abrégé comme celui-ci, il est impossible de tout dire. En présentant la série des terrains stratifiés, nous serons donc forcés de nous borner à une description rapide. Après avoir fait connaître la roche qui domine dans chacun d'eux , nous indiquerons cependant encore les principales formations , les fossiles caractéristiques, ainsi que les minéraux les plus utiles pour les sciences et pour les arts. En un mot, nous nous attacherons aux caractères généraux par lesquels on peut arriver à distinguer les différentes formations et les groupes qu'elles composent. Nous parcourrons la série, en allant de bas en haut, montant des terrains les plus inférieurs aux plus superficiels, ou, suivant l'ordre général de formation, des plus anciens aux plus modernes.

CHAPITRE IX.

Terrains primitifs. — Roches de ces terrains. — Roches principales, subordonnées. — Etendue des formations de ce groupe. — Tableau des roches de ces terrains. — Minéraux qui y sont disséminés. — Gite ordinaire des métaux — les filons — leur origine — leur âge relatif.

Terrains primitifs.

Les roches plutoniques, les roches granitiques de toute espèce, forment constamment le fond des premières formations stratifiées qui leur sont superposées. C'est une conséquence de l'état originaire du globe ; la croûte, qui s'est formée au premier refroidissement de la masse incandescente, ne peut être composée que de roches d'origine ignée, parmi lesquelles le granit occupe le premier rang.

Toutes les roches de cette espèce devant être exclues de notre classification des terrains stratifiés, notre point de départ sera donc la première couche déposée par le premier océan dont les flots coururent sur la surface consolidée du noyau du globe. La température de cette mer, dont le fond était encore brûlant et en contact avec une masse intérieure incandescente dont la matière fondue se fit jour pendant longtemps à travers son enveloppe pour se répandre à sa surface, dut être très-élevée. C'est peut-être la raison pour laquelle on ne trouve aucun débris organique dans les dépôts qu'elle a formés.

Les roches de cette époque déposées par l'eau, comme le prouve leur stratification, sont éminemment cristallines. Leurs éléments sont les mêmes que ceux des roches plutoniques qui les portent, le quartz, le feldspath, le mica ; et ils ne sont probablement que les débris d'une première décomposition dans les roches plutoniques. La cause de leur cristallinité est sans doute la haute température du lit sur lequel elles ont été déposées, et de l'océan thermal de cette mer en ébullition qui leur a servi de dissolvant. Elles peuvent nous représenter les premières roches métamorphiques.

Trois roches principales composent les terrains primitifs. Ce sont : le *gneiss*, le *micaschiste* et les *schistes talqueux* et *argileux cristallins*.

Les roches subordonnées sont : des *calcaires blancs*, le *calcaire micacé*, l'*amphibolite schistoïde* et le *quartzite compacte*.

Les roches plutoniques de ces formations, sont : le *granit* proprement dit et toutes les roches granitiques, la *syénite*, la *protogyne*, la *pegmatite* ; des *porphyres*, des *eurites*, des *diorites*. Elles se trouvent, comme nous l'avons dit, partout au-dessous des couches stratifiées, au milieu d'elles et au-dessus d'elles, formant le plus souvent des masses énormes en puissance et en étendue.

« [1] Les terrains primitifs stratifiés s'étendent depuis les groupes schisteux des terrains de transition dans lesquels ils entrent quelquefois, jusqu'aux parties les plus inférieures du globe qui soient connues. Leur stratification est en général peu puissante, inclinée, parfois presque verticale. Les bancs, lits et feuillets sont rarement plans : ils sont au contraire souvent ondulés, comme plissés et tordus. Ces terrains constituent des pays immenses, des chaînes de montagnes entières. Ils forment, après les montagnes des terrains massifs (plutoniques), les montagnes les plus élevées du globe. Leur masse ne renferme ordinairement ni cavernes, ni canaux; mais elle est souvent divisée par des fissures rarement entièrement vides et presque toujours tapissées de minéraux. »

Les marbres les plus précieux de la Grèce et de l'Italie, le cipolin, le vert antique, le bel albâtre blanc gypseux, la pierre ollaire, se trouvent en grandes masses dans ces terrains. Le calcaire contenu dans les formations primitives prouve qu'il ne faut pas l'attribuer à l'élaboration des animaux de la mer, comme l'a supposé Buffon.

Les gneiss et les micaschistes sont très-riches en minéraux; les schistes ne contiennent guère que des staurotides et des macles.

1. Alex. Brongniart.

Tableau général des Roches appartenant aux terrains primitifs.

Roches principales.

Gneiss.
Micaschiste.
Schiste argileux.

Roches subordonnées.

Granit.	Porphyre.
Protogyne.	Eurite.
Pegmatite.	Diorite.
Syénite.	Euphotide.
Leptinite.	Amphibolite.
Hyalomicte.	Hémithrène.
Calcaire saccharoïde.	Cipolin.
Ophicalce grenu.	Dolomie.
Calciphyre.	Gypse saccharoïde.
Schiste talqueux.	Schiste chloriteux.

Principaux minéraux qui entrent dans la composition de ces roches ou qui s'y trouvent disséminés.

Quartz.	Feldspath.
Mica.	Amphibole.
Épidote.	Pyroxène.
Tourmaline.	Serpentine.
Zircon.	Grenat.
Disthène.	Spinelle.
Idocrase.	Apatite.

Diallage.	Axinite.
Or.	Argent.
Tellure (combiné).	Chrôme (combiné).
Urane.	Cobalt gris.
Fer arsenical.	Fer carbonaté.
Fer oxidulé.	Fer sulfuré.
Cuivre sulfuré.	Cuivre natif.
Plomb sulfuré.	Zinc sulfuré.
Manganèse.	Titane.
Molybdène (combiné).	Etain oxidé.
Schéelin (combiné).	

Si les terrains primitifs ne renferment point de fossiles, on voit qu'ils sont du moins très-riches en minéraux.

Les roches plutoniques renferment dans leurs fissures un grand nombre de pierres précieuses : la topaze, l'hyacinthe, le corindon, l'aigue marine, la saphirine, l'améthiste. On y trouve aussi quelques filons de cuivre, des mines d'étain et l'or dans sa place originaire.

C'est ordinairement du granite que sortent les eaux minérales les plus chaudes.

Les terrains stratifiés sont encore plus riches que les terrains de cristallisation. L'émeraude, le saphir, l'émeri, l'amiante, la plombagine proviennent en grande partie de ces premières formations stratifiées. On y connaît aussi plusieurs mines de chrôme et de cobalt, de cuivre, quelques filons de plomb, d'or et d'argent. C'est le plus souvent entre les roches de nature différente, à leurs points de contact, que l'on trouve les minéraux, dans les parties du terrain qui paraissent avoir été le plus tourmentées.

[1] Le granite, la syénite, les porphyres à structure granitoïde, toutes les roches plutoniques, contiennent souvent des métaux, à leur point de contact avec les formations stratifiées, ou dans le voisinage de ce point. D'un autre côté, les filons qui traversent les roches stratifiées étant, en général, plus métallifères près de leur jonction avec ces roches qu'en toute autre partie, on en a conclu que ces métaux pouvaient avoir été répandus sous forme gazeuse dans la masse en fusion, et que le contact d'une autre roche à un état de température différent, ou, parfois, l'existence de quelques fentes dans d'autres roches voisines, avait pu en déterminer la sublimation.

« [2] Tous les géologues s'accordent à reconnaître que les filons sont des fentes qui se sont opérées par l'ébranlement du sol, et dont les vides ont été remplis, après coup, de diverses substances. Il ne peut y avoir de doute à cet égard ; car, tout autour des filons, on remarque ordinairement des preuves du mouvement du terrain : presque toujours une partie s'est séparée de l'autre par un commencement de rotation, puis elle a glissé de haut en bas,

1 Lyell, Necker.
2 Delafosse.

en sorte que les couches de même nature ne se correspondent plus sur les épontes. Quant au remplissage des filons, il a eu lieu de différentes manières, et souvent après un laps de temps plus ou moins considérable. Il paraît incontestable que des causes de nature différente ont concouru à la formation de ces masses minérales ; car il existe des filons qui ont leur plus grande largeur vers le bas , et qui vont en se rétrécissant vers la surface du terrain. Ils ont donc été ouverts par la partie inférieure et n'ont pu être remplis que par des matières provenant de l'intérieur du sol. Au contraire , il en est d'autres qui ont été ouverts dans le sens opposé , et qui n'ont pu être remplis que par en haut , comme le prouvent les matières dont leur masse est formée.

» Il existe ordinairement un grand nombre de filons de même nature dans une même contrée, et l'on remarque qu'ils ont une direction à peu près constante. Cette constance de direction et cette identité de nature montrent assez clairement que tous ces filons ont été formés en même temps et sont le produit de la même cause ; une commotion du sol aura déterminé un système de fentes ou de fissures parallèles qui auront été remplies ensuite des mêmes substances, par une seule et même opération.

» Les filons formés à des époques différentes se distinguent en général par une différence de direction et souvent même de nature minérale. On a une preuve convaincante que deux filons ne sont pas du même âge , et l'on peut déterminer celui qui est le plus ancien, lorsqu'ils viennent à se croiser, et qu'on observe comment se fait le croisement. Il arrive toujours que l'un des deux traverse l'autre, sans éprouver d'interruption , tandis que celui-ci est coupé en deux parties séparées , qui souvent ne sont plus dans la même direction. Il est clair que le filon coupant doit être plus nouveau que le filon traversé : ainsi les observations faites sur l'intersection des filons peuvent servir à prouver les dislocations successives qu'un même terrain a éprouvées. On voit aussi qu'il est possible de déterminer l'âge des filons , comme on détermine celui des couches. Or, l'âge relatif des filons n'est autre que celui des dislocations du sol qui leur ont donné naissance. »

Les dimensions et les richesses d'un filon sont très-variables. La largeur ne dépasse guère un mètre et est souvent au-dessous. On connaît pourtant quelques filons d'une largeur de plusieurs mètres. Ce ne sont pas les plus abondants en substances métalliques. Dans les filons , certains minéraux se trouvent fréquemment associés et d'autres semblent s'exclure mutuellement. Ainsi , il est ordinaire de trouver le zinc sulfuré avec le plomb sulfuré , le nickel et le bismuth, l'étain avec le schéelin, tandis qu'on ne voit presque jamais l'étain avec l'argent, le cuivre avec le manganèse, etc.

Il est à remarquer que la grande quantité de minéraux contenus dans les terrains primitifs , leur

présence aux points de jonction des différentes roches, et leur cristallisation dans les fissures et dans
les géodes des formations de cette époque, fournissent une nouvelle preuve de l'incandescence primitive du globe et de l'état gazeux des substances
minérales à l'origine des choses.

CHAPITRE X.

Terrains de transition. — Leurs limites sont incertaines. — Roches principales. — Minéraux qui y sont disséminés. — Fossiles de ces terrains. — Végétaux, animaux. — Tous les animaux sont marins. — Stratification, puissance des formations de ce groupe.

Terrains de transition.

Il est difficile de fixer avec précision la limite de séparation entre les dernières couches du terrain primitif et les premières du terrain de transition. Les uns excluent des terrains primitifs tous les schistes proprement dits; les autres y font entrer jusqu'aux schistes phylladiens dont l'origine paraît tout aqueuse. Cependant, parmi les schistes, les uns étant éminemment cristallins, comme les schistes argileux et talqueux de la série métamorphique, les autres paraissant formés uniquement par voie de sédiment, sans avoir été profondément altérés par la chaleur, puisque la plupart contiennent des débris organiques qu'on ne trouve pas dans les premiers; il y a un terme moyen entre ces deux ordres de classification, et quelques géognostes l'ont adopté. C'est celui que nous prendrons, en partant des schistes argileux fossilifères, des phyllades, pour commencer le groupe des terrains intermédiaires.

La limite supérieure des formations de la seconde période est aussi très-difficile à fixer ; les uns veulent que les formations houillères appartiennent aux terrains de transition , les autres les font remonter jusqu'au système inférieur des terrains secondaires , après la formation du vieux grès rouge. Quoi qu'il en soit, en attendant que la question soit résolue, sous l'autorité du plus grand nombre, nous ferons commencer les terrains secondaires au vieux· grès rouge.

· Les terrains de transition se composent donc principalement de schistes argileux d'une texture plus lâche que celle des schistes précédents , de phyllades, de grawackes ou psammites, espèces de roches grésiformes, composées d'argile et de grains quartzeux plus ou moins gros. L'étage inférieur est appelé, par quelques géologues, *terrain cumbrien,* et l'étage supérieur, *terrain silurien.* Les schistes sont placés à la partie inférieure et la grawacke à la partie supérieure.

Comme roches principales on peut distinguer :

Le schiste coticule.	Le schiste siliceux.
Le schiste ardoisier.	L'ampélite.
Le grès intermédiaire.	Le quartzite.
Le calcaire, pierre à chaux.	Les poudingues.
Le calcaire montagne.	Le calcaire à encrines.
Le grès carbonifère.	Le calcaire bitumineux.

Les roches plutoniques dont l'apparition semble

remonter à la période des terrains de transition, sont : des *granites*, des *syénites porphyroïdes*, les *syénites zirconniennes*, les *diorites* et les *porphyres syénitiques*, la *variolite*.

Les filons métallifères sont encore abondants dans les terrains de transition ; ce sont souvent les mêmes qui se trouvent dans les terrains primitifs, ou du moins ce sont des substances de même nature.

Minéraux disséminés dans les Roches du terrain de transition.

Cuivre pyriteux, etc.	Plomb sulfuré, etc.
Zinc sulfuré.	Bismuth.
Manganèse.	Mercure.
Fer oligiste.	Fer oxidulé.
Fer carbonaté.	Or.
Plombagine.	Argent.
Chaux fluatée.	Gypse saccharoïde.
Dolomie fétide.	Albâtre.
Calcaire noir fétide.	Dolomie compacte.
Marne.	Calcaire gris.
Agate.	Phtanite.
Jaspe.	Barytine.
Pierre à meules.	Fluorine.
Pierre à rasoir.	Anthracite.
Thermantide.	Tripoli.

Au milieu des schistes de transition se trouvent la pierre de touche, dans des phyllades quartzeux, et la pierre à rasoir formée de deux lits superposés, l'un jaune et l'autre noirâtre. Les schistes qui ont la propriété de se diviser en feuillets solides, minces et sonores, sont les plus importants ; ce sont ceux qui fournissent les ardoises.

Dans les schistes supérieurs se trouvent de riches mines de plomb, de zinc sulfuré, du cuivre, du mercure sulfuré, quelques dépôts d'anthracite et de houille.

Des mines de fer assez considérables se trouvent entre les terrains primitifs et les calcaires de transition. C'est aussi dans ce point de séparation des deux terrains que surgissent ordinairement les sources d'eaux minérales.

Les calcaires de transition fournissent de très-bonnes pierres à chaux et plusieurs marbres de couleurs mélangées.

Fossiles du Terrain de transition.

Au point de vue géologique, ce qu'il y a de plus remarquable dans les terrains de transition, c'est sans contredit l'apparition des débris organiques du règne végétal et du règne animal. Soit que la vie n'existât pas encore à l'époque de la formation des dépôts inférieurs, soit que le métamorphisme en ait détruit les indices, les corps organisés n'ont laissé de traces que dans les terrains de transition. Les premiers débris que l'on rencontre sont renfermés dans les phyllades et dans les psammites, dans des schistes terreux, dans quelques schistes ardoisiers et dans les grès appelés *intermé-diaires*.

Quelques géologues ont cru trouver des traces d'empreintes végétales dans les micaschistes, à la partie supérieure du terrain primitif ; on peut dire cependant que leur présence n'est bien constatée que dans les terrains de transition.

Les premiers débris des végétaux fossiles appartiennent tous à la famille des cryptogames ; ce sont : des *algues*, des *lycopodiacées*, des *fougères*, des *équisétacées*. Tous ces végétaux ont atteint, à cette époque éloignée, des dimensions que nous ne leur voyons point aujourd'hui.

Dans le règne animal, les premiers fossiles appartiennent, aux zoophytes : les *polypes* et les *encrines*; aux mollusques : les *orthocératites*, les *spirifères*, les *productes*; aux animaux articulés : plusieurs genres de *trilobites,* crustacés caractéristiques des terrains de transition, car ils disparaissent dans les premières formations du terrain secondaire, dans les dépôts qui précèdent la houille.

Dans la série du groupe de transition, ces végétaux et ces animaux restent à peu près les mêmes dans leurs genres ; mais ils se multiplient dans leurs espèces, à mesure que l'on s'élève dans la partie supérieure.

Il ne manquait qu'un animal vertébré, pour que les quatre grandes divisions du règne animal fussent représentées dans les terrains de transition ; on a été longtemps sans le découvrir. Des os, des dents et des empreintes de poissons trouvés dans les roches de cette première époque organique, ont enfin démontré, comme un fait bien constaté, que les grandes divisions du règne animal ont eu leurs types dans les êtres qui paraissent avoir vécu les premiers sur le globe.

Il est à remarquer que les animaux dont il vient d'être fait mention, sont tous des animaux marins; ce qui prouve que la vie se manifesta d'abord dans la mer, et qu'à cette époque, un océan immense s'étendait sur tous les points des continents où se trouvent aujourd'hui les schistes, les psammites, les calcaires, toutes les roches fossilifères.

Après les terrains primitifs, les terrains de transition sont les plus étendus. « Les roches qui les composent, dit Brongniart, ont une texture tantôt presque compacte, tantôt presque lamelleuse, et le plus souvent intermédiaire entre ces deux textures. Elles sont clairement stratifiées, mais leur stratification est souvent très-inclinée, très-dérangée. » Tantôt elles sont concordantes avec les couches du terrain primitif auxquelles elles se mêlent, avec lesquelles elles alternent même quelquefois, passant des unes aux autres par des nuances insensibles; tantôt, par suite du changement qui s'est opéré dans leur position primitive, elles sont adossées dans tous les sens aux formations premières; ici elles sont inclinées sous un angle de quelques degrés, là elles ont été soulevées jusqu'à ce qu'elles eussent pris une position verticale. On se rend compte de tous ces dérangements, en remarquant que ces couches, situées au-dessous des nombreuses formations des terrains supérieurs, ont dû participer à tous les mouvements, insensibles ou violents, qui ont élevé certaines portions du sol qu'elles supportent au-dessus de leur ancien niveau, ou qui les ont abaissées au-dessous.

Les montagnes du terrain de transition sont assez élevées, pour la plupart, mais rarement d'une grande étendue : les pentes en sont douces, et les lignes de leurs collines se terminent souvent par des plateaux.

Les formations schisteuses qui sont les plus remarquables de ce groupe, ont une puissance qui varie de 50 à 1400^m. Elles passent presque insensiblement aux micaschistes qui leur sont inférieurs et à la grawacke qui leur est supérieure. Elles sont assez souvent percées par des dykes de porphyre. Les psammites et les autres roches de transition ne forment pas de couches aussi puissantes que les schistes.

CHAPITRE XI.

Terrains secondaires. — Description de ces terrains par Brongniart. — Roches principales, subordonnées. — Roches plutoniques qui les percent. — Minéraux qui y sont disséminés. — La houille; bassins houillers. — Origine de la houille. — Sel gemme. — Mine de Willizcka. — Végétaux fossiles. — Animaux fossiles. — Tous sont marins et appartiennent à des espèces ou à des genres éteints. — Apparition et disparition de quelques fossiles des plus remarquables.

Terrains secondaires.

Les terrains secondaires commencent au vieux grès rouge et s'élèvent, par une série de nombreux dépôts, jusqu'à la craie inclusivement, ou jusqu'aux formations qui lui sont inférieures quand la craie vient à manquer.

« [1] La texture généralement compacte de ces terrains, leur aspect mat et terreux, leur structure si constamment stratifiée, indique un mode de formation presque entièrement mécanique ou par voie de sédiment.

» Ces terrains sont essentiellement stratifiés; leurs couches et assises sont souvent nombreuses et peu puissantes, plus souvent inclinées qu'horizontales,

1 Brongniart.

souvent très-ondulées, ou même pliées. Ils forment des montagnes très-élevées, à dos arrondi, à pentes raides, mais presque toujours plus raides d'un côté que de l'autre. Le plus haut niveau qu'ils atteignent au-dessus de l'Océan, peut être porté à environ 1800ᵐ. C'est une formation très-répandue ; elle n'est pas précisément enveloppante, mais elle couvre quelquefois sans interruption de grandes étendues de pays.

» C'est un des grands groupes de terrains dans lesquels il y a le moins de roches et de minéraux cristallisés. Les roches qui composent ces terrains sont en général la craie, les sables, les marnes, les calcaires. »

Les formations des terrains secondaires sont toutes marines. Les matières arénacées dominent dans les couches inférieures, et les matières calcaires dans les couches supérieures.

Ce groupe renferme un grand nombre de dépôts distincts ; aussi a-t-il été divisé et subdivisé indéfiniment par la plupart des géognostes qui ont voulu le décrire. Les mêmes formations ont reçu tant de dénominations différentes, que la simple nomenclature des couches qui en font partie est devenue effrayante pour quiconque veut en saisir le système avec un peu de clarté et de précision.

On peut regarder comme roches principales des terrains secondaires :

1º Les grès qui se présentent d'abord à la base de ces terrains et ensuite à plusieurs étages ;

2º Les calcaires parmi lesquels se distinguent ceux de l'étage moyen, appelés *oolithe*, et ceux de l'étage supérieur, appelés *craie*, plus grossiers, plus sablonneux que ceux de l'oolithe.

Comme roches subordonnées, en formations considérables, on doit signaler à peu près par ordre de superposition, toujours en commençant par les inférieurs,

1º Le vieux grès rouge.
2º Le calcaire carbonifère.
3º Les schistes bitumineux.
4º Les grès et les schistes houillers.
5º La houille.
6º Psammites, grès, sables.
7º Le nouveau grès rouge.
8º Grès, poudingues, arkoses.
9º Le calcaire magnésien.
10º Grès bigarré.
11º Les marnes irisées.
12º Dépôts de sel gemme.
13º Grès blancs, dolomie, stipite.
14º Le lias (calcaire).
15º L'oolithe ferrugineuse.
16º Sables, fer oxidé oolithique, marne.
17º La grande oolithe.
18º Calcaire schistoïde.
19º Oolithe à coraux.
20º Marnes, argiles bleues.

21º Calcaires, sables, argiles.

22º Grès vert.

23º Sables verts, marnes bleues, sables ferrugineux, craie chloritée.

24º Craie tufau.

25º La craie blanche,

qui occupe la partie supérieure des nombreuses formations des terrains secondaires. Plusieurs autres calcaires qui ne ressemblent à la craie ni par leur texture, ni par leur couleur, sont rapportés à cette formation.

Les terrains secondaires ont été percés comme leurs inférieurs par quelques roches plutoniques.

Dans la partie inférieure se montrent le granite, la syénite, la protogyne, le porphyre pyroxénique, la serpentine, la spilite, la wacke. Plusieurs couches sont percées et traversées par des filons et des dykes de trapp, de basalte que l'on retrouve jusque dans la houille, dans les marnes.

Dans la partie supérieure apparaissent les mêmes roches, jusque dans la craie, pendant la formation de laquelle semblent s'être fait jour plus particulièrement des serpentines, des euphotides, des diorites et des ophites.

Les masses métalliques sont rares dans les terrains secondaires. On n'y trouve en abondance que le fer hydroxidé, soit compacte, soit concrétionné, soit oolithique. Dans le voisinage des roches plutoniques, on rencontre cependant quelques rares filons de cuivre, de plomb, de zinc, de manganèse et de mercure.

Quant aux minéraux disséminés, on en voit encore un assez grand nombre dans les terrains de ces formations. Ce sont :

Cuivre carbonaté.	Plomb sulfuré.
Zinc sulfuré.	Plomb molybdaté.
(*Id*. ox.) calamine.	Plomb phosphaté.
Mercure sulfuré.	Plomb arseniaté.
Manganèse oxidé.	Chrôme oxidé.
Fer hydroxidé.	Fer pyriteux, rayonné.
Fer silicaté.	Fer phosphaté.
Fer carbonaté.	Fer oolithique.
Soufre.	Bitume.
Houille.	Naphte.
Anthracite.	Pétrole.
Stipite.	Asphalte.
Lignite compacte.	Célestine.
Lignite schisteux.	Barytine.
Jayet.	Fluorine.
Alun.	Gypse.
Arragonite.	Halloysite.
Calcaires variés.	Pierre lithographique.
Brêches calcaires.	Marnes variées.
Poudingues variés.	Grès variés.
Cornaline.	Calcédoine.
Jaspe.	Agate.
Quartz cristallisé.	Phtanite.
Silex pyromaque.	Silex corné.
Silex nuageux.	Argiles variées.

De la Houille.

La formation carbonifère qui contient la houille, ou le charbon de terre, se compose, dans son ensemble, de lits de grès, d'argile schisteuse et de calcaire, entre lesquels se trouve le précieux combustible. Les couches de houille se reproduisent dans certaines localités, jusqu'à cinquante ou soixante fois, et toujours alternant avec l'argile schisteuse, le grès ou le calcaire. Leur puissance varie de quelques centimètres à plusieurs mètres. On évalue à plus de 900 mètres l'épaisseur de la formation houillère du nord de l'Angleterre, et celle des vingt ou trente couches de charbon que renferme cette formation n'excède pas 20 mètres.

Les dépôts de houille se trouvent dans des bassins circonscrits. Les couches sont presque toujours rompues, contournées en demi-cercle, ou repliées sur elles-mêmes en zigzag, en sorte qu'un seul puits peut quelquefois percer plusieurs points de la même couche. Dans la partie supérieure de cette formation, les assises paraissent moins tourmentées.

Les gîtes de houille se présentent par petits bassins séparés les uns des autres, mais formant une série qui s'étend à de grandes distances, sur une même zône. Ils se rencontrent à toutes les hauteurs ; il y en a dans les cordilières à 4,600^m d'élévation ; d'autres sont au niveau de l'Océan, comme dans la Flandre ; on en voit enfin qui plongent sous la mer et qui sont exploités à plus de 100 mètres au-dessous de son niveau, comme en Angleterre, à Withaven.

Tout le monde est d'accord pour reconnaître l'origine végétale de la houille. On rencontre souvent, dans l'argile schisteuse et le grès qui enveloppent la houille, des impressions de plantes, des troncs d'arbres entiers, des tiges cylindriques qui ont conservé leurs couches ligneuses et même leur écorce. On trouve aussi dans des nodules, du fer argileux qui appartient à cette formation, des feuilles, de petites branches et des fruits, autour desquels la matière ferrugineuse, qui est ordinairement un carbonate de fer, s'est réunie en forme de concrétion. Ces restes échappés à la décomposition indiquent bien tous une oganisation végétale dans le charbon de terre.

On ne s'accorde pas aussi facilement sur la manière dont cette formation s'est opérée. Les uns pensent que les végétaux qui ont formé la houille ont été enlevés aux terres sur lesquelles ils avaient vécu, et emportés par des courants dans les bassins marins ou lacustres qui les fournissent aujourd'hui. D'autres, dont l'opinion est regardée comme la plus probable, pensent, avec Adolphe Brongniart, que le terrain houiller a été formé, à la manière des tourbes, dans des îles peu élevées, couvertes d'une végétation vigoureuse et abondante, sujettes à des inondations qui accumulaient leurs végétaux, et déposaient au-dessus ces couches de schistes et de grès qui les enveloppent et alternent avec la houille.

Du Sel gemme.

C'est dans la formation du grès bigarré, jusqu'à celle des marnes irisées, au milieu d'argiles grisâtres ou rougeâtres, que se trouvent en nids, en amas, en bancs plus ou moins puissants, les dépôts du sel gemme, accompagnés ordinairement de gypse ou sulfate de chaux. On a cru pendant longtemps que ce sel appartenait en propre à ces formations ; mais vu son origine toute marine, il peut se trouver, et se trouve en effet dans des formations supérieures, partout où la mer a laissé des lacs, des masses d'eaux salées que l'action continue d'une haute température ou que des agents plutoniques auront fait évaporer.

Quelquefois le sel gemme forme des montagnes entières où on l'exploite, à ciel ouvert, comme on fait pour les carrières de pierres. Mais le plus souvent on ne le retire des roches qui en sont imprégnées, que par solution et par évaporation.

Il y a des mines de sel gemme presque dans toutes les parties connues du globe, mais la plus célèbre est sans contredit celle de Willizcka, en Pologne, que l'on exploite depuis le douzième siècle. On a calculé qu'elle forme une masse de 400 kilomètres de longueur sur 125 kilomètres de largeur. Les travaux auxquels sont employés près de deux mille ouviers, descendent jusqu'à 240^m de profondeur, s'étendent à 3000^m de longueur et à 1600^m de largeur. On y trouve des salles taillées carrément, soutenues par des piliers de sel qui ont jusqu'à 100^m d'élévation.

L'intérieur de ces souterrains, qui brillent de l'éclat du diamant à la lumière des lampes qui les éclairent, présente des chapelles ornées d'autels, de colonnes, de statues, de bancs, le tout en sel ; des écuries pour les chevaux employés aux travaux, un escalier de plus de mille degrés, sont également taillés dans le sel. On y trouve plusieurs lacs d'eau salée sur lesquels on peut se promener en bateau, etc. C'est une féerie.

Végétaux fossiles.

Les végétaux fossiles les plus remarquables des terrains secondaires sont des palmiers, des conifères et des cycadées qui se montrent pour la première fois dans la partie supérieure de ce groupe.

A partir du vieux grès rouge jusqu'à la houille, les végétaux sont les mêmes que dans les terrains de transition, des cryptogames vasculaires : algues, prêles, fougères, lycopodiacées d'une taille gigantesque. Les espèces vont toujours se multipliant : à leur première apparition, on n'en comptait que dix ou douze ; dans la formation carbonifère, on distingue déjà vingt espèces de prêles, plus de deux cents espèces de fougères et plus de quatre-vingts lycopodiacées. On croit avoir reconnu que quelques espèces de conifères, des sapins, existaient dès la période carbonifère, deux ou trois espèces de palmiers et plusieurs autres monocotylédones de familles incertaines.

Dans le lias et l'oolithe, les phanérogames gymnospermes, les conifères et les cycadées se montrent en nombre dans plusieurs espèces. Enfin dans la craie, ou plutôt, pendant la formation de la craie qui n'offre que quelques plantes marines des fucoïdes, les végétaux terrestres se rapprochent de quelques genres qui vivent aujourd'hui sous les tropiques, et parmi eux se trouvent de nombreuses plantes dicotylédones.

Animaux fossiles.

Il faudrait entrer dans de trop longues énumérations, pour dire ici les familles, les genres et les espèces des animaux qui apparaissent dans les formations des terrains secondaires. Dans les quatre grandes divisions du règne animal, les cadres se remplissent successivement; et tandis que les premières familles multiplient leurs genres, leurs espèces et leurs variétés dans une progression rapide, les classes voient aussi arriver peu à peu quelques-uns de leurs représentants. Dans les terrains secondaires, du moins à la partie supérieure du groupe, il ne manque guère que les ordres qui appartiennent à la première classe des animaux, les mammifères, et encore croit-on avoir trouvé trois espèces de didelphes de la famille des marsupiaux, dans le grès bigarré et l'oolithe.

Tous les animaux fossiles des terrains secondaires sont des animaux marins, à l'exception de trois ou quatre individus qui peuvent être mis hors de compte dans un nombre aussi considérable que celui qui représente les animaux de cette série. Cuvier, qui avait si bien étudié les fossiles, affirme qu'il n'a jamais eu un exemple bien constaté d'animaux terrestres plus anciens que les terrains tertiaires.

Enfin tous les fossiles des terrains secondaires, comme ceux des terrains de transition, appartiennent à des espèces ou même à des genres entièrement inconnus aujourd'hui.

Après ces considérations générales, en montant des formations inférieures aux formations supérieures, nous ne ferons plus que signaler l'apparition et la disparition de quelques fossiles des plus remarquables, pouvant servir comme de jalons ou de repères dans l'immense tableau géognostique que nous présente la série des couches fossilifères des terrains secondaires.

Les trilobites disparaissent entièrement, avant la formation houillère, et les orthocératites, après le nouveau grès rouge.

Dans les schistes et dans les calcaires de la formation houillère, les poissons se montrent en grand nombre et continuent à se multiplier dans les couches supérieures. Suivant M. Agassiz, qui s'est spécialement occupé de cette étude, les poissons fossiles de ces terrains ne se rapportent plus, pour la plupart, qu'à des types qui n'existent plus. Ce n'est qu'après la formation houillère que l'on voit paraître des poissons carnivores. Tous ceux qui vivaient antérieurement étaient des herbivores. Les poissons d'eau douce ne se trouvent que dans les dépôts inférieurs de la craie; ce qui prouve que, jusqu'à cette époque, il n'y avait point de lacs ni de cours d'eau considérables; les continents ne devaient être que des îles.

Dans le grès houiller les insectes commencent à se montrer.

Les ammonites se montrent vers la formation du calcaire magnésien; c'est aussi dans cette roche qu'ont été trouvés les premiers fossiles de la famille des sauriens. Ce sont des reptiles sauriens : le monitor et le protosaure. On croit avoir découvert aussi des traces de pas de tortue, dans les terrains de cette époque.

Dans le groupe du nouveau grès rouge, dans le grès bigarré en particulier, sont plusieurs empreintes de pieds d'animaux qui vivaient à l'époque où ces roches couvraient le sol, à l'état de sable. On ne sait pas à quel genre d'animaux on doit attribuer toutes ces traces; mais il y en a qu'on croit avoir reconnues pour être des pas d'oiseaux de plusieurs espèces, qui ont reçu de M. Nitchock le nom d'*ornithichnites*. Les empreintes observées ne paraissent pas avoir été faites par des oiseaux palmipèdes; elles ressemblent à celles que laisseraient des échassiers.

Les formations calcaires qui suivent celle du grès bigarré, renferment plusieurs genres de grands reptiles : les plésiosaures et les ichtyosaures, si extraordinaires ; les phytosaures, les dra-cosaures, etc.

Dans le lias caractérisé par la gryphée arquée, se montrent pour la première fois les bélemnites. Le plagiostome est au bas de l'étage, la gryphée dans la partie moyenne et les bélemnites se font remarquer dans la partie supérieure.

C'est aussi dans cette formation que se trouvent les premiers crocodiles, gavials, téléosaures, etc. ; d'énormes lézards grands comme nos baleines, les géosaures, les mégalosaures, etc. ; le ptéro-dactyle, ou lézard volant, animal si singulier qui tenait alors parmi les reptiles le rang que les chauves-souris occupent parmi les mammifères, tandis que les ichtyosaures, etc., essentiellement nageurs, te-naient la place des cétacés.

L'oolithe voit disparaître la gryphée arquée. C'est à cette formation qu'on fait ordinairement remonter l'apparition des reptiles chéloniens, les tortues. A cette époque, les reptiles, et dans cette classe, les sauriens, ont dominé tout le règne animal.

Les bélemnites et les ammonites disparaissent complètement dans les formations supérieures à la craie où on les trouve pour la dernière fois.

A l'étage inférieur de la craie, on commence à voir un certain nombre de coquilles fluviatiles ou terrestres : *paludine, unio, néritine, cyclas,* etc.

A l'étage supérieur, on peut considérer comme caractéristique l'*huître enflée,* l'*inocérame* de Cuvier, l'*ananchite ovale.*

Enfin on trouve dans cette formation , parmi les zoophytes : *coraux* , *oursins* , *éponges* , *alcyons* ; parmi les mollusques : *sphérulites* , *nummulites* , *milliolites* , *cranies* , *baculites* , *trigonies* , *catilles* , etc.

CHAPITRE XII.

Terrains tertiaires. — Leur position — leurs roches. — Puissance de ces dépôts. — Etat du globe à l'époque de leur formation. — Alternation des dépôts marins et des dépôts d'eau douce. — Il est difficile d'établir un système de relations entre les différents dépôts de cette période. — Roches principales.— Roches subordonnées.— Minéraux disséminés. — Végétaux fossiles. — Animaux fossiles. — Les fossiles deviennent de plus en plus semblables aux espèces actuelles. — Comparaison des coquilles actuellement vivantes avec celles des terrains tertiaires, par M. Deshayes. — Coquilles ; poissons ; oiseaux ; mammifères. — Le règne végétal et le règne animal à la fin de cette période.

Terrains tertiaires.

[1] Ces terrains ont été ainsi appelés , parce que, après que les travaux de Cuvier et de Brongniart Al. eurent démontré qu'on devait en faire un groupe distinct, on s'aperçut que leur âge est postérieur à celui de la craie, qui, pendant longtemps, avait été considérée comme la dernière ; c'est-à-dire, comme la plus haut placée dans la série des formations secondaires. On observa que les dépôts tertiaires occupaient, à l'égard de toutes les roches anciennes, une position analogue à celle des eaux des lacs, des

1 Lyell.

mers intérieures et des golfes , par rapport aux continents, offrant souvent, de même que ces eaux, une profondeur très-grande et une étendue superficielle assez bornée; et souvent aussi, se présentant comme elles, par portions séparées et isolées. Les couches étaient; pour la plupart, horizontales ; mais ordinairement entourées de roches plus anciennes , dont les lits étaient fortement inclinés ou verticaux.

« [1] La structure de ces terrains est clairement stratifiée. Les roches qui les constituent ont été formées, en général, par voie mécanique, c'est-à-dire, que la plus forte masse des parties qui les composent n'a point été tenue en dissolution chimique. Elles n'ont été que suspendues dans un liquide qui les a déposées plus ou moins lentement suivant leur ténuité.

» Les terrains tertiaires ne forment que des collines, des monticules, des plateaux peu élevés, dont le plus haut niveau ne dépasse pas 900^m dans leur position normale. Ils se retrouvent partout sur le globe. Ils ne couvrent jamais une grande étendue de pays sans interruption. Ils sont plutôt disposés par îles ou par bassins. »

Jusqu'à la formation des terrains tertiaires, la mer occupait la plus grande partie de la surface de la terre, qui ne laissait guère voir encore que ses montagnes et ses plateaux les plus élevés. Mais après la formation de la craie, l'Océan avait abaissé ses rivages ; l'Europe était déjà un continent , quoique

---

[1] Al. Brongniart.

profondément découpé par des golfes et quoique renfermant beaucoup de mers intérieures et de lacs
d'eau douce. C'est sur les nombreux rivages et
dans les nombreux bassins que présentait la surface
de la terre, à cette époque, qu'ont été déposées les
formations tertiaires. Elles n'occupent que les parties basses des continents et reposent en stratification discordante sur les terrains secondaires. Dans
les pays de plaines, leurs couches sont sensiblement
horizontales, et quand elles ont été sillonnées par
des cours d'eau qui ont fait vallée au milieu d'elles,
les strates se correspondent exactement des deux
côtés de la vallée.

Un caractère important des terrains de ce groupe
et qui avait complètement échappé aux géologues
anciens, parce qu'ils ne s'attachaient pas assez à l'é-
tude des fossiles, et qui n'a été reconnu que depuis
quelques années, c'est que l'ensemble des formations tertiaires consiste en une succession alterna-
tive de dépôts marins et de dépôts d'eau douce, formés les uns au fond de la mer, les autres dans des
lacs d'eau douce ; ici dans un golfe, là sur un rivage
ou à l'embouchure d'un fleuve, dans un estuaire.

Les roches des terrains tertiaires ont beaucoup
moins de consistance que celles des terrains plus anciens.

On peut considérer, comme roches principales,
les argiles, les sables et les calcaires.

Il est bien difficile, peut-être même impossible, de
donner, par ordre de superposition générale, la di-

vision des formations, ou la division des roches subordonnées, dans les terrains de cette période. Les
couches diffèrent entre elles par la nature de leur
composition, par leur nombre, par leur âge. Les dépôts contemporains n'offrent ni le même nombre de
couches, ni les mêmes roches. On ne peut donc pas
étudier ce système de terrains en s'élevant par éche-
lon, de la partie inférieure à la partie supérieure, et
en s'arrêtant à chaque étage pour embrasser d'un
seul coup d'œil les formations qui correspondent à
la même période de temps. Il faudrait s'attacher à
chaque dépôt en particulier, passer successivement
d'un bassin à un autre pour y saisir les relations
d'origine, d'âge et de composition qui pourraient les
rattacher les uns aux autres et donner à leur physio-
nomie quelques traits de ressemblance. C'est un travail qui ne pourrait trouver place ici, et qui, du
reste, est à peine ébauché par les géognostes ; car
on peut dire que si le terrain tertiaire a été bien
étudié dans les bassins de Paris, de Londres, de
Rome et de quelques autres points fréquentés par
les savants, il est encore presque inconnu, ou bien
il n'a pas été observé avec une assez grande exactitude dans une foule d'autres localités.

Nous ne présenterons donc que les caractères les
plus généraux du terrain tertiaire.

Les roches dont se composent les dépôts et celles
qui s'y trouvent en quantité un peu considérable,
sont, à peu près, suivant leur âge présumé :

Roches principales.

Argile plastique, de formation fluvio-marine.
Argile à lignites.
Calcaire grossier, de formation marine.
Gypse.
Argile, marne, sables.
Marne à coquilles d'eau douce.
Marne à coquilles marines et fluviatiles.
Grès.
Marnes gypseuses.
Calcaire siliceux.
Grès, sables marins.
Marnes variées.

Quelques soulèvements du sol semblent établir une séparation entre les dépôts précédents. Les suivants vont à peu près sur une ligne parallèle :

Sables et grès marins de Fontainebleau.
Le calcaire dit *de la Beauce.*
Dépôts de lignites, sur *plusieurs points.*
Marnes.
Argiles.
Dépôts marins, dépôts d'eau douce.

Sont remarquables ensuite :

Les meulières sans coquilles.
Les meulières coquillières.
Le calcaire d'eau douce, dit *travertin.*
Marnes, gypse, mollasse.

Un dépôt marin composé de

> Marnes, calcaires, grès.

Un dépôt d'eau douce composé de

> Galets unis par un ciment marneux.
> Sables mêlés d'argile et de calcaire.
> Marnes grisâtres.
> Grès calcarifère.

Comme roches subordonnées, formant des dépôts moins considérables que les précédents, on peut remarquer :

> Des galets, sous l'*argile plastique*.
> Des amas de lignites.
> Sables variés, placés au-dessus de l'argile plastique.
> Des grès, dans les sables.

Dans le calcaire grossier :

> La pierre de liais.
> La roche.
> Le banc franc.
> La lambourde.

Dans les marnes gypseuses :

> Le calcaire de la Brie.
> Amas de gypse.
> Marne blanche.
> Marne jaune feuilletée.

Marne vert-jaunâtre.
Strontiane sulfatée.

Après le grès de Fontainebleau :

Pierre de Château-Landon.
Faluns de la Touraine.
Calcaire grison.
Calcaire moellon.
Poudingues calcarifères.
Calcaire à hélices.

Vers la dernière formation marine :

Amas de cailloux roulés.
Sables argileux, rouges, jaunes.
Le crag des Anglais.
Marnes bleues.
Dépôts de sel gemme.

Enfin dans la formation d'eau douce :

Grès à hélix d'Aix.
Sables du val d'Arno.
Lignites.
Dépôts lacustres.

A mesure que l'on s'éloigne des terrains anciens,
on voit les formations devenir de plus en plus sté-
riles sous le rapport minéralogique. A l'exception de
quelques dépôts de soufre, de sel, de lignites et de
gypse, il y a à peine lieu à une exploitation sérieuse

dans les terrains tertiaires. Comme minéraux disséminés, on peut cependant signaler encore :

Fer sulfuré blanc.	Manganèse hydroxidé.
Fer limoneux, hydroxidé.	Soufre natif.
Quelq. calcaires marbres.	Magnésite.
Albâtre veiné.	Strontiane sulfatée.
Chaux carbonatée inverse.	Alumine sulfatée.
Ménilite.	Baryte sulfatée.
Silex.	Bitume.
Quartz résinite.	Alunite.
Quartzite xiloïde.	Succin.
Calcédoine.	Turquoise.
Opale.	Grawacke calcarifère.
Poudingue anagénique.	Poudingue coquillier.

Les roches plutoniques qui se sont fait jour dans
les terrains tertiaires sont des *trachytes*, des *pho-
nolites*, des *basaltes*, des *pépérines*, des *obsidiennes*,
la *domite*, la *dolérite* et la *perlite*.

Quoique les dépôts des terrains tertiaires ne soient
pas très-considérables en étendue, il y en a qui ont
cependant une assez grande puissance. Ainsi les
couches de l'argile plastique ont jusqu'à cent mètres
d'épaisseur ; il y a des couches de marnes et de
gypse qui ont dix mètres, d'autres jusqu'à quarante
mètres de puissance.

Végétaux fossiles.

Les formations des terrains tertiaires sont nettement séparées des formations précédentes , par les végétaux fossiles dont elles renferment les débris. C'est pendant la période qui correspond à la formation de ces terrains, que se présentent pour la première fois et presque tout-à-coup, en quantité notable, les plantes dicotylédones. Les monocotylédones, qui dominaient les autres classes du règne végétal, dans les terrains secondaires, sont même moins nombreuses ici que les dicotylédones. Les conifères ne ressemblent plus à celles des terrains plus anciens, et l'on ne trouve plus que quelques traces de cryptogames. Les végétaux singuliers qui abondaient dans les forêts primitives de la période houillère ont disparu.

Animaux fossiles.

Les terrains tertiaires sont encore très-bien caractérisés par les débris si nombreux et si variés des animaux qui vivaient pendant leur formation. On y trouve une prodigieuse quantité de coquilles marines, fluviatiles, ou terrestres ; des insectes très-remarquables ; des poissons d'eau douce ; des poissons de mer en immense quantité ; des reptiles. Enfin c'est dans les terrains tertiaires que se montrent pour la première fois toutes les familles des animaux à sang chaud , les oiseaux et les mammifères, dont quelques individus seulement ont été découverts avec peine dans les formations précédentes.

Les mammifères marins apparaissent les premiers, et après eux les mammifères terrestres de tout genre et de toute espèce. Il est à remarquer encore que les herbivores ont précédé les carnassiers, dont les grandes espèces ne se trouvent que dans les couches supérieures.

« [1] En comparant ensemble les fossiles des formations aqueuses, en général, mais principalement les testacés, qui, de tous ces fossiles, sont les plus nombreux et les mieux conservés, on arrive à ce résultat, savoir : que ceux qui s'éloignent le plus du type de la création organique, sous le rapport de la forme et de la structure, sont ceux des roches primaires fossilifères ; que ceux des terrains secondaires s'en écartent moins que ces premiers ; et enfin, que ceux des formations tertiaires en diffèrent moins que tous les autres. De même si l'on divise les dépôts tertiaires en quatre groupes principaux (comme l'a fait Lyell, en prenant pour quatrième groupe le terrain diluvien), et que l'on vienne ensuite à comparer les coquilles fossiles qu'ils renferment avec les testacés actuellement vivant dans les mers les plus voisines et situées sous les mêmes latitudes, on trouve que les coquilles des couches les plus anciennes ont généralement bien moins de ressemblance avec la faune des mers environnantes,

1 Lyell.

que celles du groupe le plus récent. En un mot,
plus l'âge d'une formation tertiaire est moderne,
et plus il y a de ressemblance entre ses coquilles fossiles et la faune testacée des mers actuelles. »

Voici les résultats obtenus par M. Deshayes, qui
s'est occupé de faire cette comparaison des coquilles des terrains tertiaires avec les coquilles vivantes.

Le nombre des coquilles des terrains tertiaires
examinées est d'environ 3,000 ; et celui des espèces
récentes avec lesquelles ces premières ont été com-
parées, s'élève à 5,000 à peu près. Les dépôts tertiaires les plus anciens renferment à peu près 3 $\frac{1}{2}$
pour cent d'espèces de coquilles fossiles identiques
à des espèces récentes ; le groupe suivant en contient environ 17 pour cent ; le troisième groupe, celui qui est à la partie supérieure des terrains tertiaires dans notre classification, en contient de 35
à 50 pour cent ; et dans les terrains diluviens, dont
il va être question, on en trouve déjà 90 ou 95 pour
cent.

Parmi les coquilles fluviatiles ou terrestres [des
terrains tertiaires, nous ne nommerons ici que les
plus connues : *lymnées, planorbes, paludines,
néritines, unios, mélanies, mélanopsis, hélices, cy-
clostomes,* etc.

Parmi les coquilles marines : *cérithes, turri-
telles, troques, olives, fuseaux, rochers, den-
tales, nérites, huîtres, pétoncles, bucardes,
arches, cythérées, vénus, crassatelles,* etc. ; le

calcaire grossier seul renferme plus de 1200 espèces.

Le nombre des poissons et des amphibies marins
enfouis dans les terrains tertiaires est si grand, qu'on
en connaît plus de 3,000 espèces.

Les reptiles de ces formations diffèrent déjà de
ceux qui les ont précédés et se rapprochent de ceux
qui vivent aujourd'hui. Ce sont encore des crocodiles, des tortues ; puis apparaissent quelques batraciens ; grenouille, salamandre. La fameuse salamandre de Scheuchzer, l'*homo diluvii testis*, a
été trouvée dans le calcaire schisteux d'Œningen
qui appartient à une formation tertiaire.

Ici les poissons d'eau douce deviennent communs,
et avec les poissons de mer ils fournissent une
grande quantité de fossiles caractéristiques de la période qui correspond à la formation des terrains tertiaires. Le mont Bolca, près Véronne, est une des
localités les plus riches en poissons fossiles. Dans
les dépôts de cette montagne, les fossiles varient depuis quelques centimètres de longueur jusqu'à un
mètre et plus. Ils reposent généralement sur le côté;
leurs corps ne présentent aucune contorsion ; enfin,
ils semblent avoir péri par une révolution tellement
soudaine, qu'on a trouvé là un poisson qui est mort
au moment où il en avalait un autre. Ce curieux fossile se trouve au Musée d'Histoire naturelle, à Paris.
Au mont Bolca seulement, M. de Blainville a reconnu
73 espèces de poissons tous marins, dont la plupart
ont leurs analogues dans la Méditerranée.

Pendant longtemps on a révoqué en doute l'existence d'ossements fossiles d'oiseaux. Aujourd'hui les gypses de Paris et des terrains calcaires de plusieurs autres localités ont pleinement attesté l'existence d'un grand nombre de ces animaux, pendant la formation des terrains tertiaires. On connaît à peu près dix espèces d'oiseaux trouvés à l'état fossile dans les dépôts de cette époque : *buzard, hibou, caille, bécasse, alouette de mer, courlis, pélican, ibis, cormoran,* etc. On trouve même, dans quelques couches, des œufs très-bien conservés qui paraissent avoir appartenu à des gallinacés.

Enfin, dans les terrains tertiaires, apparaissent les mammifères. D'abord se sont des mammifères marins : *phoques, lamentins, dauphins, hyperoodons* et les *baleines;* leurs débris sont cependant encore assez rares.

Viennent ensuite, vers la formation des gypses, deux genres perdus de mammifères terrestres : les *palæothères* qui comptaient dix espèces, et les *anoplothères* divisés en trois espèces ; d'autres mammifères aussi perdus : le *xiphodon,* le *dichobune,* douze espèces de *lophiodon,* le *chœropotame* ou cochon des fleuves, l'*adapis,* cinq espèces d'*anthracotère,* etc. On connaît plus de cinquante espèces de mammifères qui ont vécu dans les terrains tertiaires, et qui ont entièrement disparu.

Vers le dernier étage se trouvent les mastodontes divisés en six espèces, genre aussi perdu ; et au milieu des débris des animaux précédents , des genres qui existent encore ou du moins qui ont leurs analogues parmi les animaux qui vivent aujourd'hui : *éléphants, rhinocéros, hippopotames,* etc. Dans les couches supérieures se trouvent les *bœufs,* les *chevaux,* les *cerfs,* etc. ; puis les carnassiers : *hyène, ours,* etc.

A la fin de la période qui vit se déposer les dernières couches des terrains tertiaires , une végétation que celle des tropiques nous rappelle , succédait donc aux fougères arborescentes et aux cycadées. Les dicotylédones, déjà très-variées dans leurs genres , dominaient , comme aujourd'hui, tout le règne végétal. Il y avait de vastes lacs sur toute la surface du globe ; des cours d'eau puissants, des rivières , des fleuves sillonnaient tous les continents ; mais la mer avait abandonné son ancien lit et n'y avait plus que des golfes profonds et nombreux qui découpaient les terres découvertes. Les lacs et les rivières virent naître alors les coquilles et les poissons d'eau douce ; les nombreux rivages de la mer se couvrirent de cette prodigieuse population , dont elle nous a laissé les débris comme autant de témoins du long séjour qu'elle a fait sur le sol que nous habitons. Enfin les animaux terrestres de tout genre et de toute espèce , les deux grandes divisions des oiseaux et des mammifères , dont plusieurs classes n'avaient point encore paru, se répandirent et se multiplièrent dans ces forêts, dans ces plaines , riches de la plus belle et de la

plus vigoureuse végétation , et dont ils furent longtemps les seuls maîtres ; car les formations de cette
époque n'ont pas encore fourni de traces de la présence de l'homme.

———

CHAPITRE XIII.

Terrains d'alluvions. — Caractères distinctifs du diluvium. — Blocs erratiques. — Leur forme ; leur position ; leur mode de transport. — Minéraux disséminés dans le diluvium. — Fossiles. — Brèches osseuses. — Cavernes à ossements. — Post-diluvium. — Formations marines ; lacustres. — Alluvium. — Roches et minéraux du diluvium et du post-diluvium. — Remarque de M. Boubée sur les aérolithes.

Terrains d'alluvions.

Au-dessus des terrains qui viennent d'être décrits, se trouve le diluvium, terrain de transport ainsi nommé, parce qu'il a été formé par la dernière grande révolution qui a eu lieu sur le globe par le déluge. Ce terrain se distingue quelquefois assez difficilement des formations supérieures des terrains tertiaires auxquelles il se mêle sur quelques points. Cependant il est généralement assez bien caractérisé pour qu'un observateur attentif ne puisse le confondre avec ceux auxquels il est superposé.

Il est évident que le diluvium n'a point été déposé dans une eau tranquille, comme les formations qui le précèdent. Il est presque tout entier composé de dépôts meubles, de terres, de sables, de cailloux roulés, de débris mêlés sans aucun ordre et sans stratification régulière. Formés à une même époque, comme le prouvent les fossiles qu'ils renferment, les dépôts du diluvium se trouvent partout, sur les hauteurs comme dans les plaines, à des niveaux très-différents. La composition de ces dépôts et leur position démontrent qu'ils doivent leur origine à un transport violent et non plus à une formation tranquille comme celle qui s'opère dans les eaux d'une mer qui n'est pas sortie de son lit, comme celles qui se sont opérées au fond de l'océan primitif lorsqu'il couvrait la surface du globe.

Le diluvium se distingue aussi assez facilement des terrains d'alluvions récentes, de l'alluvium; ses dépôts ne ressemblent point, comme ceux de l'alluvium, aux terrains qui sont en rapport avec eux; ils sont beaucoup plus répandus que les alluvions, et enfin ils s'étendent sur des hauteurs où l'on ne peut supposer qu'un cours d'eau, mu par les forces actuelles les plus puissantes, ait jamais pu atteindre.

« Les terrains diluviens, dit Alex. Brongniart, portent l'empreinte évidente d'un délaissement des eaux, mais plutôt par transport violent que par dépôt tranquille... Ils se présentent, soit à des élévations, soit à des distances où aucun cours d'eau mu par les forces actuelles les plus violentes ne pourrait arriver. Leurs masses sont d'un tel volume qu'aucun cours d'eau actuel n'aurait pu les transporter, et d'une telle nature qu'on ne peut les attribuer aux roches du sol sur lequel elles se trouvent et qui auraient été dégagées des matières désagréables qui les environnent; on est donc forcé d'admettre que ces masses ont leur origine à de grandes distances du lieu où on les voit, et qu'elles y ont été amenées par une force dont on ne connaît plus dans la nature actuelle d'exemples applicables aux lieux et aux objets d'observation. »

« Les terrains diluviens sont étendus en plaines immenses ou relevés en collines ordinairement arrondies. Tantôt ils remplissent de larges vallées, en s'élevant sur les coteaux à des hauteurs que ne peuvent atteindre les eaux actuelles, tantôt ils recouvrent des plateaux également supérieurs aux plus hautes crues des eaux et indépendants de tout cours d'eau. »

[1] Leur puissance ou épaisseur est très-variable : elle s'étend depuis quelques décimètres jusqu'à 25^m, 100^m, et même jusqu'à 500^m, comme dans la vallée du Pô, canton de la Loire.

Dans les pays plats, les dépôts du diluvium ne sont souvent qu'une couche de limon, de graviers, sous la terre végétale; dans les vallées, dans les plaines voisines des hautes montagnes, ils se présentent en masses plus considérables, formant des collines, des espèces de terrasses dont la hauteur atteint jusqu'à deux ou trois cents mètres.

Partout où ils se trouvent, les terrains diluviens présentent les mêmes caractères généraux de composition. Partout aussi ils prennent les mêmes positions, s'accumulant dans les vallées, au pied des

1 Brongniart.

montagnes , ne formant qu'une légère couche sur les grandes étendues horizontales, se plaçant presque toujours en superposition contrastante avec les couches des terrains antérieurs.

Les Blocs erratiques.

La grande inondation qui a jeté sur tous les points de la terre les dépôts dont nous venons de parler, nous a laissé d'autres monuments non moins remarquables, comme témoins de son passage, dans les blocs erratiques.

« ¹On désigne sous ce nom les blocs énormes de roches dont la dimension est péponaire dans les plus faibles et polymétrique dans les plus fortes , et qui sont répandus en plus ou moins grande quantité, sur des plaines , sur des pentes , et même sur des crêtes de montagnes dont le sol est d'une nature tout-à-fait différente de celle de ces blocs.

» Ils sont épars sur les champs , mais rarement isolés ; ils sont au contraire très-souvent réunis par groupes et comme accumulés dans certains points. Tantôt ils sont placés sur un sol dur qui ne montre point d'autres roches de transport que ces blocs; tantôt ils sont comme enfouis dans un sable fin et qui n'a rien de commun avec leur nature et leur origine. Les roches auxquelles ils se rapportent

¹ Brongniart.

appartiennent presque toutes aux terrains agaly-
siens (primitifs) ou aux terrains hémilysiens (de transition). Ce sont des *granites*, des *protogynes*, des
syénites, des *euphotides*, des *amphibolites*, des *stéa-
chistes*, des *quartzites*, des *grès*, etc. Ils sont posés
sur des terrains beaucoup plus nouveaux que ceux
auxquels ils appartiennent. Cette circonstance place
nécessairement à une époque postérieure à la formation de ces terrains nouveaux, la cause violente
qui les a transportés.

» Une autre circonstance remarquable est leur
position souvent très-éloignée de toute chaîne de
montagnes ou de collines, de tout terrain composé
des roches d'où ces blocs pourraient tirer leur origine et dont ils sont séparés, ou par des plaines immenses, ou par des vallées considérables, ou bien
par des bras de mer larges et profonds.

» Au pied occidental des Alpes, sur les crêtes calcaires du Jura, à plus de 500 mètres au-dessus de la
vallée, on trouve des amas considérables de ces
blocs énormes, ayant jusqu'à 12 mètres de longueur
sur 7 de largeur. Ils sont toujours placés à la surface du sol, tout au plus sous la terre végétale. Dans
le Jura, il y a des blocs placés jusqu'à 1200 mètres
au-dessus du niveau de la mer. »

On a remarqué d'énormes blocs de granite sur les
points les plus élevés de l'Islande, île entièrement
volcanique et très-éloignée de tout pays granitique.
On en trouve sur les montagnes de Potosi, au-dessus
de Lima, et on ne connaît de granite en place que

dans le Tucumala , à plus de quatre cents lieues de là.

Des blocs erratiques évalués à plus de 1500 mètres cubes, d'après Brongniart, ont été roulés à des hauteurs de 1200 à 1300 mètres au-dessus du niveau de l'Océan. Quelle force prodigieuse il a fallu pour les porter à cette hauteur!

Les blocs erratiques se trouvent dans le nouveau monde comme dans l'ancien. On les trouve à toutes les hauteurs ; mais ils semblent tendre à s'élever de plus en plus, à mesure qu'ils s'éloignent des régions polaires. On ne les rencontre plus dans les régions équatoriales. Ils paraissent venir du nord et du nord-est ; tantôt on les rencontre en groupes séparés, composés de roches de même nature, comme si la même force en avait arrêté plusieurs en même temps ; tantôt ils sont disposés en bandes , prenant une direction constante et parallèle sur toutes les lignes. Les blocs les plus remarquables se trouvent dans les plaines au sud de la mer Baltique , qu'ils ont dû traverser pour venir couvrir le sol de la Russie.

On n'est pas d'accord sur le mode de transport de ces grandes masses : les uns pensent qu'elles ont été charriées par un énorme courant ; d'autres , qu'elles ont été portées sur d'immenses glaçons détachés des régions polaires, d'où plusieurs de ces roches paraissent tirer leur origine. Quoi qu'il en soit de ces hypothèses , les courants ou les glaçons qui ont transporté les blocs erratiques , supposent toujours une révolution générale sur tous les points du globe où ils se trouvent, une inondation générale qui a laissé des traces dans toutes les parties du monde, sur les montagnes, comme dans les plaines.

Minéraux disséminés dans le diluvium.

Les terrains diluviens n'ont point de roches ni de minéraux qui leur soient propres. Ils ne sont composés que des débris enlevés aux terrains qui les précèdent. Leurs dépôts ne sont jamais que des ruines accumulées sans autre ordre que celui qui leur a été donné par les lois de la pesanteur, portées çà et là et abandonnées par les courants qui les entraînaient, suivant la configuration des lieux qui les ont reçues.

Ils n'ont point non plus de minéraux qui leur appartiennent ; mais les torrents auxquels ils doivent leur origine ont lavé tant de terres, ont brisé et rongé tant de roches métallifères, que les terrains diluviens sont ceux dont on retire le plus de richesses.

« [1] Les mines d'or les plus productives et celles de platine sont exploitées dans le diluvium ; les mines d'étain les plus riches et toutes les mines connues de diamants lui appartiennent. On trouve en outre, dans les mêmes mines, plusieurs autres pierres pré-

1 Nérée Boubée.

cieuses confondues pêle-mêle avec les métaux : des *télésies*, des *saphirs*, des *rubis*, des *hyacinthes*, des *jaspes*, différents minerais de fer.

» Quoique ces précieuses matières se rencontrent avec abondance dans le terrain diluvien, elles ne lui appartiennent pas, car leur formation date de la première époque; leur véritable gisement est dans les terrains primitifs. Les eaux diluviennes, en se précipitant avec fureur contre les montagnes, en y creusant ces nombreuses vallées si larges et si profondes, en déchirant ces grandes masses de rochers dont elles emportaient au loin les débris, durent dépouiller de leur gangue et mettre à nu une grande quantité de matières métalliques et de minéraux divers qui se trouvaient en filons ou en cristaux disséminés dans ces masses.

» C'est généralement au pied des montagnes, sur les premiers plateaux et à la naissance des plaines, que les terrains diluviens contiennent quelques-unes de ces matières précieuses. »

Les diamants se trouvent dans des dépôts de cailloux roulés, parmi des sables argileux, où sont aussi disséminés l'or et le platine, en paillettes, en grains ou en pépites. Le Brésil, la Californie, tout le Mexique, la Colombie, la Sibérie, l'Inde fournissent particulièrement ces précieux minéraux, à peu près dans des couches de même nature, de même puissance qui n'excède guère un ou deux mètres, enfin dans les mêmes circonstances de gisement.

Fossiles.

Le diluvium n'offre point de végétaux fossiles remarquables. La distribution géographique des plantes pouvait bien n'être pas la même qu'aujourd'hui, mais les genres et les espèces ne différaient guère des nôtres, depuis les dernières formations des terrains tertiaires.

Quant aux animaux, les nombreux débris qu'ils ont laissés dans les terrains diluviens, les genres et les espèces qui s'y trouvent, leur mode de gisement dans les dépôts de cette époque, toute l'histoire de leurs fossiles est encore pleine d'intérêt pour la géologie.

Comme il a déjà été dit, les coquilles sont en général identiques avec celles qui vivent dans nos mers. Il est à remarquer seulement que plusieurs paraissent avoir vécu, comme beaucoup d'autres animaux, comme plusieurs plantes, à des latitudes où elles ne vivent plus aujourd'hui. Les dépôts les plus célèbres sont ceux d'Uddevalla, en Suède, de Nice, du Chili, du Pérou, des Antilles, du Spitzberg. On en cite qui s'élèvent à 150 mètres au-dessus du niveau de la mer; leur hauteur moyenne est d'environ 60 à 70 mètres.

Dans toutes les parties du monde, et à toutes les hauteurs, on rencontre encore un grand nombre de coquilles, mais entièrement brisées, roulées avec des sables et formant de grands dépôts qui ont été appelés gravier coquillier.

Les terrains diluviens ne renferment plus de débris de ces animaux singuliers qui abondaient dans les formations précédentes. On y trouve cependant encore quelques genres et quelques espèces de pachydermes que nous ne connaissons plus : le *tapir* gigantesque , dont la taille devait être au moins de 6 mètres de longueur sur près de 4 mètres de hauteur ; cinq espèces de *rhinocéros*, dont deux de très-grande taille, ont laissé une quantité de débris dans la Sibérie ; l'*élasmothère*; le *méricothère*; le grand éléphant *mammouth,* divisé en deux espèces, l'éléphant septentrional qui se retrouve en abondance dans les pays froids ou tempérés, et l'éléphant méridional qui vivait dans les pays chauds; cinq ou six espèces de *mastodontes*; parmi les édentés à taille monstrueuse : le *mégalonix* et le *mégathère.*

Parmi les animaux dont les genres vivent encore, nous citerons : le grand *hippopotame*; plusieurs espèces de *cerfs* dont quelques-uns étaient beaucoup plus grands que ceux que nous connaissons, comme le prouvent des bois, dont chaque branche avait jusqu'à 5 pieds de longueur; trois espèces de bœufs : l'*auroch*, le *buffle musqué,* le *bœuf commun,* le *cheval,* le *sanglier,* le *cochon*; plusieurs espèce d'*ours*, et d'autres carnassiers, classe qui paraît avoir été nombreuse et puissante à cette époque.

Ces débris du monde antédiluvien se trouvent en très-grande quantité dans une multitude de lieux. Quelquefois ils sont très-bien conservés; dans le sol constamment gelé du nord de la Russie, on a trouvé des animaux entiers, avec leurs chairs et leurs peaux, le rhinocéros, l'éléphant mammouth.

Brèches et Cavernes à ossements.

Ce n'est pas seulement dans les dépôts meubles du diluvium que l'on rencontre les débris des animaux de l'ancien monde. Ils sont surtout accumulés dans des crevasses de rochers, dans des fentes larges et profondes remplies d'un ciment le plus souvent rouge et ferrugineux, auxquelles on a donné le nom de *brèches osseuses*. Enfin ils se trouvent en grande quantité dans des cavernes qui sont ou qui ont été en communication avec le sol, qui ont été remplies par des terres apportées par les eaux et dans lesquelles sont enfouis des ossements *d'animaux perdus aujourd'hui* et des ossements d'espèces qui se sont conservées.

Les brêches osseuses les plus connues sont celles d'Antibes, de Cette, de Cérigo, de Concud, de Corse, de Dalmatie, de Gibraltar, de Nice, du cap Palinure, de Sardaigne, de Sicile, d'Olivéto et du Véronais. Comme on le voit, elles se trouvent presque toutes sur la Méditerranée. Elles sont formées dans des fentes verticales de rochers calcaires, de montagnes dont la hauteur est quelquefois de plus de 100 mètres. Elles paraissent être le résultat de transports limoneux mêlés de fragments de pierres, de fer hydraté, de sables, si intimement unis qu'ils forment, dans quelques localités, une véritable roche où se conservent, dans la plus parfaite intégrité, les antiques débris osseux dont elle est pétrie.

Presque tous les ossements renfermés dans les brêches osseuses, appartiennent à des animaux dont les espèces se sont conservées jusqu'à nos jours; ce sont : des *bœufs*, des *rhinocéros*, des *cerfs*, des *moutons*, des *chevaux*, des *ânes*, des *lapins*, des *lièvres*, des *chiens*, des *chats*, des *rats d'eau*, etc. C'est pourquoi plusieurs géologues pensent que ces dépôts sont postérieurs au diluvium. Quoiqu'ils y soient rares, on a cependant trouvé aussi dans des brêches, comme dans celles de la Saxe, plusieurs débris d'animaux inconnus aujourd'hui; en sorte que la question de l'âge relatif de ces dépôts peut encore être regardée comme une question douteuse.

Enfin les brêches de la Dalmatie, ainsi que celles de Kœstritz, en Saxe, ont, suivant quelques naturalistes, offert des *ossements humains mêlés à des débris de cerfs, de rhinocéros*, etc., avec *des fragments de poterie de fabrication grossière.*

Les cavernes à ossements sont des cavités souterraines sinueuses, offrant dans leur étendue des évasements, des renflements, des rétrécissements. Les compartiments sont diversement étagés et communiquent entre eux par des passages plus ou moins étroits, plus ou moins inclinés. Les grottes de ces cavernes, ornées de stalactites de toutes les formes, se suivent, se lient les unes aux autres et se prolongent quelquefois très-loin sous le sol. M. de Volpi, visitant la caverne d'Adelsberg, en Carniole, dit avoir parcouru une suite de chambres qui l'ont conduit sur un espace de trois lieues, presque toujours dans la même direction. Il ne fut arrêté que par un lac qui lui rendit le passage impossible. Il ne trouva d'ossements dans cette caverne qu'à deux lieues de son entrée ; mais, depuis, on en a trouvé dans toute son étendue, et notamment dans la seconde chambre, à 30 mètres de l'entrée.

Le sol des cavernes à ossements est formé pour ainsi dire, du moins sur plusieurs points, de débris d'animaux dont les espèces se sont en partie conservées jusqu'à nous et dont quelques-unes aussi sont tout-à-fait inconnues aujourd'hui. Les dépôts osseux sont réunis par des sables, des argiles, et recouverts par une croûte calcaire appelée stalagmite et provenant de l'infiltration des eaux à travers les masses calcaires dans lesquelles les cavernes sont ordinairement pratiquées.

Parmi les animaux dont les débris se trouvent dans les cavernes, et qui peuvent être regardés comme antédiluviens, sont : le *mégalonix*, grand édenté, trouvé en Amérique ; le *grand éléphant* ; le *grand ours*, appelé par Cuvier *ours des cavernes*, et deux ou trois autres espèces ; la *panthère*, deux espèces ; des *hyènes*, des *lions*, des *tigres* d'une très-grande dimension, etc. Les carnassiers sont en bien plus grand nombre que les autres animaux, ce qui a fait croire que les cavernes leur ont servi de retraites.

Du reste, on trouve dans ces dépôts les débris

d'une foule d'animaux de tout genre et de toute espèce : *hippopotame, sanglier, cochon, cheval, âne,* un *chameau,* le premier présenté à l'état fossile ; *bœuf, buffle, chèvre, mouton, cerf, daim, renne, chevreuil, chien, loup, renard, genette, blaireau, martre, campagnol, rat, écureuil, castor, lièvre, lapin,* etc. Quelques oiseaux : le *corbeau,* le *pigeon,* le *coq,* la *perdrix,* l'*oie,* le *canard,* l'*alouette,* le *martin-pêcheur,* et une foule d'autres indéterminés.

Les cavernes se trouvent dans tous les terrains ; les plus célèbres sont celles de l'Allemagne, de l'Angleterre, de la Belgique et du midi de la France. Ce qu'il y a de bien remarquable dans toutes celles qui ont été le mieux étudiées, c'est que partout elles présentent *les mêmes ossements et la même couche argileuse et calcaire ;* en sorte que l'on est porté à croire que la réunion de ces terres et de ces os est due partout à la même cause et qu'elle s'est faite à la même époque.

Dans plusieurs de ces cavernes, on a aussi trouvé des *ossements humains associés à des débris d'animaux perdus.* Il y a des géologues qui expliquent ce fait, sans supposer la contemporanéité de l'homme et de ces animaux, en admettant que des ossements d'espèces modernes ont été portés plus tard dans ces cavernes, dont les dépôts anciens ont été remaniés par les eaux et mêlés avec les débris introduits postérieurement. Cette explication est sans doute très-recevable pour certains cas ; mais elle ne l'est pas pour quelques autres, comme nous aurons lieu de le voir lorsque nous aurons à traiter cette question.

Post-diluvium.

Après le terrain diluvien, vient le post-diluvium, comprenant 1º des formations marines dues à des inondations considérables, à de petits cataclysmes dans le voisinage de la mer ; les dépôts sont composés de sables plus ou moins mêlés d'argile et de calcaire, de cailloux roulés.

2º Des formations lacustres ou d'eau douce composées aussi, comme les précédentes, de sables, d'argile, de calcaire. Ces formations se sont faites dans des bassins, dans des lacs qui ont été remplis depuis le déluge, par les terres et les graviers dont se chargeaient les cours d'eau qui les alimentaient.

Alluvium.

En dernier lieu, nous mentionnerons les terrains d'alluvions récents, alluvium déposé par des causes encore agissantes. Sous ce nom sont compris, non-seulement les dépôts formés par les eaux et laissés par elles, soit le long de leur cours, soit à leur embouchure, soit sur les terres exposées à leur débordement ; mais encore les dépôts formés par les moraines au pied des glaciers, par les sources incrustantes, les bancs de zoophites, les dunes, les tourbes modernes, les couches de limon, et enfin tous les détritus qui concourent à former la terre végétale.

Il est clair que les débris organiques des terrains formés depuis le déluge, ressemblent à ceux des animaux et des végétaux qui vivent aujourd'hui à la surface de la terre.

Roches et Minéraux des terrains diluviens et post-diluviens.

Nous avons déjà dit que les terrains de cette époque ne renferment point de formations proprement dites, mais les dépôts qui s'y trouvent sont encore assez considérables pour être rappelés.

Les roches sont :

Sables.	Grès friables.
Grès argilo-calcaire.	Argiles sableuses.
Marnes molles.	Bancs de cailloux roulés.
Graviers.	Galets.
Poudingues récents.	Gravier coquillier.
Brêches osseuses.	Dépôts des cavernes.
Travertin.	Stalactites.
Calcaire incrustant.	Stalagmites.
Tourbe.	Terre végétale.

Les minéraux sont :

Le diamant, l'or, le platine, l'étain, disséminés dans les terrains diluviens.

Le fer en grains.	Le sulfate de fer.
Le sulfate de cuivre.	Le phosphate de fer.
Le sel marin.	Le nitre.
L'alun.	Le natron.

Dans les volcans :

Le soufre , le bitume pétrole , quelques acides.

Les roches plutoniques de cette époque sont : des *basaltes* , des *trachytes,* des *téphrines,* des *wackes* et des *pépérines,* dans lesquels sont disséminés les minéraux qui les accompagnent ordinairement. C'est dans les terrains diluviens que paraissent s'être opérées les premières éruptions des volcans à cratères, et alors commencent les véritables formations laviques.

Au nombre des minéraux de cette dernière époque, M. Nérée Boubée met encore les aérolithes qu'on n'a jamais trouvées, jusqu'à ce jour, dans les formations antérieures. Depuis que l'on observe ces pierres , tombées de l'atmosphère, dont on a nié l'existence pendant si longtemps , il n'y a pas d'année peut-être , dit ce géologue , où l'on n'en ait vu tomber quelque part. S'il en avait été de même pendant les époques précédentes, on en aurait certainement découvert plusieurs traces dans les terrains qui leur correspondent. Les aérolithes seraient donc des minéraux caractéristiques des dernières formations.

CHAPITRE XIV.

Terrains de cristallisation — leur description. — Minéraux qui les constituent. — L'âge d'une roche d'origine ignée n'est pas toujours celui de la roche de sédiment où elle se trouve. — Roches des terrains de cristallisation. — Minéraux disséminés.

Terrains de cristallisation.

Les couches des terrains de sédiment sont souvent rompues, séparées ou percées par des roches d'origine ignée. Ces roches, soit plutoniques, soit volcaniques qui se présentent, comme nous l'avons vu, dans les formations de toutes les époques, formant quelquefois le sol de tout un pays, des chaînes de montagnes, et quelquefois des masses isolées, constituent les terrains de cristallisation, sortis du sein de la terre, à l'état de fusion, pendant toute la série des dépôts de sédiment ou de transport.

« [1] Ces terrains se présentent en masses puissantes qui ne font voir aucune stratification distincte. Leurs masses ne sont cependant pas sans divisions, mais les fissures qui les traversent se dirigent dans tous les sens ; elles les séparent en grandes parties polyédriques, soit irrégulières, soit prismatoïdes. Leur

[1]. Alex. Brongniart.

texture est généralement cristalline, et lors-même qu'elle est compacte, on y remarque une densité et des parties cristallines qui indiquent que les éléments de ces masses n'ont point été suspendus dans un liquide, qu'ils ne se sont pas déposés comme un sédiment, ni réunis par voie d'agrégation mécanique; mais qu'ils ont été tenus à l'état comme fondu ou pâteux et qu'ils se sont solidifiés par voie ou de refroidissement ou de cristallisation confuse. »

Ce qui distingue les terrains de cristallisation des terrains de sédiment, c'est donc le manque de stratification, l'irrégularité de leurs masses et leur texture toute cristalline.

Les minéraux qui dominent dans la constitution de ces terrains sont : le feldspath, l'amphibole et le pyroxène. Le quartz et le mica, si répandus dans les formations stratifiées, sont ici beaucoup plus rares.

Dans les terrains d'origine ignée, la même roche a pu se refroidir avec les mêmes caractères, à plusieurs époques, dans le même lieu ou dans des lieux différents; la même roche a pu entrer dans une formation pendant qu'elle se déposait, ou la percer plus ou moins longtemps après qu'elle était déposée; l'âge d'une roche de cristallisation n'est donc pas toujours le même que celui de la roche de sédiment dans laquelle elle se trouve : c'est pourquoi les terrains de cristallisation sont mis hors de ligne, dans la classification des terrains de sédiment; c'est pour-

quoi encore l'âge d'une roche d'origine ignée, lorsqu'on a quelques données pour le déterminer relativement aux couches dans lesquelles elle se trouve,
ne peut s'appliquer qu'à cette roche prise indivi-
duellement. Cependant, on peut envisager cette
question d'âge dans un sens plus général, en se bor-
nant à rechercher les époques extrêmes entre lesquelles ont eu lieu les éruptions d'une même roche.
C'est ainsi que nous allons passer en revue les principales roches des terrains de cristallisation, en suivant l'ordre chronologique que semble assigner leur
apparition dans les différentes formations sédimentaires qui peuvent leur servir comme de limites.

Roches des Terrains de cristallisation.

1º Granite, syénite, protogyne, pegmatite. Ces
roches forment des terrains très-étendus à la surface du globe. On les considéré comme servant de
fond, d'appui aux formations stratifiées ; cependant,
malgré toutes les recherches qui ont été faites, on
n'est pas encore parvenu à découvrir quelques couches de terrain sédimentaire reposant immédiatement sur les roches granitiques, sans qu'il n'y ait
ou quelques veines granitiques dans les couches de
sédiment, ou quelques signes de modification dans
la surface de ces couches en contact avec le granit.
De sorte qu'il est presque impossible de prouver
qu'une masse granitique est certainement plus ancienne que les couches de sédiment qui lui sont su-

perposées. Il paraîtrait que la croûte du globe s'est brisée plusieurs fois, et que les premières roches plutoniques auront été recouvertes à plusieurs reprises par la matière incandescente dont elles étaient elles-mêmes formées. On connaît des filons de granite dans les gneiss, le schiste argileux et jusque dans des roches des terrains secondaires, jusque dans le lias. Les roches granitiques se montrent donc depuis l'époque la plus ancienne jusque vers les dernières formations des terrains secondaires. Suivant quelques géologues, il y aurait des syénites non-seulement au-dessus du lias, mais même au-dessus du grès vert.

2° Les porphyres, divisés en porphyre rouge quartzifère, porphyre vert ou serpentineux, et porphyre pyroxénique. Ces roches traversent les autres sous la forme de dykes, ou s'intercalent entre les couches de sédiment et y prennent différentes formes.

Les porphyres rouges se présentent en filons dans les terrains primitifs ou intermédiaires et en dômes, en amas couchés dans les terrains secondaires. Ils paraissent s'être épanchés, après la formation des schistes cristallins, jusqu'à celle de la craie.

Les porphyres verts se présentent à peu près comme les porphyres rouges et paraissent avoir été soulevés depuis les terrains primitifs jusqu'aux terrains tertiaires. Les porphyres rouges passent souvent à l'eurite, à la variolite et à la spilite, et les porphyres verts passent à la diorite, à l'ophite, à la serpentine, à l'euphotide.

Le porphyre pyroxénique ou porphyre noir se présente en filons ou en amas dans divers terrains et le plus souvent au pied des grandes chaînes primitives. Le plus grand dépôt de cette roche a eu lieu vers la fin de la formation de la craie. Le porphyre pyroxénique passe au trapp et aux roches amygdaloïdes. Les trapps se présentent en dykes puissants, particulièrement dans le terrain houiller.

Les roches de cristallisation dont il nous reste à parler se séparent assez clairement des précédentes. Elles n'ont plus, comme les premières, cette texture cristalline qui caractérise les anciennes roches plutoniques; elles sont généralement poreuses, et ont une grande analogie avec les substances minérales fondues dans nos fourneaux.

3° Après les porphyres viennent les trachytes se présentant en cônes, en dômes, en masses arrondies; en filons ou en larges nappes, et se montrant fréquemment en relation avec les terrains porphyriques d'une part et de l'autre avec les terrains basaltiques. Le trachyte se divise en roches cristallines et massives et en roches conglomérées et meubles. On peut mettre au nombre des premières, le *trachyte* proprement dit, le *phonolite* plus compacte et l'*obsidienne*; et au nombre des secondes, la *ponce* et les *conglomérats trachytiques*. Ces roches ont dû se faire jour pendant la période qui correspond aux terrains tertiaires.

4° Les basaltes semblent devoir être classés après les trachytes. Leurs plus grandes éruptions ont eu lieu pendant l'époque tertiaire, et du reste leurs roches sont en relation avec celles de tous les groupes précédents et surtout avec celles des groupes granitiques, des schistes ardoisiers, et des formations carbonifères. Le basalte comprend la *dolérite*, la *pépérine*, la *wacke*, les *conglomérats basaltiques*. Il se présente en couches, en filons, en amas, en dykes quelquefois d'une assez grande puissance. Les roches basaltiques affectent presque toujours la forme d'un prisme, et la forme du prisme hexagonal est la plus commune.

5° Enfin, comme dernières roches des terrains de cristallisation et comme les plus modernes, sont à mentionner les roches des volcans à cratères, et celles des volcans éteints qui appartiennent à la dernière époque comme ceux qui sont actuellement en activité. Les roches volcaniques peuvent être considérées comme des basaltes ou des trachytes refondues. Elles sont criblées de cavités cellulaires, comme les scories de nos forges, et conservent dans toute leur structure des traces évidentes de vitrification.

Les terrains de cristallisation étant sortis de l'intérieur du globe, à l'état de pâte incandescente, ne peuvent contenir aucuns débris organiques. Si l'on trouve des fossiles à la surface de leurs coulées, ils ne peuvent être que des débris arrachés aux couches fossilifères par les dykes qui les ont traversées ou par les nappes qui les ont recouvertes. Mais si ces terrains ne renferment aucuns débris organiques , ils sont , comme les terrains stratifiés primitifs, ceux qui renferment le plus d'espèces minérales.

Avec les roches principales déjà nommées , et quelques autres formant des masses assez considérables , les roches des terrains de cristallisation sont :

Granit.	Syénite.
Protogyne.	Pegmatite.
Porphyre rouge.	Porphyre vert.
Porphyre noir.	Conglomérats porphyriques
Eurite.	Rétinite.
Argilolite.	Diorite.
Serpentine.	Ophite.
Euphotide.	Variolite.
Spilite.	Trapp.
Trachyte.	Phonolite.
Obsidienne.	Perlite.
Ponce.	Conglomérats trachytiques.
Domite.	Pépérine.
Basalte.	Dolérite.
Wacke.	Lave.
Leucostine.	Téphrine.
Pouzzolane.	Trass.
Scories.	Cendres.

Les minéraux disséminés , implantés ou enveloppés dans les terrains de cristallisation , suivant Brongniart et quelques autres, sont :

Or.

Argent.

Tellure.

Étain oxidé.

Molybdène sulfuré.

Schéelin.

Titane ruthile.

Titane calcaréo-siliceux.

Manganèse.

Chrome oxidé.

Cuivre natif.

Cuivre pyriteux.

Arsenic sulfuré.

Fer oxidé.

Fer chromaté.

Fer oxidulé.

Fer pyriteux.

Sélénium.

Pyroxène augite.

Soufre.

Amphibole.

Épidote.

Topaze.

Olivine.

Cymophane.

Zircon.

Grenat.

Corindon.

Amphigène.

Tourmaline.

Mélanite.

Mica.

Aigue marine.

Idocrase.

Asbeste.

Diallage.

Hypersthène.

Haüyne.

Mésotype.

Néphéline.

Wollastonite.

Cordiérite.

Preehnite.

Méionite.

Axinite.

Analcime.

Zéolithe.

Chabasie.

Stilbite.

Pétalite.

Triphane.

Pinite.

Phosphorite.

Chlorite.

Quartz.

Sodalite.

Cristal de roche limpide.

Rubis de Bohême.

Topaze de Bohême.

Saphir d'eau.

Agate.	Feldspath pétunzé.
Améthiste.	Cornaline.
Calcédoine.	Onyx.
Sardoine.	Opale.
Héliotrope.	Jaspe.
Hydrophane.	Feldspath nacré.
Feldspath opalin.	Feldspath aventuriné.
Feldspath vert.	Feldspath kaolin.

CHAPITRE XV.

Origine des montagnes — leur âge relatif. — Système de M. Elie de Beaumont, exposé par M. Arago. — L'inclinaison des couches de sédiment sur les flancs des montagnes prouve que celles-ci ont été formées par voie de soulèvement postérieurement à la déposition de ces couches. — Le moyen de reconnaître l'âge relatif des montagnes. — Application des principes de la théorie de M. Elie de Beaumont. — Les soulèvements des différentes chaînes de montagnes, ne seraient-ils pas la cause des différentes révolutions du globe? — Les douze systèmes de chaînes de montagnes reconnus.

Origine et âge relatif des montagnes, suivant le système de M. Élie de Beaumont, exposé par M. Arago. — Les douze systèmes de chaines de montagnes reconnus.

Les montagnes ont été longtemps considérées comme la charpente du globe, comme sa partie la plus solide, et comme existant antérieurement aux couches meubles ou du moins plus sujettes aux changements, qui reposent sur elles. Il n'y a guère que vingt-cinq à trente ans qu'il est démontré qu'elles sont au contraire moins anciennes que les couches qui sont posées sur leurs flancs, qu'elles ont soulevées et percées pour s'élever au-dessus d'elles. M. de Buch et M. Boué furent peut-être les premiers à admettre dans l'écorce du globe une succession de soulèvements qui, à des époques diverses, donnèrent naissance aux montagnes et amenèrent sur la terre les révolutions qui ont si souvent désolé sa surface. Bientôt après ce fut une opinion généralement reçue, que les montagnes sont sorties successivement du sein de la terre, par voie de soulèvement. Aujourd'hui la question a fait un pas immense : M. Elie de Beaumont est parvenu à déterminer, non plus seulement l'origine, mais l'âge même, ou du moins l'âge relatif des différentes chaînes de montagnes européennes, c'est-à-dire, qu'il a déterminé quelles sont les plus anciennes et quelles sont les plus récentes.

Pour compléter le petit tableau de géognosie que nous venons d'esquisser, nous allons indiquer les principales considérations sur lesquelles repose le système de M. Elie de Beaumont, et l'époque qu'il assigne au soulèvement de quelques chaînes de montagnes.

Nous avons vu que les terrains de sédiment ont été déposés par les eaux et sont tous stratifiés.

« [1] Dans les pays de plaines, comme on devait s'y attendre, dit M. Arago, à qui j'emprunterai la plus grande partie des détails qui vont suivre, la disposition des couches est presque horizontale. En approchant des contrées montagneuses, cette horizontalité, en général, s'altère ; enfin, sur les flancs des montagnes, certaines de ces couches sont très-

____

1 Exposition du système de M. Elie de Beaumont.

inclinées ; elles atteignent même quelquefois la verticale.

» Les couches de sédiment inclinées qu'on voit sur les pentes des montagnes ont-elles pu s'y déposer dans des positions obliques ou verticales ? N'est-il pas plus naturel de supposer qu'elles formaient primitivement des bancs horizontaux, comme les couches contemporaines de même nature dont les plaines sont recouvertes, et qu'elles ont été soulevées et redressées au moment de la sortie des montagnes sur les flancs desquelles elles s'appuient ?

» En thèse générale, il ne semble pas impossible que les pentes des montagnes aient été encroûtées sur place, et dans leur position actuelle, par des dépôts sédimenteux, puisque nous voyons journellement les parois verticales des vases dans lesquels des eaux séléniteuses s'évaporent, se recouvrir d'une couche solide dont l'épaisseur va continuellement en augmentant ; mais la question que nous nous sommes faite n'a pas cette généralité, car il s'agit seulement de savoir si les couches des terrains de sédiment connus ont été déposées ainsi. Or, à cela on doit répondre négativement je le prouverai par deux genres de considérations totalement différents.

» Des observations géologiques incontestables ont montré que les couches calcaires qui constituent les cimes élevés de 3 à 4000 mètres, du Buet en Savoie, et du Mont-Perdu dans les Pyrénées, ont été formées en même temps que les craies des falaises de la Manche. Si la masse d'eau d'où ces terrains se sont précipités s'était élevée à une hauteur de 3 à 4000 mètres, la France en aurait été entièrement couverte, et des dépôts analogues existeraient sur toutes les hauteurs inférieures à 3000 mètres; or on observe, au contraire, dans le nord de la France, où ces dépôts paraissent avoir été très-peu tourmentés, que les craies n'atteignent jamais une hauteur de plus de 200 mètres au-dessus de la mer actuelle. Elles présentent précisément la disposition d'un dépôt qui se serait formé dans un bassin rempli d'un liquide dont le niveau n'aurait atteint aucun des points élevés aujourd'hui de plus de 200 mètres.

» Je passe à une seconde preuve empruntée à Saussure, et qui semble encore plus convaincante.

» Les terrains de sédiment renferment souvent des galets ou espèces de cailloux roulés, d'une forme à peu près elliptique. Dans les lieux où la stratification du terrain est horizontale, les plus longs axes de ces cailloux sont tous horizontaux, par la même raison qui fait qu'un œuf ne se tient pas sur sa pointe; mais là où les couches sédimenteuses sont inclinées sous un angle de 45°, les grands axes d'un grand nombre de ces cailloux forment aussi avec l'horizon des angles de 45°; quand les couches deviennent verticales, les *grands axes de beaucoup de cailloux sont verticaux.*

» Les terrains de sédiment, l'*observation des cailloux le démontre,* n'ont donc pas été déposés sur la place et dans la position qu'ils occupent aujourd'hui; ils ont été relevés plus ou moins au moment

où les montagnes dont ils recouvrent les flancs sont
sorties du sein de la terre.

» Cela posé, il est évident que les terrains sédimenteux dont les couches se présenteront sur la pente
des montagnes, dans des directions *inclinées* ou *verticales*, existaient avant que ces montagnes surgissent. Les terrains également sédimenteux *qui se
prolongeront horizontalement* jusqu'à la rencontre
des mêmes pentes, seront, au contraire, d'une date
postérieure à celle de la formation de la montagne :
car on ne saurait concevoir qu'en sortant de la terre
elle n'eût pas relevé à la fois toutes les couches existantes. »

On voit donc qu'on peut déterminer l'époque géologique pendant laquelle a eu lieu le soulèvement
qui a donné naissance à une chaîne de montagnes,
dès qu'on peut reconnaître à quelle formation appartiennent les couches inclinées et les couches horizontales qui reposent sur cette chaîne. Cette époque
est évidemment postérieure à la période pendant laquelle se sont déposées les couches dérangées par
le soulèvement, et elle est antérieure à la période
pendant laquelle se sont déposées les couches restées horizontales. Il ne s'agit donc que de savoir
distinguer les différentes formations dont se composent les terrains, et c'est chose très-facile pour un
géognoste. Ainsi, lorsqu'une montagne porte inclinés sur ses flancs, des schistes fossilifères des terrains
de transition, et présente en même temps sur quelques points des couches horizontales de grès rouge

ou de lias, etc., d'une formation quelconque des terrains secondaires, on peut, sans crainte de se tromper, affirmer que cette montagne a été formée pendant l'intervalle de temps qui sépare la formation reconnue des terrains de transition de celle qui appartient aux terrains secondaires. Et si l'on reconnaît de la même manière la période pendant laquelle a eu lieu le soulèvement d'une autre chaîne de montagnes, on peut déterminer l'âge relatif de la première et de la seconde. Du reste, citons M. Arago faisant lui-même l'application des principes qu'il expose.

« Plaçons, dit-il, des noms propres dans la théorie générale et si simple que nous venons de développer, et la découverte de **M. de Beaumont** sera constatée. Les formations les plus voisines de la surface du globe ou les plus modernes (celles des terrains diluviens, des terrains tertiaires et les couches du grès vert et de la craie), se prolongent en couches horizontales jusqu'aux montagnes de la Saxe, de la Côte-d'Or et du Forez, la formation du calcaire oolithique s'y montre seule relevée :

» Donc l'Erzgebirge, la Côte-d'Or et le Mont-Pilas du Forez sont sortis du globe après la formation du calcaire oolithique, et avant la formation des trois autres terrains de sédiment.

» Sur les pentes des Pyrénées et des Apennins, il y a trois terrains relevés, savoir : le calcaire oolithique, le grès vert et la craie ; le terrain tertiaire et le terrain d'alluvion qui le recouvre ont conservé leur horizontalité primitive :

» Les montagnes des Pyrénées et des Apennins sont donc plus modernes que le calcaire oolithique, le grès vert et la craie qu'elles ont soulevés, et plus anciennes que le terrain tertiaire et celui d'alluvion.

» Les Alpes occidentales (entre autres le Mont-Blanc) ont soulevé, comme les Pyrénées, le calcaire oolithique, etc., mais de plus, le terrain tertiaire ; le seul terrain d'alluvion est horizontal dans le voisinage de ces montagnes.

» La date de la sortie du Mont-Blanc doit être inévitablement placée entre l'époque de la formation du terrain tertiaire et celle du terrain d'alluvion.

» Enfin, sur les flancs du système de montagnes dont le Ventoux fait partie, aucune des espèces des terrains de sédiment n'est horizontale ; toutes sont relevées.

» Quand le Ventoux a surgi, le terrain d'alluvion lui-même s'était donc déjà déposé.

» Voilà comment, suivant les observations de M. de Baumont, on est arrivé non-seulement à connaître l'ancienneté relative des différentes chaînes de montagnes européennes, mais encore à pouvoir comparer l'âge de leur formation à celui de la production des divers terrains de sédiment.

» Dès qu'il demeura établi que les montagnes n'ont pas toutes percé le globe aux mêmes époques, il fut naturel d'examiner si les montagnes contemporaines n'offriraient point entre elles quelques rapports de position. Cette recherche ne pouvait pas

échapper à la perspicacité de M. de Beaumont; or,
voici ce qu'il a trouvé. »

Quelle qu'ait pu en être la cause, les montagnes
dont nous avons parlé et celles qui apartiennent aux
autres systèmes étudiés par M. de Beaumont, « [1] les
montagnes qui, en Europe, sont sorties de la terre à
la même époque, forment à la surface du globe des
chaînes, c'est-à-dire des saillies longitudinales, *toutes
parallèles à un certain cercle de la sphère*........ »

« Depuis que ces résultats sont connus, j'ai vu
qu'on s'étonnait de ce que les chaînes de même date
étaient simplement *parallèles* à un grand cercle de
la sphère et ne se trouvaient pas les unes sur le pro-
longement des autres. Mais tout ce qu'on peut in-
férer de ce manque d'alignement, c'est simplement
que la cause, quelle qu'en soit la nature, qui a soulevé les différentes chaînes de montagnes, tout en
propageant son action dans le plan d'un grand cercle, embrassait une zône d'une certaine largeur, et
que les points de moindre résistance sur la croûte
solidifiée ne se sont pas rencontrés (ce qui, du reste,
aurait été bien étrange) dans la direction d'une
ligne mathématique. »

Enfin, lorsqu'il est admis que les soulèvements de
l'écorce du globe ont donné successivement naissance aux différentes chaînes de montagnes qui courent sur sa surface, n'est-on pas conduit à se demander si ces soulèvements successifs ne seraient

[1] M. Arago.

pas la cause des grandes révolutions physiques qui
ont interrompu , à diverses reprises , la formation
des couches de sédiment , qui ont changé plusieurs
fois l'état des choses sur la terre, et ont ainsi marqué
de nouvelles périodes dans la série des temps géologiques?

« [1] Quoique tous les terrains de sédiment aient été
déposés par les eaux , quoiqu'on les rencontre dans
les mêmes localités , et les unes sur les autres , le
passage d'une espèce à la suivante ne se fait pas
par des nuances insensibles. On remarque toujours
alors une variation subite et tranchée dans la nature physique du dépôt et dans celle des êtres organisés dont on y retrouve les débris. Ainsi, il est évident
qu'entre l'époque où le calcaire oolithique se déposait, et celle de la précipitation du système grès vert
et craie qui le recouvre, il y a eu à la surface du globe
un renouvellement complet dans l'état des choses.
On peut en dire autant de l'époque qui a séparé la
précipitation de la craie de celle des terrains tertiaires , comme il est également manifeste qu'en
chaque lieu, l'état ou la nature du liquide d'où les
terrains se précipitaient à dû changer complètement
entre le temps de la formation tertiaire et celui des
anciens terrains de transport.

» Ces variations considérables , tranchées et non
graduelles dans la nature des dépôts successifs formés par les eaux, sont considérées par les géologues

[1] M. Arago.

comme les effets de ce qu'ils ont appelé les *révolu-tions du globe....* »

« Le travail de M. de Beaumont permet d'ajouter à tout ce qu'on avait pu conjecturer sur la nature de ces révolutions, quelques notions positives que voici :

» Les terrains de sédiment semblent, par leur na-ture et par la disposition régulière de leurs couches, avoir été déposés *dans des temps de tranquillité.* Chacun de ces terrains se trouvant caractérisé par un système particulier d'êtres organisés, végétaux et animaux, il était indispensable de supposer qu'en-tre les époques de tranquillité correspondantes à la précipitation de deux de ces terrains superposés, il y avait eu sur le globe une grande révolution physique. Nous savons maintenant que ces révolutions ont consisté, ou du moins *ont été caractérisées par le soulèvement d'un système de montagnes.* »

Des soulèvements de masses aussi considérables que des chaînes de montagnes, remuant l'enveloppe de la terre sur des étendues immenses, élevant su-bitement le sol sur des espaces qui ont souvent dé-passé des milliers de lieues carrées, ont dû, en ef-fet, produire des changements brusques dans l'é-tendue relative des continents et des mers, dans le régime des lacs et des fleuves, dans la distribution des espèces animales et végétales, et par consé-quent dans la nature et dans les caractères des for-mations et des couches qui se déposaient après cha-que révolution.

Puisque les soulèvements de l'écorce du globe ont donné naissance chacun à une chaîne ou plutôt à un système de montagnes présentant la même direction et les mêmes couches relevées; puisque en même temps ils ont causé des révolutions entre chacune desquelles s'est déposée une certaine formation de couches sédimentaires, il doit y avoir autant de systèmes de montagnes d'âge différent, qu'il y a de formations de couches sédimentaires distinguées les unes des autres et par leur composition minéralogique et par les débris organiques qu'elles renferment.

Les dépôts formés dans les eaux tranquilles pendant les périodes de calme qui n'ont été interrompues que par les grandes révolutions du globe, sont sans doute très-nombreux, comme on a pu le voir par l'indication des formations principales qui sont parties constituantes des terrains géologiques; cependant ils peuvent se réduire à un certain nombre de groupes assez bien caractérisés par leurs roches et par leurs fossiles, pour ne pas être confondus. M. Elie de Beaumont a réduit ces groupes au nombre de douze, et les observations l'on conduit à reconnaître autant de systèmes de montagnes d'âge différent, dans la partie occidentale de l'Europe. Les questions qu'il avait à résoudre ont reçu des solutions si heureuses et si satisfaisantes, sur les points de l'Europe où elles ont été étudiées, que, suivant toute probabilité, les recherches à faire dans les autres parties du monde ne serviront qu'à donner une

démonstration complète et rigoureuse du système de
cet habile géologue. Il faut avouer pourtant que,
jusqu'à ce qu'on ait interrogé, sur toute la surface
du globe, les monuments propres à jeter quelques
lumières sur son histoire, on ne saura pas assez positivement, si les différents soulèvements de chaînes
de montagnes sont partout en rapport constant avec
les différentes formations des couches sédimentaires ;
en sorte qu'il s'écoulera peut-être encore bien des
années, avant qu'on soit en état d'affirmer quelles
sont les règles générales et quelles sont les exceptions dans cette théorie. Quel que soit le résultat
qu'on obtienne, si le système dû aux travaux de
M. de Beaumont ne doit pas faire dogme dans la
science, avec toutes ses conséquences, il ne restera
pas moins comme une découverte du plus haut intérêt, en géologie, sur l'origine et sur l'âge relatif
des montagnes.

Voici, suivant l'ordre chronologique de leurs soulèvements, les douze systèmes de chaînes de montagnes reconnus par M. Elie de Beaumont, et après
lui par quelques autres géologues.

1° Système du Westmoreland et du Hundsruck.

Pendant la période qui correspond à la formation
des terrains intermédiaires, il y a eu deux soulèvements. Le premier a eu lieu entre la formation des
terrains intermédiaires inférieurs et celle des terrains intermédiaires supérieurs. Les chaînes de mon-

tagnes dues à ce soulèvement sont : les montagnes de schiste , de grawacke, et du calcaire dit de transition , de l'Eiffel, du Hundsruck de Nassau , du Harz, des Vosges dans les parties septentrionales et centrales, de la Corse, du centre de la France, d'une partie de la Bretagne, des Grampians, de l'Erzgebirge, de la Scandinavie, de la Finlande, de l'île de Man , de l'île d'Anglesea , du pays de Galles, de la Cornouaille, etc. , dans la direction du nord-est au sud-ouest.

2° Système du Bocage (Calvados) et des Ballons (Vosges).

Entre la formation des terrains intermédiaires supérieurs et la formation carbonifère, a eu lieu le second soulèvement, dans la direction de l'est à l'ouest. Ce système comprend les cimes jumelles du ballon d'Alsace et du ballon de Comté, la partie méridionale du groupe central de la Forêt-Noire et des Vosges, sud de la Lozère, partie du Harz , les collines du terrain de transition dans le Calvados et dans l'intérieur de la Bretagne, etc.

3° Système du Nord de l'Angleterre.

Entre la formation carbonifère et celle du nouveau grès rouge, dans la direction du nord au sud, a eu lieu le soulèvement des couches du terrain houiller du nord de l'Angleterre, des collines occidentales de la Manche, des montagnes des Maures dans le département du Var, du massif central de la France, etc.

4° Système du Hainaut.

Entre la formation carbonifère et celle du grès bigarré, dans la direction de l'est-nord-est à l'ouest-
sud-ouest, a eu lieu le soulèvement du terrain houiller, depuis Aix-la-Chapelle jusqu'au sud du pays de
Galles, dans une étendue de 112 myriamètres.

5° Système du Rhin.

Entre la formation du grès bigarré et celle des
marnes irisées, dans la direction du nord au sud, ont
été soulevées les montagnes qui bordent la vallée du
Rhin, entre Bâle et Mayence, celles du centre de la
France, entre la Saône et la Loire, etc.

6° Système du Thuringerwald et du Morvan.

Entre la formation des marnes irisées et celle du
lias et de l'oolithe, connue sous le nom de *formation
jurassique*, dans la direction du nord-ouest au sud-
est, ont été soulevées les montagnes du Morvan,
quelques-unes de la Vendée et de la Bretagne, le
Thuringerwald et le Bohmerwald, entre la Bavière
et la Bohême.

7° Système de la Côte-d'Or et du Pilas.

Entre la formation de l'oolithe et celle de l'étage
inférieur de la craie, dans la direction du nord-est
au sud-ouest, ont été soulevés le Mont-Pilas, la
Côte-d'Or, les Cévennes, l'Erzgebirge, en Saxe, etc.

8° Système du Mont-Viso.

Entre la formation de l'étage inférieur et celle de l'étage supérieur de la craie, dans la direction du sud-sud-est au nord-nord-ouest, a été soulevée la chaîne des Alpes françaises, depuis Nice jusqu'à Lons-le-Saulnier.

9° Système des Pyrénées et des Apennins.

Entre la formation de la craie qui termine le groupe des terrains secondaires et celle du calcaire grossier et du gypse de Montmartre, dans la direction de l'est-sud-est à l'ouest-nord-ouest, ont été soulevés quelques chaînons des Apennins; la chaîne des Pyrénées, plusieurs chaînons de la Hongrie, de l'Illyrie, de la Turquie, etc. On rapporte aussi à cette révolution quelques portions de l'Atlas, en Afrique; la chaîne du Mont-Carmel, en Syrie; les montagnes de la Mésopotamie; la chaîne des Gates, dans l'Inde; celle des Alléghanis, dans l'Amérique méridionale, etc. Suivant M. de Beaumont, la convulsion qui accompagna ce soulèvement fut une des plus violentes que le sol de l'Europe eût jusqu'alors éprouvées; ce ne fut qu'à l'apparition des Alpes qu'il en éprouva de plus terribles.

10° Système des îles de Corse et de Sardaigne.

Entre la formation du calcaire grossier et celle

des terrains tertiaires moyens, dans la direction du nord au sud, a eu lieu le soulèvement des chaînes de montagnes de la Corse, de la Sardaigne, de quelques collines qui bordent la Loire, l'Allier, la Bresse; de plusieurs rameaux qui ont la même direction dans l'Italie, l'Illyrie, la Hongrie, la Turquie et la Grèce, etc.

11° Système des Alpes occidentales.

Entre la formation des terrains tertiaires moyens et celle des terrains tertiaires supérieurs, dans la direction du sud-sud-ouest au nord-nord-est, ont été soulevées les Alpes occidentales, les montagnes de la Scandinavie, celles des côtes occidentales de l'Espagne, etc.

12° Système de la chaîne principale des Alpes, comprenant le Saint-Gothard, le Mont-Ventoux, etc.

Entre la formation des terrains tertiaires supérieurs et le diluvium, dans la direction de l'ouest-ouest-sud à l'est-est-nord, ont été soulevées la chaîne principale des Alpes, la Sierra-Moréna, etc., en Espagne, quelques montagnes de la Provence, etc. On rapporte à ce soulèvement le Balkan, en Turquie; le Caucase et l'Himalaya, en Asie; les principaux chaînons de l'Atlas, en Afrique, etc.

M. de Beaumont pense en outre que le vaste système des Andes, moins effacé qu'aucun autre, est le plus moderne de tous; et que, ne correspondant à aucun intervalle bien marqué dans les terrains sédimentaires de l'Europe, il pourrait bien avoir, dans son surgissement, donné naissance au phénomène auquel se rapportent les traditions d'un déluge universel.

CHAPITRE XVI.

GÉOLOGIE. — Cinq époques correspondent aux cinq groupes des terrains géologiques.

Première époque. — La terre à l'état de nébuleuse. — Refroidissement de la masse gazeuse. — Combinaisons des éléments. — Réactions chimiques ; leurs effets. — Formation des premiers terrains de cristallisation. — Action des astres sur la masse pâteuse du globe. — Formation des métaux.— Le globe couvert par les eaux. — Temps nécessaire au refroidissement du globe, suivant M. Fourier.

Deuxième époque. — Formation des premières montagnes. — Abaissement de la température. — Apparition du règne végétal. — Apparition du règne animal. — Les premiers animaux sont tous marins. — Les poissons.

Troisième époque. — Changements dans la nature des dépôts, etc. — La formation houillère prouve l'existence de vastes terres découvertes, de grands cours d'eau, de grands lacs, d'une haute température. — Hypothèse de M. de Candolle sur la lumière nécessaire à quelques végétaux de cette époque. — Ces végétaux purifient l'air. — Apparition des conifères, des cycadées. — Apparition et disparition de plusieurs races animales. — Raison de leur disparition.

Quatrième époque. — Apparition des animaux à sang chaud.— Oiseaux ; mammifères. — Apparition des dicotylédones. — La nature pendant cette période et dans son premier état. — La température à cette époque. — État du globe ; état de l'Europe à cette époque. — La nature organique s'enrichit ; la nature inorganique s'appauvrit.

Cinquième époque.— Les géologues supposent, à cette époque, l'existence d'un grand nombre de bassins, de lacs, de cours d'eau puissants. — Ces bassins, ces lacs sont détruits ; les fleuves débordent. — Le déluge. — La chaîne des Andes se soulève. — Les animaux reparaissent, à quelques exceptions près. — Fossiles humains. — Abaissement probable de la température après le déluge. — Quelle sera la révolution qui terminera l'époque actuelle ?

GÉOLOGIE. — *Époques correspondantes aux groupes des terrains géologiques.*

Le tableau des questions géognostiques que nous venons d'analyser, nous a présenté la composition positive et matérielle de l'enveloppe de la terre. Nous avons vu, dans leur position relative, les différentes masses minérales qui constituent le terrain géologique ; nous avons vu, dans l'ordre de leur apparition successive, les végétaux et les animaux qui ont caractérisé les formations de sédiment, depuis les plus anciennes jusqu'aux plus récentes ; enfin, nous avons suivi sur le globe les traces des révolutions qui, à plusieurs reprises, ont bouleversé sa surface : c'est-à-dire, que nous avons pris connaissance des éléments qui doivent servir comme de matériaux pour composer l'histoire de ces temps primitifs si éloignés de nous.

Mais ces faits, ces monuments que nous avons observés, comment la science les explique-t-elle ? Quelle est, en définive, la théorie des géologues sur la formation du globe ? Nous n'avons vu que les détails du système dans les différentes explications théoriques que nous avons fait connaître en traitant les questions auxquelles elles se rattachent ; il nous reste donc à réunir les opinions le plus généralement reçues, à les coordonner et à les présenter dans leur ensemble.

Pour faire marcher la géognosie et la géologie sur deux lignes parallèles, nous diviserons l'histoire des phénomènes qui ont présidé à la formation de la terre, en cinq époques qui correspondront aux cinq groupes de terrains que nous avons reconnus :

La première époque commence à l'origine de la terre et s'étend jusqu'à la formation des terrains primitifs.

La seconde commence à l'apparition des premiers êtres organisés, et répond à la période pendant laquelle ont été déposés les terrains intermédiaires.

La troisième comprend tout l'intervalle de temps pendant lequel eut lieu la longue série des formations des terrains secondaires qui virent paraître les cycadées et les conifères, les poissons et les reptiles.

La quatrième, pendant laquelle les quadrupèdes et les autres animaux peuplèrent la terre, tandis que les dicotylédones venaient dominer le règne végétal, correspond à la formation des terrains tertiaires.

La cinquième enfin, est celle pendant laquelle eut lieu le déluge, qui donna à la surface de la terre sa forme actuelle et qui se continue de nos jours.

Première Époque.

Suivant le système de Laplace et la théorie de la chaleur centrale, tous les éléments furent créés à l'état gazeux, et la terre, avant de former un noyau solide, passa par l'état fluide et incandescent. La plupart des corps dont se compose aujourd'hui l'enveloppe du globe, ne formèrent donc à son origine, autour de ses parties les plus denses, qu'une immense atmosphère embrasée, lumineuse comme l'est aujourd'hui celle d'une comète. Une telle quantité de gaz devait occuper dans l'espace une étendue immense et exercer une énorme pression sur les parties d'une plus grande pesanteur spécifique qui se réunirent les premières pour former le noyau. Car toutes ces matières si nombreuses et si diverses qui devaient former la terre, ne pouvaient être mêlées indistinctement et sans ordre ; les plus pesantes devaient se trouver au centre de la masse, comme l'atteste la densité croissante de la surface au centre, dans les matériaux dont le globe se compose, et les plus légères à la partie supérieure, sauf les mélanges inévitables qui s'établissent toujours entre les gaz. Cette masse immense de gaz se composait donc non-seulement des fluides élastiques de l'atmosphère actuelle, mais encore de tous les corps simples dont la combinaison a formé tous les matériaux du globe.

La terre, soumise dès son origine aux lois qui régissent la matière, et qui président aux mouvements de tous les grands corps qui entrent dans le système du monde, tournant sur elle-même et transportée rapidement dans l'espace, perdit peu à peu, par un rayonnement continuel, la haute température qui tenait toutes ses parties à l'état gazeux. Ces premières pertes de chaleur formèrent au centre un noyau liquide et incandescent qui fut toujours s'augmentant de tous les corps gazeux passant à l'état liquide, jusqu'au moment où le refroidissement fut tel, que les parties de la surface aux dépens de laquelle se faisaient les plus grandes pertes de chaleur, purent se condenser, se solidifier, et former enfin une première enveloppe cristalline autour de la masse incandescente. Ce ne fut d'abord qu'une croûte très-mince, mais qui tendait chaque jour à devenir plus épaisse. En même temps l'atmosphère éprouvait un refroidissement proportionnel, et quelques-unes des matières que la chaleur originaire avait tenues à l'état de gaz ou de vapeur, passaient en partie à l'état liquide, partie à l'état solide, suivant l'abaissement graduel de la température.

Il dut s'écouler bien du temps avant que la vapeur d'eau pût se former par la combinaison de l'hydrogène et de l'oxigène, se condenser et se réunir sur la surface du globe. Les premières gouttes d'eau qui tombèrent sur la croûte solidifiée durent en être repoussées, vaporisées comme celles qui tombent sur un fer rouge, et donnèrent lieu à la longue suite de réactions chimiques qui brisèrent et bouleversèrent en tout sens la couche minérale formée par le refroidissement. [1] L'eau , par son contact avec les bases métalloïdes , détermina une immense oxidation , et donnant lieu à un énergique dégagement de chaleur, volatilisa de nouveau des corps déjà solidifiés. De là résultèrent de nouvelles combinaisons, des explosions, des déchirements, des soulèvements de la pellicule solide par une espèce d'ébullition , enfin différentes formations de matières solides , toutes les fois qu'un des nouveaux composés exigeait, pour rester à l'état liquide , une température très-élevée et empruntait autour de lui la chaleur qui lui était nécessaire.

Enfin, lorsque l'océan primitif put se maintenir à la surface du globe , ses eaux bouillantes et acides rongèrent les roches cristallines , toutes d'origine ignée, qu'elles enveloppaient de toutes parts. Alors commencèrent les premiers sédiments, dépôts de sable, de vase, de silicates et d'oxides de toutes sortes qu'une forte pression atmosphérique, une très-haute température et des actions chimiques très-puissantes transformèrent en gneiss, en micaschistes. On évalue à 165 degrés la température des eaux dans lesquelles s'étaient déposés les éléments des terrains stratifiés primitifs, et on compare au poids de 50 atmosphères la pression qu'elles avaient à supporter.

La première croûte formée autour du noyau de la terre, mince, molle et flexible, fut d'abord fréquemment percée, rompue, soulevée par les gaz et les va-

1 Ampère.

peurs qui s'échappaient de la masse intérieure, liquide et incandescente. Les matières ignées qui ont formé les roches plutoniques sortirent, par les nombreuses fissures de cette enveloppe fragile, d'abord d'une manière presque continue, puis à de plus longs intervalles, s'épanchant les unes sur les autres, se recouvrant sans cesse par de nouveaux dépôts. Pendant la formation des premiers terrains de sédiment, les mêmes phénomènes se répétèrent, quoique plus rarement, car la résistance de l'enveloppe devenait toujours plus grande. Ainsi se formèrent, pendant la première époque, les anciens terrains de cristallisation, et parmi les premiers dépôts de sédiment les masses plutoniques qui les ont si profondément modifiés, en les perçant, en les recouvrant, les granits, les protogynes, les syénites, les porphyres, etc., qui s'unissent si intimement aux gneiss, aux micaschistes, et qui vont quelquefois se mêler aux terrains de transition.

« [1] Un des phénomènes les plus curieux de la période primaire, c'est le mouvement que devait éprouver la surface de la terre par l'attraction de la lune et du soleil, mouvement analogue à nos marées actuelles, qui devait s'exécuter sur une immense atmosphère et agir sur la masse fondue du globe. Ce furent là les premiers soulèvements de la terre ; et quand déjà quelques couches minces étaient figées, elles étaient de nouveau brisées ou pliées par les

1 M. Giraudet, *Nouveau Traité de Géologie.*

grandes marées qui, à des époques périodiques, venaient agiter ces premiers terrains. Il est probable que c'est à ces mouvements réguliers et si souvent répétés, avec quelque différence d'intensité, que sont dus ces lames de gneiss et de micaschistes, ces plissements de la roche originaire, dont les feuillets minces et serrés, de nature et d'épaisseur variables, se suivent avec un parallélisme parfait, malgré toutes les ondulations auxquelles ils obéissent : plusieurs couches déjà formées et soulevées par des marées extraordinaires, ont dû retomber sur elles-mêmes et produire en partie ces zigzags si singuliers que l'on ne rencontre que dans ces roches, et qui supposent un grand état de mollesse, par suite une grande flexibilité. »

Cette agitation continuelle du sol, ces soulèvements, ces dislocations qui le bouleversèrent, pendant son premier âge, ouvraient de longues fissures dans la croûte solide ; d'un autre côté, le retrait des matières qui se solidifiaient, laissait des vides dans les roches boursoufflées et tourmentées par l'action de la chaleur : c'était le sein de la terre qui s'ouvrait aux trésors qui y sont enfouis. Ces fentes, ces cavités se remplirent des différentes substances métalliques qui y furent poussées de bas en haut, les unes à l'état liquide pour y former des masses compactes et irrégulières, les autres à l'état de gaz pour s'y sublimer et y cristalliser régulièrement suivant les formes géométriques propres à chaque espèce. Ainsi se sont formés en filons, en nids, en amas plus ou moins puissants, ces métaux oxidés, sulfurés, etc., qui ne se présentent nulle part en aussi grande abondance que dans les terrains de cristallisation et dans les terrains stratifiés primitifs.

Vers la fin de cette période, les eaux de la mer durent couvrir toute la terre, comme semblent le prouver les vastes couches de roches sédimentaires qui, dans tous les lieux du monde, recouvrent le plus grand nombre des roches d'origine ignée.

Il est clair que sur un globe embrasé à son origine ; sous une atmosphère chargée de gaz et de vapeur exerçant une énorme pression ; dans une mer d'eaux bouillantes et acides, il ne pouvait y avoir aucun être vivant, ni végétal, ni animal. Ces premiers jours de la terre furent tous consacrés à la formation d'un grand nombre de roches et de minéraux.

Enfin, en prenant pour point de départ le moment où la première pellicule solide s'est formée autour du globe, sans chercher à mesurer ni le temps pendant lequel ses éléments sont restés à l'état gazeux, ni celui pendant lequel il est resté tout entier à l'état liquide incandescent, la durée de cette première époque ne peut se mesurer que par des nombres qui effraient l'imagination, si l'on doit la calculer suivant la théorie à laquelle a été conduit M. Fourier, par l'analyse mathématique des phénomènes de la chaleur. Ce savant, cherchant à établir la durée des temps nécessaires pour que des corps solides semblables et semblablement échauffés parviennent au même état quand, après avoir été élevés à une même température, on les plonge dans un même milieu, est arrivé à ce résultat remarquable : La terre, une fois échauffée à une température quelconque, et plongée dans un milieu plus froid qu'elle, ne se refroidit pas plus, dans l'espace de 1,280,000 années, qu'un globe d'un pied de diamètre, formé de matières pareilles, et placé dans les mêmes circonstances, ne le ferait en une *seconde*; c'est-à-dire que, dans cet espace de temps réellement immense, sa température n'aura pas varié d'une manière appréciable. On voit, par ce résultat, avec quelle lenteur les changements généraux s'opèrent dans l'intérieur des planètes. La durée de ces grands phénomènes, dit M. Fourier, répond aux dimensions de l'univers ; elle est mesurée par des nombres de même ordre que ceux qui expriment les distances des étoiles fixes.

Deuxième Epoque.

Après la formation des premiers terrains de cristallisation et des premières roches métamorphiques, l'enveloppe du globe n'était plus une pellicule mince et flexible que les agents intérieurs pouvaient percer ou soulever sans résistance. Les dislocations de cette enveloppe n'amenaient d'abord à la surface de la terre que des ondulations, des rides qui ne pouvaient en altérer profondément le relief. Aussi ne voit-on point, dans les terrains de la première époque, de montagnes au sommet élevé , aux pentes abruptes, séparées par des vallées profondes. Mais lorsque la partie solide du globe eut pris de l'épaisseur, si les bouleversements étaient plus rares , ils étaient en même temps plus violents. Les vapeurs et les gaz de l'intérieur, ne trouvant plus d'issue facile, s'accumulaient; et bientôt la croûte de la terre , attaquée par des forces puissantes, cédait , se soulevait , se couvrait de ses éclats. Alors commença la formation des montagnes des terrains intermédiaires , dont quelques-unes appartiennent au plus ancien système reconnu par M. de Beaumont. Sans être d'une grande étendue , ces montagnes commencent déjà à atteindre une assez grande hauteur.

Les premières montagnes un peu élevées qui se formèrent, furent les premières terres qui sortirent des eaux, apparaissant comme des îles, dans cet immense océan qui couvrait tout le globe. Les mers ne pouvaient avoir une grande profondeur ; leur bassin n'était pas encore creusé, il ne se forma que par le soulèvement des continents , qui fut probablement accompagné de la dépression des plaines de la vaste étendue occupée par les eaux.

Lorsque se déposèrent les couches de vase , les bancs de sable et de gravier dont ont été formés les schistes , les psammites et les grawackes des terrains intermédiaires , la température originaire du globe avait déjà considérablement baissé. Si la structure et la texture de ces roches ne suffisaient pas pour le démontrer, les fossiles qui y sont contenus

prouveraient seuls qu'elles ne sont point dues,
comme les précédentes, à l'action simultanée de
l'eau et du feu. Ces dépôts moitié chimiques, moitié
mécaniques, ne paraissent point avoir été profondément modifiés par une grande chaleur.

L'atmosphère, chargée de gaz et de vapeurs, était
encore impropre à la respiration des animaux, mais
très favorable à la végétation. Aussi la vie se
montra-t-elle d'abord dans le règne végétal. La mer
vit naître les fucoïdes, de la famille des algues; les
terres se couvrirent de fougères, de prêles, de lycopodes, végétaux qui appartiennent tous à la classe
des cryptogames vasculaires. « [1] Ces végétaux présentent, comme les arbres dicotylédones ou monocotylédones, des tiges plus ou moins développées,
d'une texture solide, quoique plus simple que celle
de ces arbres, et garnies de feuilles nombreuses;
mais ils sont privés de ces organes reproducteurs
qui constituent les fleurs, et ne présentent, au lieu
de fruits, que des organes beaucoup moins compliqués. »

« Ces plantes si simples et si peu variées dans leur
organisation, qui n'occupent plus par leur nombre
et leur dimension qu'un rang bien inférieur dans
notre végétation actuelle, constituaient, dans les premiers temps de la création des êtres organisés, la
presque totalité du règne végétal, et formaient d'immenses forêts qui n'ont plus d'analogue dans notre

1 Adolphe Brongniart.

création moderne. La rigidité des feuilles de ces végétaux, l'absence de fruits charnus et de graines fa-
rineuses les auraient rendus bien peu propres à servir d'aliments aux animaux, mais les animaux terrestres n'existaient pas encore, les mers seules offraient de nombreux habitants, et le règne végétal
régnait alors sans partage à la surface découverte
de la terre. »

Les fluides de l'atmosphère n'étant pas encore
propres à être respirés directement, les premiers animaux qui parurent, après la création des plantes,
vécurent tous dans la mer. Ainsi que le règne végétal, le règne animal commença par les êtres les plus
simples : ce furent, parmi les radiaires, des *encrines*,
aussi appelés *lys des roches*; des *zoophytes* agrégés
et liés entre eux par une partie commune vivante,
à peu près comme les bourgeons d'un arbre réunis
sur une même tige et s'accroissant à la manière des
plantes; des *mollusques*, des *crustacés*, animaux à
sang blanc, n'ayant guère besoin que de l'air dissous dans l'eau, vivant sur ces bancs de sable et de
vase qui en ont conservé les débris en se solidi-
fiant.

Il paraît que la fin de la deuxième époque vit naître
aussi quelques poissons, mais en très-petit nombre.
Ils vécurent avec les êtres qui les avaient précédés;
cependant ils semblent leur avoir succédé complètement dans quelques terrains. M. Agassiz a remarqué
qu'on ne trouve pas de poissons évidemment carnivores, dans les terrains intermédiaires; de même

que dans les autres classes d'animaux, les carnivores apparaissent après les herbivores. On peut reconnaître, dans cette règle, la sagesse qui a présidé à la création de tous les êtres. On comprend, en effet, que si les carnivores avaient paru en même temps que les autres animaux qu'ils devaient dévorer, le règne animal eût été bientôt détruit.

Troisième Époque.

La transition se fait presque insensiblement de la fin de la deuxième époque au commencement de la troisième.

Cependant, après le vieux grès rouge, qui commence la série des terrains secondaires, on aperçoit déjà des changements bien remarquables, et dans la nature des nouveaux dépôts de sédiment, et dans l'état du globe, et dans l'apparition des êtres organisés parmi lesquels ne tardent pas à venir se placer de nouvelles familles et de nouveaux genres qui vont toujours se multipliant, et qui caractérisent parfaitement cette troisième période, du moins depuis les terrains houillers jusqu'à la craie.

Le vieux grès rouge, dû tout entier à la destruction de roches siliceuses, est déjà tout différent des dépôts généralement argileux qui l'ont précédé. Vient ensuite une longue formation de calcaire, moins cristallin que celui des terrains inférieurs, gris ou noir, coloré probablement par le carbone, et remarquable surtout par les nombreux fossiles marins qu'il renferme. Enfin se montre l'importante formation houillère qui nous a conservé en masses immenses, enfouis dans le sein de la terre, les antiques forêts de cryptogames qui couvrirent les premiers continents. Toutes ces roches, et surtout la dernière, portent les traces de quelques-uns des phénomènes qui ont présidé à cette période de l'histoire de notre globe.

Que la houille ait été formée de végétaux enfouis sur la place où ils avaient vécu, dans des îles basses, sujettes à des inondations, comme le veulent quelques géologues; ou bien, suivant quelques autres, qu'elle ait été formée de végétaux arrachés par des inondations au sol qui les nourrissait, entraînés par des courants et accumulés dans les lieux où nous les trouvons : il est démontré qu'une si grande quantité de végétaux suppose une vaste étendue de terres découvertes, et arrosées par des cours d'eau très-puissants qui causaient de fréquentes inondations sur les points où se trouve la houille, ou qui y portaient les nombreux débris qui y sont accumulés. Peut-être même faut-il admettre, avec **M. Boubée**, qu'il y avait déjà des lacs vastes et nombreux sur la surface du globe.

« [1] Les lacs devaient être plus nombreux et plus vastes qu'ils ne le sont maintenant : en effet, la surface du globe était plus uniforme, elle n'offrait que peu de montagnes; les eaux que l'atmosphère aban-

____

[1]. Boubée.

donnait lentement pouvaient se fixer à peu près partout, et constituer sur tous les points des étangs sinon très-profonds, du moins très-étendus.

« Le terrain qui contient la houille a dû être nécessairement formé dans des lacs et non dans des mers : il se trouve distribué sur le globe, non pas en couches de plusieurs lieues d'étendue comme celles qui se sont formées dans de vastes mers, mais il occupe seulement des espaces rétrécis qui rappellent parfaitement la place d'anciens lacs ou bassins plus ou moins resserrés. » La forme de bateaux qu'affectent assez souvent les bassins houillers, s'explique facilement dans cette hypothèse.

La nature des végétaux de la houille, et leurs dimensions énormes, nous font reconnaître, qu'à l'époque de la formation carbonifère, la température du globe était beaucoup plus élevée que celle de nos régions équatoriales. La chaleur centrale se faisait encore sentir à la surface et se distribuait d'une manière uniforme dans tous les climats, peut-être même de manière à rendre insensibles les changements de saisons, en sorte que les plantes se trouvaient continuellement dans les meilleures conditions possibles pour se multiplier et pour prendre, en tout lieu, ce prodigieux développement que leurs semblables ne nous présentent plus aujourd'hui, même sous l'équateur.

L'uniformité et l'élévation de cette température ne suffisant pas pour expliquer complètement la présence des mêmes végétaux, à des latitudes très-différentes, selon M. de Candolle, il faudrait supposer encore l'action d'une lumière plus également répartie, plus prolongée que celle produite actuellement par le soleil, dans les régions polaires. Cette lumière, dont nous ignorons la nature, et qui pourrait tenir à des phénomènes physiques dont les aurores borérales ne nous donnent qu'une idée, est attestée par la présence de ces végétaux fossiles que l'on retrouve intacts sur les lieux mêmes où ils ont existé, et qui ne pourraient y vivre aujourd'hui, quand même la chaleur du sol y compenserait les différences de latitude.

Enfin cette riche et vigoureuse végétation avait aussi à jouer un rôle très-important dans l'économie générale de la nature. Non-seulement elle formait, de ses débris, l'humus qui allait bientôt devenir nécessaire aux plantes plus délicates des périodes suivantes ; non-seulement elle formait ces trésors de charbon si précieux pour l'industrie, mais encore elle servait à épurer l'atmosphère, elle préparait l'air qui allait devenir le premier besoin des nombreuses familles du règne animal.

« [1] On ne saurait douter que la masse immense de carbone accumulée dans le sein de la terre à l'état de houille, et provenant de la destruction des végétaux qui croissaient, à cette époque reculée, sur la surface du globe, n'ait été puisée par eux dans l'acide carbonique de l'atmosphère, seule forme sous la-

[1] Ad. Brongniart.

quelle le carbone, ne provenant pas d'êtres organisés préexistants, puisse être absorbé par une plante. Or une proportion, même assez faible, d'acide carbonique dans l'atmosphère, est généralement un obstacle à l'existence des animaux, et surtout des animaux les plus parfaits, tels que les mammifères et les oiseaux ; cette proportion, au contraire, est très-favorable à l'accroissement des végétaux ; et si l'on admet qu'il existait une plus grande quantité de ce gaz dans l'atmosphère primitive du globe que dans notre atmosphère actuelle, on peut le considérer comme une des causes principales de la puissante végétation de ces temps reculés. »

« Cet ensemble de végétaux si simples, si uniformes, qui auraient été si peu propres, par conséquent, à fournir des matériaux à l'alimentation d'animaux de structure très-diverse, tels que ceux qui existent maintenant, aurait, en purifiant l'air de l'acide carbonique en excès qu'il contenait alors, préparé les conditions nécessaires à une création plus variée : et si nous voulions nous laisser aller à ce sentiment d'orgueil qui a quelquefois fait penser à l'homme que tout dans la nature avait été créé à son intention, nous pourrions supposer que cette première création végétale, qui a précédé de tant de siècles l'apparition de l'homme sur la terre, aurait eu pour but de préparer les conditions atmosphériques nécessaires à son existence, et d'accumuler ces immenses masses de combustible que son industrie devait plus tard mettre à profit. »

Après la formation houillère , jusqu'à celle de la craie, de grands changements s'opèrent encore dans toute la nature. Plusieurs chaînes de montagnes surgissent et plusieurs révolutions interrompent la formation des nombreuses couches de sédiment dont se composent les terrains secondaires.

Presque toutes les espèces de végétaux qui constituaient la végétation primitive ont disparu à cette époque, et deux familles inconnues jusqu'alors , et qui se perdent aujourd'hui dans l'immense variété dont la terre est couverte, dominent toutes les autres par leur nombre et leur grandeur. « [1]Ce sont les conifères, qui, sous des formes très-diverses, habitent encore presque toutes les régions du globe, et les cycadées, végétaux tous exotiques, moins nombreux dans notre monde actuel qu'à cette époque reculée, et qui joignent au feuillage et au port des palmiers la structure essentielle des conifères. L'existence de ces deux familles pendant cette période est d'autant plus importante à signaler, qu'intimement liées entre elles par leur organisation, elles forment le chaînon intermédiaire entre les cryptogames vasculaires , qui composaient presque seules la végétation primitive de la période houillère , et les phanérogames dicotylédones proprement dites, qui forment la majorité du règne végétal pendant la période tertiaire. »

D'un autre côté, le règne animal voit apparaître

1 Ad. Brongniart.

une foule de genres nouveaux : les poissons deviennent communs ; d'énormes reptiles de formes diverses, lézards, crocodiles tortues, etc., peuplent le bord des eaux ; de grands lézards volants s'élèvent dans les airs, à l'aide de leurs ailes membraneuses, et semblent annoncer les oiseaux qui ne tardent pas à paraître.

Déjà plusieurs races d'animaux sont complètement éteintes, et toutes celles qui sont sur le globe jusqu'à la fin de cette époque ne doivent pas s'y maintenir longtemps pour la plupart.

La science peut bien apercevoir, dans la nature, la cause de la disparition de ces êtres organisés qui animèrent le premier âge de la terre, et se perdirent pour ne plus jamais reparaître. Mais il n'en est pas de même pour l'apparition successive de ces plantes, de ces animaux qui viennent graduellement, chacun dans son genre et dans ses espèces, prendre place dans le monde ; on ne peut en trouver la raison que dans la volonté toute-puissante du Créateur.

« [1] Les espèces, soit végétales, soit animales, qui les premières avaient pu se développer au milieu de l'atmosphère épaisse, brûlante et ténébreuse qui régnait encore, durent nécessairement périr, lorsque ces circonstances furent toutes notablement changées. D'autres espèces, des familles nouvelles, étaient successivement répandues sur le globe, à

[1] Boubée.

mesure qu'il devenait plus habitable , et l'étude des terrains qui se sont formés pendant cette époque fait reconnaître dans chacun d'eux des races qui leur sont propres, et qui n'existaient pas avant la formation de ces terrains. Cette création successive de nouveaux êtres est un phénomène dont les connaissances actuelles ne peuvent donner aucune explication , et qu'elles rapportent entièrement à l'œuvre du Créateur.

Au contraire , la déperdition successive des races anciennes, qui ne cessait d'avoir lieu simultanément, et qu'atteste l'étude des mêmes terrains, s'explique facilement par les seules causes physiques ; elle était même une conséquence inévitable de l'enchaînement des phénomènes. En effet, on conçoit que des races entières d'animaux et de plantes durent périr, lorsque l'atmosphère se déchargeait de telle ou telle matière qu'elle tenait d'abord en vapeur ou en dissolution , à la faveur d'une chaleur plus grande , et qui pouvait être l'élément nécessaire de leur nutrition et de leur respiration. D'un autre côté, ces matières, qui, à l'état de vapeur, étaient l'élément de la vie pour certaines espèces , ne pouvaient-elles pas devenir délétères pour certaines autres, lorsque, se séparant de l'atmosphère, elles tombaient en brouillard, soit sur le sol, soit dans les eaux ?

L'air se purifiant ainsi de plus en plus, et perdant de sa hauteur et de sa densité, l'influence de la lumière, celle de la chaleur, la différence des jours et des nuits , et celle des climats, devenaient plus marquées. Les espèces non habituées à souffrir ces différences, ces alternatives, ne durent donc pas subsister sous un état de choses si nouveau.

» De même les eaux devenaient de plus en plus limpides ; perdant de leur chaleur, elles ne pouvaient plus tenir en dissolution diverses substances dont elles étaient d'abord saturées ; leur température pouvait varier avec les saisons, et c'étaient autant de causes de mort pour d'autres espèces, dont l'organisation n'était plus en rapport avec ces circonstances nouvelles. »

Quatrième Epoque.

Il est à croire que les grandes formations de carbonate de chaux dont se compose une grande partie des terrains qui correspondent aux époques précédentes, concoururent, avec les végétaux, à enlever le gaz acide carbonique qui se trouvait en excès dans l'air et le rendait impropre à l'entretien de la vie des êtres qui devaient le respirer sans intermédiaire. Ce qu'il y a de certain, c'est que l'atmosphère ne reçut que vers le commencement de cette quatrième époque les nombreuses tribus d'oiseaux et de mammifères, tous les animaux à sang chaud pour lesquels la respiration est le premier des besoins.

Alors aussi furent créés les mammifères marins, et à la surface de la terre, dans les lacs et dans les fleuves, les premiers poissons d'eau douce.

Ces nouveaux habitants du globe furent d'abord

peu nombreux, et les différentes espèces n'apparurent que sucessivement. Bientôt ils furent très-mul-
tipliés ; mais pendant que les espèces récentes se
propageaient, les anciennes, ou du moins plusieurs
d'entre elles, périssaient victimes des modifications
toujours nouvelles que subissait l'ensemble de l'organisation dans toute la nature. Enfin , à mesure
que la création avance , les ordres, les familles de
tous les animaux deviennent de plus en plus semblables aux espèces qui vivent de nos jours.

Le règne végétal de cette époque voit apparaître
les dicotylédones , « ¹ grande division que , d'un
consentement unanime, les botanistes ont toujours
placée en tête de ce règne, et qui, par la variété de
ses formes et de son organisation , par la grandeur
de ses feuilles, par la beauté de ses fleurs et de ses
fruits, devait imprimer à toute la végétation un aspect bien différent de celui qu'elle avait offert jusqu'alors.

» Cette classe des dicotylédones, dont on pouvait
à peine citer quelques indices douteux dans les derniers temps de la période secondaire, se présente
tout-à-coup, durant la période tertiaire , d'une manière prépondérante. Comme de nos jours, elle domine toutes les autres classes du règne végétal, soit
par le nombre et la variété des espèces , soit par la
grandeur des individus. Aussi, cet ensemble de végétaux qui habitaient nos contrées pendant que les

---

1 Ad. Brongniart.

terrains tertiaires se déposaient et enveloppaient ses débris dans leurs couches sédimenteuses, a-t-il les plus grands rapports avec la masse de la végétation actuelle, et plus particulièrement avec la flore des régions tempérées de l'Europe ou de l'Amérique...

» Il ne faut pas croire cependant que les mêmes formes végétales se soient perpétuées, depuis cette époque encore fort reculée, jusqu'à nos jours. Non, des différences très-sensibles distinguent presque toujours ces habitants de notre globe, bien récents géologiquement, mais bien anciens chronologiquement, des végétaux contemporains des mêmes contrées auprès desquels on peut les ranger...

» Quel étonnant contraste entre l'aspect de la nature pendant les dernières périodes géologiques, et celui qu'elle offrait lorsque la végétation primitive couvrait la surface du globe!

» En effet, dans les derniers temps de l'histoire géologique du monde, la terre avait déjà pris, en grande partie du moins, la forme qu'elle conserve encore de nos jours. Des continents assez étendus, des montagnes déjà très-élevées déterminaient des climats variés, et favorisaient ainsi la diversion des êtres; aussi, dans une contrée peu étendue, le règne végétal nous offre-t-il des plantes aussi différentes les unes des autres qu'à présent.

» Aux conifères à feuilles étroites, dures et d'un vert sombre, se joignaient les bouleaux, les peupliers, les noyers, les érables au feuillage large et d'un beau vert; à l'ombre de ces arbres, sur les

bords des eaux ou à leur surface , croissaient des
plantes herbacées analogues à celles qui encore actuellement embellissent nos campagnes par la diversité de leurs formes et de leurs couleurs , et que
leur variété même rendait propres à satisfaire les
goûts si différents d'une infinité d'animaux de toutes
les classes.

» Ces forêts de l'ancien monde, comme celles de
notre époque, servaient de refuge à un grand nombre d'animaux plus ou moins analogues à ceux qui
vivent encore. Ainsi, des éléphants, des rhinocéros,
des sangliers , des ours, des lions , de toutes les
formes et de toutes les tailles , les ont successivement habitées; des oiseaux , des reptiles, et même
des insectes nombreux complètent ce tableau de la
nature telle qu'elle se présentait sur les parties de la
terre qui s'élevaient alors au-dessus des eaux ; nature aussi belle et aussi variée que celle que nous
voyons actuellement sur sa surface.

» Au contraire , dans les premiers temps de la
création des êtres organisés, la surface terrestre,
partagée, sans doute, en une infinité d'îles basses
et d'un climat très-uniforme , était, il est vrai, couverte d'immenses végétaux ; mais ces arbres, peu
différents les uns des autres par leur aspect et par
la teinte de leur feuillage , dépourvus de fleurs et de
ces fruits aux couleurs brillantes qui parent si bien
plusieurs de nos grands arbres , devaient imprimer à la végétation une monotonie que n'inter-
rompaient même pas ces petites plantes herbacées

qui, par l'élégance de leurs fleurs, font l'ornement de nos bois.

'» Ajoutez à cela que pas un mammifère, pas un oiseau, qu'aucun animal, en un mot, ne venait animer ces épaisses forêts, et l'on pourra se former une idée assez juste de cette nature primitive, sombre, triste et silencieuse, mais en même temps si imposante par sa grandeur et par le rôle qu'elle a joué dans l'histoire du globe. »

Quant aux autres phénomènes de cette quatrième époque, pour en faire l'histoire il faudrait répéter à peu près ce que nous avons dit sur la précédente. Les mêmes causes agissant toujours, amenaient les mêmes effets.

La température, indépendante du soleil, s'était déjà abaissée considérablement, et d'une manière uniforme, sur toute la surface du globe. La botanique et la zoologie nous fournissent le moyen de calculer, avec une assez grande rigueur, ce que pouvait être la chaleur vers cette époque. La moyenne de la température, au commencement de cette quatrième période, devait avoir de grands rapports avec celle qui règne aujourd'hui vers le trentième degré de latitude.

Plusieurs grandes chaînes de montagnes furent soulevées pendant cet intervalle, et causèrent probablement les révolutions qui interrompirent plusieurs fois la formation des couches de sédiment et qui firent alterner les dépôts marins et les dépôts d'eau douce, sur le même lieu.

Enfin les continents s'élevaient de plus en plus et la mer se resserrait dans ses limites. L'Europe, suivant M. Boué, était déjà, en grande partie, hors des eaux, mais renfermait encore un grand nombre de mers intérieures et de lacs d'eau douce. Au nord, une mer immense couvrait tout l'espace qui sépare la Russie de l'Angleterre. Au centre, une seconde mer couvrait la plaine suisse, la vallée du Rhin, le pays plat de la Souabe, de la Bavière, de l'Autriche, de la Moravie et de la Hongrie. Entre ces deux mers se trouvaient le grand bassin de la Bohême, qui communiquait avec la mer du centre. La Méditerranée couvrait tous les pays peu élevés qui forment actuellement ses bords et communiquait soit avec la mer Rouge, soit avec la mer Noire et le grand bassin de l'Asie occidentale; le détroit de Gibraltar n'existait pas encore.

En France, une mer s'étendait entre les Pyrénées, la Saintonge, le Périgord et les montagnes du Cantal et de l'Aveyron; une autre couvrait le Languedoc et la Provence; enfin une troisième occupait le pays plat compris entre la Picardie, la Champagne, la Bourgogne, le Limousin, la Vendée, le Maine, la Bretagne et la Manche.

En terminant cet article, nous remarquerons avec Boubée, « que depuis l'apparition des êtres organisés sur le globe, malgré les nombreuses extinctions de races qui ont signalé la formation de chaque nouveau terrain, le nombre des espèces a toujours été croissant, et qu'en même temps l'organisation

de ces êtres a toujours paru se compliquer davantage. Ainsi, dans les premiers âges du globe, il n'y
avait sur la terre qu'un nombre bien limité de genres, d'espèces et d'individus, et, pour la plupart, ces
êtres étaient en même temps les plus simples dans
leur organisation ; leur nombre s'est multiplié successivement ; les nouvelles races ont présenté un
organisme de plus en plus relevé jusqu'à l'apparition de l'homme, qui est venu le dernier, et qui est
de tous les êtres celui dont l'organisation est la plus
compliquée, celui qui occupe la première place dans
la série.

» En considérant cette progression toujours croissante du règne organique, on ne peut s'empêcher
de remarquer aussi la progression toute décroissante
du règne inorganique qui lui correspond.

» C'est avant l'apparition des premiers êtres organisés qu'il se formait sur le globe le plus grand nombre de roches et de minéraux diversement consti-
tués ; aussitôt que le règne organique est introduit,
pour peupler le globe, la puissance du règne minéral
paraît anéantie ; on ne trouve qu'un très-petit nombre de minéraux nouveaux et de roches nouvelles,
et à mesure que l'on s'élève dans la série des formations, à mesure que l'on voit les êtres organisés devenir de plus en plus nombreux, on voit aussi les
productions du règne minéral être de plus en plus
réduites dans le même rapport, jusqu'à ce qu'on
arrive à l'époque actuelle que l'homme caractérise
et de laquelle le Créateur semble avoir voulu presque

totalement écarter l'influence trop dangereuse du règne minéral. »

Cinquième Epoque.

La cinquième et dernière époque, dans laquelle nous vivons, a été ouverte par le déluge, épouvantable cataclysme qui ravagea le globe et qui donna à sa surface sa forme actuelle.

Les géologues s'accordent à admettre que, vers l'époque du déluge, il existait en Europe (la terre n'est pas assez connue dans toutes ses parties pour qu'on puisse généraliser ce fait) un grand nombre de bassins remplis d'eau ; que ces bassins, marins dans leur origine, étaient devenus en grande partie des lacs d'eau douce, tels que ceux de la France, de l'Autriche, de la Bavière, etc. ; que le lit des principales rivières était bien plus élevé qu'à présent, ou plutôt que le volume de leurs eaux était bien plus considérable, parce que des digues naturelles, maintenant détruites, formaient, sur leurs cours, des lacs immenses.

Tous ces bassins, ces lacs furent détruits, les fleuves débordèrent, les eaux de la mer furent déplacées, tout le globe fut bouleversé par la brusque apparition de montagnes très-élevées et par le soulèvement des chaînes les plus considérables. Une inondation générale, dont la date ne peut remonter qu'à environ quatre ou cinq mille ans, suivant quelques chronomètres physiques, tels que les attérissements, les dunes, etc., désola momentanément les terres découvertes, y creusa de profondes vallées, et y porta à toutes les hauteurs cette énorme quantité de cailloux roulés, de gravier, de sable, tous les dépôts de débris fossiles qui constituent les terrains diluviens.

M. Elie de Beaumont regarde comme devant être rapporté à cette époque, le soulèvement de montagnes qu'il a désigné sous le nom de *système des Andes,* et qui serait ainsi le treizième dans la série que nous avons indiquée. Ce système comprend le gros bourrelet montagneux qui court depuis la Patagonie, le Chili, dans toute la longueur des deux Amériques, entre en Asie par le nord de la Sibérie, traverse la Chine et se projette par l'empire des Birmans, le royaume de Siam, jusque dans la presqu'île de Malacca, suivant la direction d'un demi-grand cercle de la terre, sur une ligne de quatre ou cinq mille lieues. Cette longue chaîne sert comme d'axe central à la ligne volcanique qui, suivant çà et là des fractures plus anciennes, sans s'écarter de la zône littorale, forme, comme le remarque M. de Buch, la limite la plus naturelle du continent de l'Asie, et peut être même considérée comme séparant la partie la plus continentale du globe, de la partie la plus maritime.

Quoi qu'il en soit des véritables causes de cette grande inondation que nous aurons lieu d'étudier bientôt dans ses principaux détails, comme toutes les révolutions du globe, elle ne laissa après elle que des traces de désolation , ainsi que l'attestent les montagnes dénudées, les collines rompues et sillonnées par des torrents, les blocs erratiques, les terrains de transport et les fossiles brisés qu'ils contiennent.

Le règne organique ne paraît pas avoir tant souffert que dans les révolutions antérieures. Les végétaux de la période précédente se retrouvent généralement dans celle-ci. Plusieurs plantes durent échapper à cette inondation passagère, et les autres avaient jeté sur les terres les graines qui ne tardèrent pas à les reproduire. Dans le règne animal , il y eut d'innombrables victimes ; cependant , les mêmes genres et les mêmes espèces reparurent, pour la plupart, après le déluge ; il n'y eut que quelques races qui furent complètement détruites.

Pendant longtemps on n'a point trouvé de fossiles humains dans les terrains de transport, ou du moins ceux qui y ont été trouvés ne paraissaient pas appartenir à ces terrains. Aussi presque tous les géologues en ont-ils conclu que l'homme n'existait pas à l'époque du déluge. Quelques découvertes , faites dans ces dernières années, ont prouvé qu'on s'était trop pressé d'arriver à cette conclusion contraire à toutes les traditions. Des fossiles humains, quoique rares encore, ont été reconnus, comme nous le verrons, dans des terrains qui réunissent tous les caractères propres au diluvium. Encore quelques découvertes semblables, et l'existence de la race humaine à l'époque du déluge sera un fait incontestable.

Une grande quantité d'animaux antédiluviens, comme l'éléphant, le rhinocéros, l'hippopotame, dont on ne voit plus les semblables que dans les pays chauds, ont laissé d'innombrables dépouilles dans les climats glacés du nord, jusque dans les régions polaires ; il est donc à croire, ou que ces animaux ne ressemblaient pas, sous tous les rapports, à ceux qui habitent nos régions tropicales, ou que la température des régions septentrionales était beaucoup plus élevée que celle qui y règne aujourd'hui, laissant à peine la vie à quelques animaux carnassiers, sur un sol qui dégèle à peine en été et où le grand sapin lui-même, le mélèze, arbres dont le nord est la patrie, ne sont plus que des arbrisseaux, dès le 68e degré de latitude.

Depuis le déluge, la température du globe ne paraît pas avoir subi de grands changements. La haute chaleur de l'intérieur ne se fait plus sentir à la surface, comme dans les époques précédentes ; cependant elle a encore conservé une influence appréciable, et, suivant M. Fourier, celle qui traverse, durant un siècle, un mètre carré de superficie et se répand dans les espaces célestes, pourrait fondre une colonne de glace qui aurait pour base ce mètre carré et une hauteur d'environ trois mètres.

« Quelle que soit l'influence exercée à la surface du sol par la chaleur interne, cette influence, suivant le même savant, persistera pendant un temps illimité, et il s'écoulera plus de trente mille années avant qu'elle soit réduite à la moitié de ce qu'elle est maintenant. A la vérité, les variations ont dû être beaucoup plus rapides, au commencement des choses ; mais, depuis l'époque des temps historiques les plus reculés, tous les grands phénomènes relatifs à la terre ont pris un caractère de stabilité extrêmement remarquable. Il est rigoureusement démontré que, depuis l'école grecque d'Alexandrie jusqu'à nous, la température de la surface de la terre n'a pas diminué, par suite du refroidissement de la masse interne, de la trois-centième partie d'un degré de chaleur du globe terrestre. »

Les autres phénomènes qui appartiennent à l'histoire du globe, pendant la cinquième époque, sont assez connus pour que nous n'ayons pas à nous en occuper. La surface de la terre, ayant pris sa configuration générale dans le grand bouleversement causé par le déluge, a continué et continue chaque jour à se modifier sous l'action de tous les agents naturels qui ont concouru, depuis son origine, à la composer et à la former telle que nous la connaissons. Les volcans, les tremblements de terre, les soulèvements tantôt brusques, tantôt insensibles, les inondations, les alluvions des fleuves, les dépôts des lacs et des étangs, etc., nous présentent encore en petit l'image des grandes révolutions qu'ils ont opérées autrefois sur le globe.

Enfin la terre est-elle arrivée à un âge où elle n'a plus à craindre ces catastrophes qui l'ont tant de fois couverte de ruines ? L'époque dans laquelle nous vivons ne pourra-t-elle pas se terminer encore par une révolution semblable à celles qui ont terminé les autres?

M. Arago, en exposant le système de M. Elie de Beaumont, fait remarquer que les premiers soulèvements n'étant pas, à beaucoup près, aussi considérables que quelques-uns des derniers, on voit qu'on ne pourrait pas dire qu'en vieillissant, le globe devient moins propre à éprouver ce genre de catastrophes, et que l'époque actuelle de tranquillité ne se terminera pas, comme les précédentes, par la sortie subite de quelque immense chaîne de montagnes.

Quelques géologues considérant que, depuis le commencement des choses, la température a toujours été en s'abaissant, en ont conclu que la terre[1] ira toujours en se refroidissant, et qu'elle est irrévocablement condamnée à finir par n'être plus qu'une masse glacée, roulant sans vie autour d'un soleil dont la chaleur, diminuant aussi peu à peu, finira également par se dissiper entièrement. »

« Personne n'a le droit de mépriser une pareille opinion, car elle a été admise par Buffon ; mais ne nous en effrayons pas trop non plus, car d'autres savants ont prétendu avoir de fort bonnes raisons pour nous rassurer. L'un des plus célèbres d'entre eux, M. Fourier, a même prouvé mathématiquement que, dans l'état actuel des choses, la chaleur interne du globe, si tant est qu'elle ait encore quelque influence sur la température de sa surface, ne peut l'é-

---

1 *Révolution du Globe*, par Bertrand.

lever de plus d'un dixième de degré, terme moyen ; d'où il suit que le refroidissement total du globe n'entraînerait aucun changement appréciable dans les saisons de chaque climat, tant que l'intensité de la chaleur fournie par le soleil restera la même : or, rien ne prouve que cette chaleur ait diminué depuis les temps les plus reculés.

» Plusieurs géologues, dont les opinions, il est vrai, ne sont pas mieux fondées, ne nous offrent pas une perspective plus agréable ; ils nous condamnent, nous, ou plutôt nos descendants, à voir les fleuves, les lacs, les rivières, toutes les mers, et l'Océan lui-même, s'évaporer peu à peu, jusqu'à ce que la terre desséchée prenne feu au soleil. Mal pour mal, je préférerais cette fin à l'autre : elle est plus prompte, et le grand feu d'artifice qu'elle offre en perspective effraie moins l'imagination que l'éternelle mort glacée dont nous menaçait Buffon.

» Ajoutons que quelques chimistes nous assurent que la terre doit renaître de ses cendres, et que cette grande combustion donnera lieu à une quantité d'eau si considérable, qu'il faudra qu'il s'en évapore pendant bien des siècles avant que quelques continents soient mis de nouveau à découvert. »

D'autres enfin, voyant avec combien de peines et de travaux nous avons pu lire quelques pages de l'histoire de notre globe, quelques événements de ce passé abandonné aux investigations de la science, ne trouvant point dans le présent les éléments positifs et nécessaires de l'histoire des événements

futurs , se bornent à croire que l'avenir de la terre,
comme celui de l'univers, est tout entier le secret du
Dieu qui donne la vie et qui donne la mort, dans les
conseils éternels de sa sagesse et de sa puissance.

FIN DE LA PREMIÈRE PARTIE.

SECONDE PARTIE.

INTRODUCTION.

Introduction. — Moïse et les géologues. — Bonnes intentions, maladresse des premiers géologues. — La géologie tournée contre la cosmogonie sacrée. — La Genèse et la géologie ne peuvent être en opposition. — Moïse n'avait qu'à faire connaître le Créateur par la création. — Il n'avait point à faire un traité scientifique. — Il n'a donc pas tout dit ; mais ce qu'il nous a donné comme vrai, la science ne peut nous le montrer comme faux. — Division.

De toutes les sciences naturelles, il n'en est point qui ouvre un plus vaste champ aux recherches de l'homme que la géologie ; il n'en est point qui ait des rapports plus nécessaires et plus intimes avec la cosmogonie des saintes Écritures, et par conséquent avec quelques-unes des questions religieuses qui y sont exposées. Il n'en est point aussi qui ait donné naissance à plus de systèmes conçus et élaborés, chacun dans le sens des affections et des passions de son auteur.

Les premiers géologues, pleins de respect pour la religion qui régnait alors sur tous les esprits et sur tous les cœurs, admettaient la cosmogonie mosaïque, c'est-à-dire la création et le déluge, comme des faits à l'abri de toute attaque. Ils ne cherchèrent donc dans tous leurs travaux qu'à concilier les apparences actuelles avec les événements racontés dans nos livres saints. Mais, s'ils méritent des éloges pour le zèle avec lequel ils voulurent servir la cause de la religion, ils n'en peuvent guère recevoir pour les services réels qu'ils lui ont rendus. Leur zèle ne fut pas toujours assez éclairé ; ils eurent peur des faits qu'ils ne savaient comment expliquer, quelques-uns les rejetèrent pour s'en débarrasser, d'autres les faussèrent pour les plier à leurs idées et pour les forcer à entrer dans leurs commentaires de la Genèse. En mettant ainsi les produits de leur imagination à la place des phénomènes que leur révélait la nature et qu'ils ne devaient jamais perdre de vue, non-seulement ils firent fausse route, non-seulement ils retardèrent la marche de la science, mais ils livrèrent les vérités sacrées qu'ils avaient voulu défendre, à des attaques déplorables et d'autant plus dangereuses que leurs ennemis les trouvèrent trahies par la maladresse de leurs protecteurs.

La science fit des progrès : de nouvelles découvertes ne tardèrent pas à montrer que la cause de la religion avait été mal servie ou par la dénégation des faits que n'avaient pas voulu reconnaître les premiers géologues, ou par leurs théories mal conçues. Le dix-huitième siècle arriva, et les écrivains irréligieux de cette époque, analysant l'un après l'autre ces systèmes sans fondement, s'attachèrent à tout ce qu'ils avaient de faux ou de mal compris, et, sans respect pour la bonne intention de leurs auteurs, sans vouloir distinguer l'œuvre de Dieu de l'œuvre de l'homme, ils se firent un jeu des livres saints, et livrèrent à la raillerie et au sarcasme les vérités qui y sont révélées, comme les rêves que l'imagination y avait mêlés.

Après ce triomphe si facile, et dont elle se montra pourtant si fière, la philosophie, ennemie de nos croyances, chargea ses géologues de refaire le monde suivant ses plans, et de confondre la Genèse par de nouvelles découvertes. « Les philosophes, suivant l'expression caustique de Voltaire, se mirent alors sans cérémonie à la place de Dieu, détruisant et renouvelant le monde à leur fantaisie. » Ce serait une tâche bien curieuse, mais aussi bien triste, que de faire l'histoire de toutes ces théories froidement inventées par la mauvaise foi, qu'on vit éclore à la lumière de tant d'intelligences dévoyées, durant ces longs jours d'impiété et de mensonge, théories pleines d'extravagances, venant pour la plupart, en dépit de la science elle-même, se mettre en opposition directe aux livres inspirés. « Les systèmes, dit Mgr Wiseman, se sont élevés les uns à côté des autres, semblables aux colonnes mouvantes du désert, s'avançant en front de bataille menaçant; mais comme elles, ce n'était que du sable. Et bien qu'en 1806, l'Institut de France comptât plus de quatre-vingts théories de cette espèce, hostiles aux

Écritures sacrées , aucune d'elles n'est restée debout jusqu'à ce jour et ne mérite qu'on s'en occupe. »

Aujourd'hui l'irréligion systématique n'est plus de mode parmi les hommes sérieux , et, de tous les écrivains, les hommes qui s'occupent des sciences sont peut-être les plus dévoués et les plus favorables aux traditions bibliques. Dans les questions religieuses et scientifiques que nous avons à étudier, nous aurons souvent occasion de faire appel à leur témoignage, et nous verrons avec bonheur qu'ils ne nous feront pas défaut. Les géologues, même les plus indifférents au succès de notre cause , se contentent de recueillir des faits, de les comparer, sans trop se préoccuper de théories. Tandis que les phénomènes seront simplement constatés et étudiés, tandis qu'on se bornera à en tirer des conséquences naturelles et évidentes , on ne doit point craindre que les résultats se trouvent jamais contraires à la religion. Si l'histoire qu'ils nous donnent de la nature est une fiction de leur imagination , elle ne tiendra pas contre les progrès de la science ; si c'est vraiment l'histoire des œuvres de Dieu, elle se trouvera facilement d'accord avec les livres sacrés, car il ne peut y avoir contradiction entre la parole de Dieu et son œuvre.

Le temps où Moïse sera bien interprété par les géologues, et où les géologues trouveront leur plus ferme appui et leur guide le plus sûr dans Moïse, ne peut être très-éloigné. La vérité peut rester long-

temps ignorée, mais peu à peu la lumière se fait; c'est
le jour de son triomphe. Sans doute la Bible ne répon-
dra pas à toutes les questions de la géologie; elle n'a
pas été écrite pour satisfaire l'insatiable curiosité de
l'esprit humain. « [1] L'objet des communications divines faites à Moïse a été de nous donner des lumières
morales, de fixer nos convictions religieuses, de nous
donner des règles de conduite, d'établir des dogmes
ou d'imposer des devoirs, conformément aux vues
que Dieu s'est proposées toutes les fois qu'il s'est
manifesté aux hommes par des révélations ; mais
nullement de nous enseigner les sciences physiques
et naturelles, et de nous révéler les lois par lesquelles
il a créé et gouverne l'univers. Qui ne comprend que
de telles révélations scientifiques dépassent les forces
de l'homme dans les conditions physiques et morales
où il est placé? Il ne s'agit de rien moins, en effet, que
d'embrasser dans ce qu'elles ont de plus intime toutes
les œuvres et toutes les voies de l'intelligence in-
finie. N'est-ce pas demander une communication
de l'omniscience? Quel que soit, en effet, le point de
la science des opérations divines auquel l'historien
sacré se serait arrêté, on aurait toujours pu accuser
son récit d'imperfection ou d'oubli pour les choses
qu'il aurait passées sous silence. Ainsi, il n'aurait pu
se mettre à l'abri des reproches que par une révélation complète de tout ce qu'il y a de mystérieux dans
les mécanismes des mondes matériels et dans les

[1] Jéhan.

forces qui les mettent en mouvement. Mais alors, au lieu de quelques chapitres, il lui aurait fallu écrire une encyclopédie des sciences d'une étendue et d'une profondeur telles, que tout le génie du savant le plus universel pourrait à peine s'en faire une idée. Il y a donc une véritable déraison à vouloir trouver, dans le livre sacré , une histoire complète et détaillée des opérations de la toute-puissance créatrice, lesquelles appartiennent à des époques et à un état de choses qui n'offrent aucun rapport direct avec l'espèce humaine. »

« [1] Si la narration mosaïque a révélé aux hommes une partie de l'histoire primitive, il s'en faut de beaucoup que l'écrivain sacré ait parcouru le champ entier de cette histoire. Il nous dit comment a été créé l'homme et comment ont été créés les différents corps qui composent le système de l'univers actuel. Mais il est une foule de choses dont il ne nous dit pas un mot, parce que cela ne concerne pas l'homme et ne se lie pas à son histoire. L'organisation de l'univers et toutes les œuvres que Dieu a faites , comme dit l'Ecclésiaste, ont été abandonnées aux éternelles recherches et aux disputes des hommes ; et sur tout cela la révélation est muette. La science aurait donc mauvaise grâce à demander à Moïse raison de tout ce qu'elle découvre ou croit découvrir dans l'univers matériel qu'elle exploite.

» La science ne peut exiger de la Bible qu'une seule

1. M. Desdouits, notes géol. du *Cours complet d'Éc. Sainte.*

chose : c'est que sa narration ne donne pas le démenti à des faits avérés, et que ceux-ci puissent s'expliquer absolument sans dénaturer le récit biblique. La Bible n'est obligée à dire *que ce qui est,* mais non pas *tout ce qui est.* C'est sur ce terrain que nos livres peuvent accepter les défis de la science. »

D'un autre côté, tous les faits de la nature étant la manifestation de l'action divine et les livres saints étant l'expression du mode de cette manifestation telle que Dieu nous l'a donnée, il est évident pour le géologue chrétien que, si nous ne trouvons pas dans la science l'enseignement que nous avons reçu de Moïse, la faute ne doit en être imputée qu'à nous, parce que nous n'avons pas étudié la science dans son véritable sens. Comme chrétiens, nous devons toujours croire que ce n'est pas l'écrivain sacré qui se trompe, lorsque son récit paraît en désaccord avec la science, et l'expérience de bien des siècles nous a prouvé assez que nous le pouvons toujours sans faire violence à notre raison. Les livres saints ont subi plus d'une épreuve, et, malgré la fureur avec laquelle on a si souvent cherché à en lacérer toutes les pages, ils n'ont pas perdu une seule ligne, on n'y a pas trouvé un fait que nous soyons obligés de désavouer. Si donc la Bible n'est pas pour nous dans l'explication des phénomènes que nous croyons avoir découverts, *c'est que nos observations sont incomplètes,* ou bien *c'est que nos conséquences sont mal tirées.*

C'est en suivant scrupuleusement les principes

que nous venons de poser et d'invoquer, que nous allons examiner de quelle manière et jusqu'à quel point les phénomènes géologiques dont nous avons donné l'aperçu peuvent être d'accord avec l'histoire sacrée. Nous trouverons dans l'étude des rapports positivement établis entre la science religieuse et la science profane, des témoignages irrécusables, des titres incontestables qui révéleront à nos sens et à notre raison plusieurs des vérités qui n'avaient été, pour ainsi dire, révélées qu'à notre foi.

Dans la géologie considérée au point de vue religieux, trois grandes questions dominent toutes les autres. Ce sont : la création ; les phases de la création ; le déluge.

CHAPITRE PREMIER.

La création. — Hypothèse de Laplace. — Suivant le témoignage
des savants, elle est la plus vraisemblable. — La cosmogonie
sacrée ne la repousse pas. — Passages des saintes Écritures
et des SS. Pères relatifs à cette question. — Commentaires.

La plus vraisemblable des hypothèses imaginées
jusqu'à ce jour pour expliquer l'état originel de l'u-
nivers, celle qui se met le plus facilement en harmonie avec toutes les sciences naturelles, c'est sans
contredit celle de Laplace. Comme nous l'avons vu [1],
suivant ce savant, le premier acte du Créateur aurait été de remplir l'espace d'une matière éthérée,
soumise tout d'abord à l'empire des lois qui régissent
la nature et devant servir de matériaux à la formation de tous les corps. Dans cette théorie, l'astronomie trouve une réponse satisfaisante aux problèmes
dont la mécanique céleste lui demandait la solution ;
la chimie peut voir dans leur état primitif et suivre
dans leurs combinaisons diverses les éléments que ses
analyses lui ont fait reconnaître ; la géologie a la raison de la chaleur centrale, des volcans, des eaux thermales, etc. Toutes les sciences semblent s'entendre
pour nous prouver que le système du monde exposé

[1] Ⅰ re Partie.

par le célèbre Laplace est le seul admissible. Il est donc regardé aujourd'hui comme constant, que tous les corps qui composent notre globe ont été, dans leur origine, à l'état gazeux.[1]

« L'hypothèse qui nous présente les matériaux du globe comme ayant existé primitivement sous la forme d'une nébuleuse, offre, dit Buckland, la théorie la plus simple et par conséquent la plus probable de la condition première des éléments matériels qui composent notre système solaire. » La plupart des savants tiennent le même langage et prennent cette théorie comme point de départ. Il faut avouer pourtant que quelques-uns ne l'ont pas accueillie avec la même faveur. A d'autres elle paraît assez ingénieuse et surtout bien inoffensive.

« S'il nous est permis d'émettre notre sentiment à cet égard, nous dirons, avec M. Jehan, que nous sommes assez disposés à nous ranger du côté de ces derniers. Nous pensons que, pour parvenir à ses fins, il a suffi à l'Eternel géomètre de laisser un libre cours aux agents naturels une fois mis en action par sa volonté toute-puissante. Nous ne voyons aucune impiété à supposer que Dieu n'a pas créé instantanément les globes sans nombre qui circulent dans l'immensité. Il l'aurait pu sans doute, qui le nie ? Mais l'a-t-il fait ? La Genèse est-elle donc si explicite à cet égard ? Que Dieu ait employé à créer ce monde un moment, ou cent mille ans, ou mille mil-

---

[1] Voir Iʳᵉ Partie, ch. XVI.

lions d'années, qu'importe à sa gloire? L'éternité tout entière n'est-elle pas toujours au-delà? Répugne-t-il à ses attributs d'admettre qu'il ait soumis à des lois organisatrices les éléments de la matière dont il a formé les mondes, et qu'il leur ait fait subir une longue suite de modifications, à peu près comme il fait dépendre d'une succession de phénomènes l'accroissement du chêne de nos forêts? »

Moïse n'a rien dit qui confirme ou qui condamne le système adopté par la science. Il n'était pas chargé de nous laisser un traité scientifique destiné à nous diriger dans nos recherches, en nous initiant à la connaissance des causes particulières qui produisent les phénomènes de ce monde. Il avait à nous apprendre que tout vient de Dieu, et l'homme, et les animaux, et les plantes, et la terre, et tout l'univers; il avait à nous apprendre que le monde n'a pas toujours été, que Dieu l'a créé quand il l'a voulu; voilà le fait important, et le peuple seul dépositaire des traditions saintes ne devait pas l'ignorer au milieu des dangers de l'idolâtrie qui régnait de toutes parts autour de lui. Quant au mode de création qu'il a plu à Dieu de choisir, c'est son secret, c'est un des mystères de sa puissance; l'homme peut faire son chemin sur la terre, et arriver à sa destination, sans le connaître.

Quoi qu'il en soit de ces dissentiments inévitables sur des questions aussi ardues, l'opinion des géologues sur l'état gazeux du monde, à son origine, au moment où il sortit des mains de Dieu, loin d'avoir été condamnée, a eu même, depuis longtemps, des défenseurs dans l'Eglise ; loin de se trouver en opposition avec les saintes Ecritures , elle y paraît au contraire en plusieurs points conforme.

Au premier verset de la Genèse , il est écrit : *In principio creavit Deus cœlum et terram....* Au commencement Dieu créa le ciel et la terre....

Et au premier verset du dix-huitième chapitre de l'Ecclésiastique :

Qui vivit in æternùm creavit omnia simul.... Celui qui vit dans l'éternité a créé toutes choses en même temps....

Pour interpréter ces paroles dans leur sens le plus naturel, il faut donc admettre que Dieu créa, par un même acte de sa volonté, et au même instant, la matière dont il devait ensuite former l'univers, suivant la disposition qu'il voulait donner à tous les corps qui le composent. Les éléments du soleil, des étoiles et des planètes dont il est parlé dans les versets suivants, existaient déjà , avaient été tirés du néant en même temps que ceux de la terre , au commencement de toutes choses ; ils ne reçurent que plus tard leur forme et leur destination.

On est obligé d'admettre cette explication pour donner une réalité au mot *ciel* du premier verset. Que pourrait-il signifier, représenter, si le ciel n'a eu aucun mode d'existence avant l'action dont il est parlé aux versets 7 et 16 relatifs au firmament, au soleil, à la lune et aux étoiles ? Si le ciel fut réellement créé, au commencement, en même temps que la terre ; s'il ne reçut sa forme actuelle que dans les phases suivantes, il est évident que le premier acte de la création n'a dû produire que la matière élémentaire de tous les corps. Il serait donc vrai de dire, comme Marcel de Serre, que le texte hébreu ne se traduirait rigoureusement qu'en ce sens : Au commencement, Dieu créa ce qui fut (ce qui devint plus tard) le ciel et la terre.

La signification si différente des deux mots (*bara*, creavit), (*assé*, fecit) dont se sert Moïse dans le récit de la création, semble prouver encore que la matière première de toutes choses fut tirée du néant par le premier acte. En effet, le mot *bara* du premier verset exprime seul l'acte créateur, et il n'est employé que là et plus tard lorsqu'il s'agit de la création des animaux et de l'homme ; le mot *assé*, employé dans le reste du récit, n'a pas la même signification, il répondrait à l'action de façonner, de mettre en ordre une matière préexistante.

Quelques commentateurs, ne sachant comment faire accorder le premier verset de la Genèse avec les suivants, où Moïse raconte la formation du soleil, de la lune et des étoiles, formation qu'ils croyaient devoir prendre pour une création successive et distincte, ont voulu faire de ce verset un simple exposé du chapitre, un sommaire du récit qui va suivre, sans remarquer qu'il n'est plus question ailleurs de la création de la terre, et que le verset suivant la suppose déjà créée, puisqu'il la décrit telle qu'elle était à son origine. Embarrassés encore par le mot

simul, en même temps, du passage de l'Ecclésiastique, ils ont été obligés de lui faire dire ce qu'il ne
dit pas le moins du monde, et l'ont traduit par *æquè,
eodem modo, également, de la même manière.* D'autres ont conservé à ces deux textes leur signification
naturelle ; mais donnant dans un excès opposé, vou-
lant que la création ait été faite d'un seul jet, opérée
complètement dans un seul et même moment, ils
ont forcé bien plus encore les paroles du premier
chapitre de la Genèse pour prendre au figuré, allé-
goriquement le récit de l'œuvre successive de la
création.

Cependant l'opinion de la grande majorité des interprètes des saintes Ecritures, celle même de plusieurs pères de l'Eglise, est parfaitement conforme
à celle que demandent les découvertes de la Géologie moderne. Ainsi, [1] suivant Petau, S. Grégoire de
Nazianze, S. Basile-le-Grand, Origène, S. Césaire,
S. Jérôme, S. Chrysostome, S. Epiphane, S. Hi-
laire, etc., ont supposé une période indéfinie entre
la création de la matière première et l'ordre qui fut
mis ensuite dans cette matière. Quelques-uns, sans
faire de théorie scientifique, ont même émis l'idée
fondamentale du système de Laplace, l'idée de la
matière première créée à l'état gazeux. C'est S. Augustin qui, dans son premier livre sur la Genèse,
contre les Manichéens, dit : « *Prima materia facta
est, confusa et informis, undè omnia fierent, quæ*

____
1 *Théologie dogmatique,* t. 3.

distincta atque formata sunt, quod credo à Græcis chaos appelari. » La matière première dont ont été composés tous les corps dans leur variété et avec leur figure actuelle, a été créée confuse et sans forme, dans l'état que les Grecs appellent chaos. Albinus Flaccus, Beda, Isidore, etc., sont du même avis.

C'est S. Grégoire de Nysse qui, dans son livre sur l'œuvre des six jours, exprime la même pensée : « *Vi et potestate omnia extitisse in illo primo Dei ad procreandum appulsu, tanquàm vi quâdam seminali ad universitatis produc tionem jacta, ità tamen ut actu res singulæ nondùm essent.* » Il croit que, par le premier acte créateur de Dieu, tous les corps reçurent le principe de l'existence, produits par un seul jet qui répandit comme une semence les éléments d'où l'univers devait sortir, de manière cependant que chaque chose n'existait pas encore dans sa propre essence. On dirait que c'est un géologue de nos jours qui tient ce langage.

Après tout, il ne faut pas s'étonner que les docteurs de l'Eglise aient vu dans la lumière supérieure qui les guidait, et qu'ils aient si formellement exprimé, il y a déjà bien des siècles, ce que les géologues modernes ont vu dans leurs découvertes. Le second verset de la Genèse, décrivant l'état dans lequel le premier acte de la création avait mis la terre, n'en donne pas une autre idée.

« Terra autem erat inanis et vacua. »

La terre était *inanis* ou *inanimis* : il n'y avait pas

de matière palpable , tout y était insaisissable ; ou bien la terre était inanimée , inerte, sans mouvement.... *vacua* , elle était vide, sans corps solide , sans noyau intérieur, sans consistance. Le texte hébreu dit: *informis* et *aeriformis*... sans forme, semblable à l'air... La version des Septante dit : αορατος και ακατασκευαστος... *invisibilis et inordinata*... invisible et sans ordre... L'œil n'y pouvait rien découvrir, rien n'y était en place, *et les ténèbres couvraient la face de l'abîme.*

Dans ces interprétations différentes, Moïse n'a pas conçu la terre , non-seulement telle que nous la voyons, mais même comme corps solide. Toutes ces expressions nous présentent bien plutôt un amas de gaz, de vapeurs, tels que nous pouvons nous figurer les corps à leur état élémentaire , avant que leurs molécules se soient rapprochées et agrégées.

Si l'on peut donner cette signification aux paroles sacrées, il n'y a certainement, dans l'hypothèse de la science, rien que de très-conciliable avec le texte de la Genèse. Le sens que les anciens donnaient au mot *inanis,* entraînant surtout l'absence de matière palpable, suivant la remarque d'Ampère , ce sens étant parfaitement conforme à celui du mot *invisibilis* de la version des Septante, mieux défini encore par le mot *aeriformis* du texte hébreu ; l'état des choses au commencement, suivant Moïse comme suivant les géologues , peut donc très-bien avoir été l'état gazeux.

Cette matière impalpable , confuse, sans forme

distincte, ces ténèbres, c'est le chaos dont la tradition s'est conservée dans le genre humain et se retrouve dans les poètes les plus anciens ; et c'est avec ces éléments que Dieu a formé cet ordre admirable, cette harmonie si belle et si grande que nous appelons le monde. Mais cette matière informe et insaisissable n'était point éternelle. Gazeuse, liquide ou solide, elle a eu un commencement, ses changements d'état, ses transformations successives et continuelles le prouvent ; Dieu l'a faite sans qu'elle fût auparavant, et peu s'en faut que nous ne connaissions son âge comme nous connaissons celui de l'homme. Les livres saints et les livres des savants s'accordent donc pour nous dire que Dieu a fait le ciel et la terre de rien ; c'est pour nous le point important, c'est la plus grande de toutes les questions que soulève l'œuvre de la création.

CHAPITRE II.

Article premier. — *Phases de la création.* — La loi du développement graduel a été probablement suivie au commencement des choses comme elle l'est aujourd'hui. — Phases dans l'œuvre de la création. — Tout système géologique fondé sur la Genèse est une œuvre périlleuse.

Article ii. — *Durée indéterminée de la première phase.* — Elle laisse aux géologues tout le temps qu'ils peuvent demander. — Les deux premiers versets de la Genèse. — Comme l'a dit le P. Perrone, la chronologie sacrée commence à la création de l'homme et non à la création du monde. — Opinion du cardinal Wiseman s'appuyant sur plusieurs SS. Pères.

Article iii. — *Accord de la Genèse et de la géologie sur l'Apparition successive des êtres organisés.* — Il est reconnu par MM. Delafosse, Ampère, le card. Wiseman. — La formation des terrains géologiques a demandé bien du temps. — Embarras des anciens géologues sur l'origine de ces terrains. — Ils ne sont pas dus au déluge. — Examen de cette question par le card. Wiseman et M. Desdouits. — A quelle époque ces terrains ont-ils été déposés ?

Article iv. — *Première solution.* — Hypothèse des jours périodes. — Ce n'est pas une opinion condamnée. — Le mot hébreu qui signifie jour a plusieurs acceptions. — Les SS. Pères ne lui ont pas tous donné le sens naturel. — Les traditions sont favorables à cette interprétation. — Exposé de l'hypothèse des jours périodes. — Elle donne champ large à la géologie sacrée.

Deuxième solution. — Hypothèse antéhexamérique. — Les terrains géologiques seraient antérieurs au premier jour génésiaque. — Le card. Wiseman suit cette opinion. — Comment il résume cette hypothèse. — Commentaire du premier chapitre de la Genèse. — Cette hypothèse ne laisse aucune difficulté sur le récit biblique.

ARTICLE PREMIER. — *Phases de la Création.*

Dans le monde physique, comme dans le monde moral, Dieu laisse ses créatures arriver paisiblement à leur fin en suivant les lois auxquelles il les a soumises. La précipitation, comme l'impatience, accuse un besoin ou une faiblesse ; l'homme se presse, se hâte d'arriver à la fin de ses travaux, car il a besoin d'en jouir, il n'a que peu de temps à lui pour semer et pour recueillir. Dieu, dans son éternité, n'a pas besoin de compter avec le temps, et il n'ajoute rien à son bonheur, rien de nécessaire à sa gloire, par sa manifestation dans les œuvres qu'il opère en dehors du mystère impénétrable dont est environnée sa Majesté.

« [1] La loi du développement graduel se retrouve dans tous les ordres de phénomènes de la nature, qui, comme l'a dit Linné, *ne fait rien par saut.* Elle paraît être une des lois les plus universelles de la création. Le temps est l'élément nécessaire du perfectionnement de toutes choses, et cette observation est aussi applicable au monde moral qu'au monde physique ou organique. Le minéral polyèdre n'est d'abord qu'une molécule autour de laquelle

[1] Jehan.

viennent se ranger symétriquement d'autres molécules ; toute plante, à son origine, n'est qu'un germe, tout animal qu'un embryon, et cet embryon et ce germe n'arrivent à leur entier accroissement que par une marche progressive. »

Au commencement des choses, suivant toutes les apparences, les opérations du Créateur se firent dans ce plan général qu'elles suivent encore aujourd'hui, sans jamais en sortir. La création du monde ne fut pas faite de toutes pièces, c'est-à-dire, ne fut point terminée, comme elle aurait pu l'être au moment où elle fut commencée. Elle n'arriva que par degré au complément que Dieu voulait lui donner, comme pour nous prouver que l'univers n'a point une existence nécessaire ; qu'il a été créé librement ; que rien en lui n'est éternel. Il y eut donc des phases dans la création, et Moïse nous l'avait appris long-temps avant que les sciences en eussent trouvé la preuve dans leurs découvertes.

« Au commencement Dieu créa le ciel et la terre » ou la matière qui devait servir à composer l'univers, les mondes qui existent peut-être dans l'immensité de l'espace, sans que nous les connaissions, et le monde où nous sommes, notre soleil, nos planètes, nos comètes, notre système dans lequel la terre est un point si petit.

A son origine, la terre n'était qu'une masse informe, sans consistance, et les ténèbres l'enveloppaient de toutes parts. Ce premier état de notre globe est sa première phase, et Moïse l'a clairement séparée des autres, suivant la plupart des interprètes, qui disent comme Bossuet[1] : « La création du ciel et de la terre et de toute cette masse informe que nous avons vue dans les premières paroles de Moïse, a précédé les six jours, qui ne commencent qu'à la création de la lumière. »

Dans ce chaos, il fallait ensuite mettre de l'ordre... et le premier agent de l'ordre, le symbole de la sagesse et de l'intelligence, la lumière fut faite. « Dieu dit : [2]Que la lumière soit, et la lumière fut. » Dans ce moment il se fit sans doute une immense révolution dans la nature : les chimistes et les physiciens savent quelle énergique réaction s'opère sur les corps, surtout sur les corps à l'état gazeux , sous l'action de la lumière et du calorique qui l'accompagne. Il dut se produire une foule de combinaisons, de précipités dans ce vaste laboratoire où tant d'éléments étaient encore confondus. La manifestation de la lumière, sa séparation des ténèbres , forment un jour, ou une première époque, suivant Moïse, et le temps où cette œuvre fut accomplie n'est point confondu avec le temps suivant ; ce sera une nouvelle phase de la création.

Il en est de même de toutes les opérations décrites après celle-ci dans le premier chapitre de la Genèse : La séparation des eaux qui sont sur le globe de celles qui sont dans l'atmosphère ; la formation de

1 Ire Élévation.
2 *Gen.*, c. 1er, v. 3.

la mer et le desséchement de la terre ; la création des plantes et des animaux, jusqu'à la création de l'homme. Ces opérations successives et distinctes, exposées par Moïse dans un ordre qui correspond parfaitement aux formations reconnues par les géologues, sont autant de phases dans la création. Nous n'avons point à les déterminer ni à les circonscrire, sous l'autorité des livres saints ; nous croyons, avec M. Desdouits [1], que ce sera toujours, ou du moins pour longtemps encore, « une œuvre périlleuse et fragile qu'un système géologique fondé sur la Genèse. C'est mettre l'histoire sacrée à la merci de nos erreurs et lui faire porter le fardeau des misères de notre esprit. La science géologique n'est pas moins mobile pour les défenseurs de la Bible que pour ses adversaires ; le système le mieux élaboré peut se trouver compromis d'un jour à l'autre par quelque découverte nouvelle, mais le géologue incroyant peut vaguer à son aise dans le champ des erreurs que son imagination parcourt, le géologue biblique ne le peut pas, sans compromettre la cause dont il a pris la défense. »

Sans essayer une théorie quelle qu'elle soit sur les phases de la création, il nous suffira donc, pour le moment, d'avoir établi que si Moïse ne les a point définies dans tous leurs détails, il les a du moins reconnues comme un fait, en sorte qu'il nous est permis de croire, avec les géologues, que le monde

---

[1] Notes géologiques du *Cours compl. d'Ecriture Sainte.*

n'a point été créé tel qu'il est par une seule et même opération de la toute-puissance divine. Les sentiments sont partagés sur le sens qu'on doit attacher aux six jours génésiaques ; mais la première phase seule nous fournirait assez les éléments dont nous avons besoin pour résoudre la plus grande des difficultés que la science ait faites au récit de la Genèse. Dans tous les systèmes, c'est du temps, un temps indéfini, que les géologues nous demandent. Trouve-t-on place à ce temps indéterminé dans la cosmogonie sacrée ? Telle est la difficulté qui résume presque toutes les autres. Commençons par l'examiner ; nous étudierons ensuite l'origine des couches géologiques qui donnent lieu à une question de même nature, et nous terminerons ce chapitre par l'analyse des hypothèses les plus suivies.

ARTICLE II. — *Durée indéterminée de la première Phase.*

L'état gazeux dans lequel on croit avoir reconnu que les éléments du monde ont été créés, porte jusque dans la profondeur des temps, à une époque très-reculée, la création de la matière, en supposant toutefois que le refroidissement a suivi, dès l'origine des choses, les lois qu'il suit aujourd'hui. En effet, si tous les corps, soit simples, soit composés qui ont concouru à la formation de l'univers ou seulement de notre globe, ont été d'abord à l'état gazeux, il faut admettre nécessairement que leur température était aussi élevée à cette époque que celle à laquelle celui de ces corps qui est le moins volatil passerait aujourd'hui à cet état. Or, on sait quelle chaleur est nécessaire pour faire passer seulement à l'état liquide quelques-uns des corps que nous connaissons. Quelle température serait donc nécessaire pour amener ces corps à l'état gazeux ! Et toute la matière qui forme la partie solide de la terre étant ainsi réduite, quel temps immense il faudrait pour qu'elle pût se refroidir et revenir à l'état solide ! Rien que cette première phase de la création nous imposerait un chiffre effrayant pour exprimer sa durée, calculée par le refroidissement de la matière sur les lois découvertes par M. Fourier.

Nous pourrions faire observer ici que, pour mesurer cette phase comme pour mesurer les suivantes, la science peut très-bien ne pas avoir un droit incontestable. Si depuis que l'œuvre de la création a été achevée, les lois qui la régissent ont toujours été les mêmes, il est possible que, dans le principe, le Créateur ait agi en dehors de ces lois ; il est possible que ces lois ne soient telles qu'à dater du moment où l'œuvre de la création a été parfaite et en vertu du dernier acte par lequel Dieu a voulu achever la constitution du monde. « [1] Ce qu'on appelle lois de la nature n'est qu'un ensemble de faits semblables qui se succèdent régulièrement sous nos yeux, parce qu'il a plu a Dieu d'établir une succes-

[1] M. Desdouits.

sion régulière ; mais le présent est par lui-même indépendant du passé et de l'avenir, et si Dieu a pu vouloir comme état habituel du monde la série régulière que nous observons maintenant, il a pu vouloir dans le passé, il peut vouloir dans l'avenir des faits tout différents ; et ces faits disparates pourraient soit interrompre passagèrement la succession de ceux que nous appelons lois naturelles, soit former à leur tour un ordre régulier et habituel différent de celui qui règne maintenant sous nos yeux. »

Nous aurons occasion de montrer que cette réserve est fondée [1] ; mais, pour la question que nous examinons, nous n'en avons nul besoin. De même qu'il n'est pas contraire au récit de la Genèse que la matière première ait été créée à l'état gazeux, il ne lui est pas non plus contraire d'admettre qu'il a fallu un temps considérable pour qu'elle arrivât, par le refroidissement, à l'état solide, à l'état où la supposent les opérations accomplies dans les phases suivantes. Moïse nous apprend qu'au commencement Dieu créa les éléments dont il devait composer le monde, la matière qui devait devenir *ciel et terre*, que d'abord la terre était informe, qu'elle était couverte de ténèbres et que l'esprit de Dieu était porté sur les eaux, soit lorsque celles-ci étaient encore à l'état de vapeur, soit qu'elles fussent déjà liquides. Tel était l'état de la terre avant l'œuvre du premier jour, avant la création ou la production de la lu-

---

1 Chap. III.

mière. Mais combien de temps dura cette période indiquée dans les deux premiers versets de la Genèse? L'historien sacré ne nous en dit pas un mot. *Ce commencement de toute création, cet in principio* peut être placé bien loin de nous dans l'éternité!.. Cet état de la terre à son origine, lorsqu'elle était vide et nue, lorsque les eaux et les ténèbres l'enveloppaient de toutes parts, avant que Dieu eût voulu y mettre l'ordre, la disposer à devenir le séjour de l'homme, *peut avoir duré autant de siècles que la science la plus exigeante peut en demander.* Les géologues veulent du temps : et quiconque connaît la nature est obligé d'avouer qu'il ne saurait mesurer celui qui s'est écoulé depuis le premier moment de la création jusqu'à celui où l'univers est devenu tel que nous le connaissons, si, comme nous le supposons, en sortant des mains de Dieu il était soumis aux mêmes lois qui le gouvernent aujourd'hui. Le temps ne sera pas une difficulté entre Moïse et les géologues : il y a place à des millions de siècles dans la première phase de la création. Si le temps est beaucoup pour la courte vie de l'homme, des millions de siècles ne sont rien dans l'éternité de Dieu.

Ce qui nous déconcerte, nous créatures d'hier, ce qui blesse notre amour propre dans ces nombres effrayants dont nous aurions besoin pour exprimer l'âge du monde, ce qui inquiète peut-être nos croyances, c'est que nous ne faisons pas le monde plus vieux que nous. Pour rester rigoureusement dans les termes du récit de Moïse, nous devrions remarquer cependant, avec la plupart de ses commentateurs et notamment avec le P. Perrone, savant théologien honoré de la confiance de Grégoire XVI, que la chronologie de Moïse ne commence qu'à la création de l'homme, et qu'il ne compte que les années d'Adam et des autres patriarches. « [1] *Notandum est, si strictius loqui velimus, Mosaicam chronologiam initium ducere ab hominis creatione. Moïses enim tantùm enumerat annos Adam cæterorumque patriarcharum* ». L'écrivain sacré ne parle nulle part de l'âge du monde, et dans la description qu'il nous a faite en deux mots de l'état de la terre à son origine, il semble même annoncer un temps de repos. Dieu le Père avait créé la terre par son Verbe ; restait l'opération du Saint-Esprit. [2] *Et Spiritus Dei ferebatur super aquas.*

« L'Esprit de Dieu, dit S. Ambroise [3], fomentait les eaux, c'est-à-dire les vivifiait pour les tourner en créatures nouvelles et par sa chaleur les animer à la vie. » « Au lieu de *ferebatur*, dit S. Jérome [4], il y a dans l'hébreu un mot qui veut dire : il reposait sur, il couvait, comme un oiseau qui anime les œufs par la chaleur. » Langage qui indique bien un état de repos et qui laisse aux géologues tout le temps

---

1 *In Opere de Mundo.*

2 *Gen.*, ch. 1ᵉʳ, v. 2.

3 *Hexa.*, liv. I, ch. 8.

4 *Ps.* 103.

qu'ils désirent pour la première formation de la terre, pour toutes les précipitations et les réactions chimiques qui durent s'opérer pendant cette période dont tous ces témoignages, comme ceux qui suivront, confirment la réalité que nous n'avons fait qu'indiquer dans l'article premier de ce chapitre [1].

Pour ne point assumer la responsabilité de l'opinion que je viens d'émettre, je ne crois pas pouvoir mieux terminer cet article qu'en citant, mot pour mot, ce que dit sur le même sujet, dans une de ses conférences sur les rapports de la science et de la Religion révélée, Mgr Wiseman qui trouve avec d'autres savants, dans les premières paroles de la Genèse, non-seulement le temps suffisant pour tout ce qui dut se faire à cette première phase de la création, mais encore pour tout ce qui dut se faire sur la terre avant la création de l'homme.

« [2] Le géologue moderne doit reconnaître et reconnaît en effet l'exactitude de l'assertion, qu'au moment où toutes choses furent faites, la terre doit avoir été dans un état de confusion complète, en d'autres termes, que les éléments qui plus tard devaient se combiner et former l'arrangement actuel du globe, doivent avoir été totalement troublés et probablement dans un état de conflit et de réaction. Ce que la durée de cette confusion a été, l'aspect particulier qu'elle présentait, si c'était un désordre

1 IIe Partie, chap. II, art. 1, *Phases de la Création.*
2 Wiseman, 5e Conférence.

suivi et sans modification ou interrompu par des intervalles de paix et de repos, d'existence animale ou végétale, l'Ecriture l'a caché à notre connaissance; mais en même temps elle n'a rien dit pour décourager l'investigation qui pourrait nous conduire à quelques hypothèses sur ce sujet. Et même il semblerait que cette période indéfinie a été mentionnée exprès, pour laisser carrière à la méditation et à l'imagination de l'homme. Les paroles n'expriment pas simplement une pause momentanée entre le premier fait de la création et la production de la lumière; car la forme grammaticale du verbe, le participe par lequel l'Esprit de Dieu, l'énergie créatrice, est représenté couvrant l'abîme et lui communiquant la vertu productrice, exprime naturellement une action continue et nullement une action passagère. L'ordre même observé dans la création des six jours, qui se rapporte à la disposition présente des choses, semble indiquer que la puissance divine aimait à se manifester par des développements graduels, s'élevant en quelque sorte avec mesure de l'inanimé à l'organisé, de l'insensible à l'instinctif, de l'irrationnel à l'homme. Et quelle répugnance y a-t-il à supposer que, depuis la première création de l'informe embryon de ce monde si beau, jusqu'à ce qu'il ait été revêtu de tous ses ornements et proportionné aux besoins et aux habitudes de l'homme, la Providence puisse avoir voulu conserver une gradation analogue, au moyen de laquelle la vie aurait progressivement avancé vers la perfection, et dans sa puissance intérieure et dans ses instruments extérieurs? Si les phénomènes découverts par la géologie manifestaient l'existence d'un pareil plan, qui oserait dire qu'il ne s'accorde pas dans la plus stricte analogie avec les voies de Dieu dans la loi physique et morale de ce monde? Ou qui assurera que ce plan contredit la parole sacrée, puisque pour cette période indéfinie dans laquelle l'œuvre du développement graduel est placée, nous sommes dans une complète obscurité, à moins que nous ne supposions, avec un personnage éminent dans l'Eglise[1], qu'il est fait allusion à ces révolutions primitives, c'est-à-dire, ces destructions et reproductions dans le premier chapitre de l'Ecclésiaste; ou qu'avec d'autres nous ne prenions dans le sens littéral les passages où il est dit que des mondes ont été créés. [2] »

« Il est vraiment singulier que toutes les anciennes cosmogonies s'accordent pour suggérer la même idée et conserver la tradition d'une première série de révolutions par lesquelles le monde fut détruit et renouvelé. Les *Institutes de Menou*, l'ouvrage indien qui approche le plus près du récit de la Bible touchant la création, disent : « Il y a des créations aussi et des destructions de mondes sans nombre ; l'Être suprême accomplit tout cela avec autant de facilité que si c'était un jeu, répétant sans

1 Roveretto.

2 S. Paul, Héb., ch. 1, v. 2, passage qui ne me paraît pas clair dans le sens qui lui serait donné ici.

cesse ses créations dans la vue de répandre le bonheur. » Les Birmans ont des traditions du même
genre, et le système de leurs diverses destructions
du monde par le feu et l'eau se trouve dans l'intéressant ouvrage de San Germano... Les Egyptiens
aussi ont également consacré cette opinion par leur
grand cycle ou période sothiatique. »

« Mais je crois beaucoup plus important et plus
intéressant de faire observer que les premiers Pères
de l'Eglise chrétienne paraissent avoir eu exactement les mêmes vues; car S. Grégoire de Nazianze [1],
d'après S. Justin, martyr, suppose une période indéfinie entre la création et le premier arrangement
régulier de toutes choses. S. Basile, S. Césaire et
Origène sont beaucoup plus formels [2], car ils expliquent la création de la lumière antérieurement à celle
du soleil, en supposant que ce luminaire avait à la
vérité existé auparavant, mais que ses rayons ne
pouvaient pénétrer jusqu'à la terre par la densité de
l'atmosphère pendant le chaos; et cette atmosphère
fut assez raréfiée le premier jour pour permettre la
transmission des rayons du soleil, sans qu'on pût
encore distinguer son disque, qui ne fut complètement manifesté que le quatrième jour. M. Nérée
Boubée [3] adopte cette hypothèse comme entièrement

---

1 *Orat.* 2.

2 S. Basile, *Hexam.* hom. 2. — S. Césaire, *Dial.* 1. — Origène, *Periarch.*, liv. 4, ch. 16.

3 *Manuel élém. de Géologie.*

conforme à la théorie du feu central et par conséquent à la dissolution de substances dans l'atmosphère, qui se sont précipitées à mesure que le milieu dissolvant se refroidissait. »

On voit par ce passage des conférences de Mgr Wiseman, qu'il ne fait pas difficulté d'admettre l'état de confusion dans lequel auraient été créés les éléments de l'univers ; qu'il ne trouve pas contraire à la cosmogonie sacrée l'hypothèse d'un développement graduel dans l'œuvre de la création ; qu'il admet des phases dans le premier âge du monde, et qu'il y trouve place à tout l'espace de temps que les sciences peuvent nous demander. Bien plus, le savant cardinal trouve, comme nous le verrons bientôt, dans cette période indéterminée, non-seulement le temps nécessaire et au refroidissement du globe et à la formation des premières couches composées des roches primordiales, mais encore celui pendant lequel auraient eu lieu les créations successives des plantes et des animaux dont nous trouvons les débris dans les terrains de sédiment, ainsi que celui pendant lequel se seraient accomplies les grandes révolutions qui ont dû bouleverser plusieurs fois toute la surface du globe, avant la création de l'homme. Cette opinion, que nous aurons lieu d'exposer plus au long dans un prochain article, est suivie par Pérérius, par Buckland, le Cuvier de l'Angleterre, et par plusieurs autres.

ARTICLE III. — *Accord de la Genèse et de la géologie sur l'apparition successive des êtres organisés. — Origine des terrains géologiques et des fossiles, etc.*

Après la première phase de la création, après la formation des roches primordiales ou des terrains non stratifiés, la terre nous apparaît non plus dans le désordre et dans la nudité où elle était à son origine, mais tout d'abord s'enveloppant sur tous ses points de couches immenses déposées par les eaux qui la couvrent de toutes parts, puis se divisant en mers et en continents, donnant enfin signe de vie dans la végétation la plus riche et la plus vigoureuse, pour recevoir en dernier lieu une innombrable population d'animaux de tout genre et de toute espèce. Les premiers terrains stratifiés, les gneiss, les micaschistes ne contiennent encore aucun débris organique : peut-être ces terrains datent-ils d'une époque antérieure à la création des êtres organisés ; peut-être aussi toute trace d'organisation a-t-elle disparu sous l'action de la haute température et des acides qui auraient détruit les fossiles dans les roches métamorphiques. Mais dans le groupe supérieur, dans le schiste et dans la grawacke, les végétaux ne tardent pas à paraître ; viennent ensuite les animaux marins ; puis les représentants des deux règnes vont toujours se multipliant à mesure qu'on s'éloigne des dépôts les plus anciens.

Cette histoire du premier âge de notre globe, écrite aujourd'hui à l'aide des monuments qui y sont enfouis, c'est le récit de la Genèse.

« *[1] Dieu dit : Que les eaux qui sont sous le ciel se rassemblent en un seul lieu et que l'aride paraisse. Et il fut ainsi. Et Dieu appela l'aride, terre, et les eaux rassemblées, mer. Et il dit : Que la terre produise les plantes verdoyantes avec leur semence, les arbres avec leurs fruits, chacun selon son genre, qui renferment en eux-mêmes leur semence, pour se reproduire sur la terre. Et il fut ainsi... [2] Dieu dit encore : Que les eaux produisent les animaux qui nagent, et que les oiseaux volent sur la terre et sous le ciel. Et Dieu créa les grands poissons et tous les animaux qui ont la vie et le mouvement, que les eaux produisirent chacun selon son espèce; et il créa aussi des oiseaux chacun selon son espèce... [3] Dieu Dit aussi : Que la terre produise des animaux vivants chacun selon son espèce, les animaux domestiques, les reptiles et les bêtes sauvages selon leurs différentes espèces. Et il fut ainsi.* »

Cet ordre de création assigné par Moïse aux différents êtres de la nature est précisément celui qu'ont reconnu les géologues dans les couches déposées à la surface du globe. « [4]La première époque à la-

1 *Gen.*, ch. 1, v. 9 et suiv.

2 Vers. 20.

3 Vers. 24.

4 M. Delafosse, *Précis d'Hist. naturelle*, note, 1er vol.

quelle remonte l'auteur de la Genèse, dit M. Delafosse, est celle où la terre, jusqu'alors aride et sans
habitants, était entièrement recouverte par l'abîme,
sur les eaux duquel reposait une immense atmosphère. C'est aussi l'époque qui sert de point de départ à la géologie moderne, celle où l'océan couvrait
toute la surface du sol primitif, et n'avait encore
déposé aucun débris d'être organisé, aucune couche
secondaire. Une seconde époque admise également
par Moïse et les naturalistes, est celle où les eaux,
se rassemblant en un seul lieu, mettent à nu différentes parties de la terre, et donnent ainsi naissance
aux continents. Les autres époques pareillement
concordantes sont celles où la terre et les eaux,
ayant été séparées et vivifiées par la chaleur solaire,
les plantes et les animaux aquatiques furent créés,
puis les oiseaux et les animaux terrestres, et enfin
l'homme le dernier de tous. »

Dans sa cosmogonie, M. Ampère, cherchant la raison des créations successives, dans l'état de l'atmosphère primitive, arrive aussi aux mêmes conséquences. Après avoir indiqué les grands et fréquents
bouleversements qui durent avoir lieu dans la croûte
du globe pendant la période de son refroidissement,
« Cependant, dit-il, la terre se hérissait de plus en
plus de montagnes formées des éclats de la croûte
soulevée et inclinée dans toutes les directions, il arriva enfin qu'après un refroidissement nouveau, une
nouvelle mer s'étant formée, elle ne recouvrit plus
toute la surface du noyau solide : quelques îles ap-

parurent au-dessus des eaux (*apparuit arida*, dit Moïse), et la terre fut entourée d'une atmosphère formée, comme la nôtre, de fluides élastiques permanents, mais dans des proportions probablement fort différentes. Il semble, en effet, résulter des ingénieuses recherches de **M.** Adolphe Brongniart, qu'à ces époques reculées, l'atmosphère contenait beaucoup plus d'acide carbonique qu'elle n'en contient aujourd'hui. Elle était impropre à la respiration des animanx, mais très-favorable à la végétation. Aussi la terre se couvrit-elle de plantes, qui trouvaient dans l'air, bien plus riche en carbone, une nourriture plus abondante que de nos jours, d'où résultait un développement beaucoup plus considérable que favorisait en outre un plus haut degré de température. C'est ainsi que s'explique l'antériorité de la création des végétaux relativement aux animaux, et la taille gigantesque des premiers. Nous trouvons en effet, à l'état fossile, des végétaux analogues à nos lycopodes et à nos mousses rampantes, mais qui atteignent deux cents et jusqu'à trois cents pieds de longueur... Un monument de cette époque nous est offert par les houilles, immenses débris de végétaux carbonisés....... L'absorption et la destruction continuelle de l'acide carbonique par les végétaux, rendaient l'air de plus en plus semblable en composition à ce qu'il est maintenant, l'eau devenait en même temps de moins en moins chargée d'acide ; cependant l'atmosphère n'était pas encore propre à entretenir la vie des animaux qui respirent l'air directement ; ce fut en effet dans l'eau qu'apparurent d'abord les premiers êtres appartenant à ce règne : des radiaires et des mollusques. La première population des mers fut uniquement composée d'invertébrés, puis vinrent les poissons et plus tard les reptiles marins, tels que les énormes plésiosaures, et même, d'après le récit de Moïse, des oiseaux qui devaient être surtout des oiseaux aquatiques, puisqu'à cette époque le rapport des parties découvertes aux parties submergées du globe était bien moindre qu'à présent... Après l'époque des poissons, après celle des reptiles et des oiseaux, vinrent les mammifères, et enfin l'atmosphère s'étant suffisamment épurée, la terre étant capable d'entretenir une plus noble génération, apparut l'homme, le chef-d'œuvre de la création. *Cet ordre d'apparition des êtres organisés est précisément l'ordre de l'œuvre des six jours, tel que nous le donne la Genèse.* »

A ces passages que je viens de citer pour constater l'accord de la Bible et de la géologie sur l'ordre d'apparition des êtres organisés, j'ajouterai encore quelques lignes de Mgr Wiseman [1] citant lui-même un extrait des *Annales de Philosophie chrétienne.* [2]

« Il faut observer que la disposition des fragments fossiles dans les couches correspond exactement à l'ordre dans lequel leurs classes respectives ont été produites d'après le récit de l'Ecriture. Un écrivain

[1] Conférence 5e.
[2] Année 1834.

anonyme a publié dernièrement une table compara-
tive de cette conformité, suivant d'un côté l'excel-
lent ouvrage de Humboldt sur la superposition des
roches et de l'autre la succession admise des fossiles
organiques. Dans les roches les plus basses, primitives, ou comme on les appelle avec plus de raison,
roches non stratifiées, aussi bien que dans les parties les plus basses des stratifiées, nous ne trouvons
aucune trace quelconque de vie végétale ou animale ;
ensuite nous trouvons des plantes mêlées aux poissons, mais plus spécialement avec des coquilles et
des mollusques, comme dans le groupe de la grawacke, indiquant ainsi que la mer fut la première où
la vie se manifesta lorsqu'elle produisit ses habitants, la très-grande abondance des classes inférieures, telles que les coquilles, les mollusques, etc.,
semble indiquer leur existence comme ayant été antérieure à celle des animaux plus parfaits vivant
dans le même élément. Viennent ensuite les reptiles
et ces monstrueux animaux rampants qui communiquent avec les habitants de l'air par le lézard volant ; et ils sont avec raison classés par l'écrivain
sacré parmi les productions marines. Puis enfin la
terre engendre aussi la vie, et en conséquence nous
trouvons dans leur ordre les quadrupèdes, mais d'espèces cependant qui, pour la plupart, n'existent plus.
On les trouve seulement dans les dernières couches
supérieures à celles où reposent les plus grands reptiles marins, telle que la formation d'eau douce dans
le bassin de Paris. Puis enfin viennent les lits de ter-

rains meubles dans lesquels existent les squelettes
des genres qui habitent maintenant la terre. On
trouve dans chaque classe de ces fossiles des mar-
ques suffisantes pour prouver qu'elles ont été pri-
vées de l'existence par quelque grande catastrophe. »

Il n'y a donc pas de difficulté à concilier Moïse et
les géologues sur la disposition générale des phases
de la création, sur l'ordre de formation reconnu dans
les terrains fossilifères et sur l'ordre de l'apparition
des êtres organisés. Mais où trouver place au temps
immense que suppose la formation de ces terrains?
Où trouvera-t-on dans la cosmogonie de Moïse les
siècles pendant lesquels ont dû vivre et se succéder
ces forêts d'essence si diverse qui ont été ensevelies
les unes sur les autres par des révolutions différentes, comme le prouvent les différents étages de
nos mines de houille? Où trouvera-t-on dans le récit de la Genèse les siècles pendant lesquels ont
vécu toutes ces générations d'animaux de tout genre
et de toute espèce qui ont paru successivement sur
la terre et qui en ont disparu pour faire place à des
générations de genres nouveaux et d'espèces nouvelles? Toute l'enveloppe du globe porte les caractères évidents de l'antiquité la plus reculée. « [1] La
présence dans certaines roches de fragments usés
et arrondis par un long frottement qui proviennent
de roches nécessairement plus anciennes ; celle,

____

[1] M. Giraudet.

au milieu de masses pierreuses, dures et épaisses, de nombreux vestiges de corps organisés, qui ont dû vivre libres au sein des eaux ou sur le sol découvert avant leur enfouissement ; les différences que présentent les fossiles selon qu'on les rencontre dans des dépôts dont la formation est plus ou moins éloignée de l'époque actuelle, sont autant de faits qui tendent à nous prouver que non-seulement les périodes successives ont été très-multipliées, mais encore qu'il s'est écoulé un temps inappréciable, immense en étendue, depuis que les phénomènes qui se lient à ceux qui se produisent sous nos yeux ont commencé a avoir lieu. »

Les terrains déposés à la surface du globe, avec les végétaux et les animaux qui y ont vécu depuis la naissance de l'homme, c'est-à-dire depuis environ six mille ans, car ici la chronologie de la science est d'accord avec celle de la Genèse, ces dernières couches, les seules où il y ait signe de l'existence de l'homme, les seules où se trouvent les débris des végétaux et des animaux dont les genres et les espèces se sont conservés avec lui sur la terre, ne sont rien ni en épaisseur, ni en étendue, ni par le nombre des fossiles qui y sont enfouis, si on les compare à ces puissantes formations de roches, à ces vastes bassins de houille, à ces immenses dépôts d'animaux de genres et d'espèces inconnus que nous présentent les couches inférieures. Si les terrains qui ne datent que de la création de l'homme ont demandé six mille ans pour déposer les légères couches dont ils se

composent, combien de milliers de siècles demandera
la formation des terrains qui sont au-dessous , si
l'on songe à leur épaisseur et à leur étendue, si l'on
tient compte du temps nécessaire à la vie et à la reproduction des nombreuses générations qui y sont
ensevelies? C'est donc encore une question de temps
à traiter entre Moïse et les géologues.

On a cru pendant longtemps que ces terrains
avec les fossiles qu'ils renferment, ces empreintes,
ces vastes amas de coquilles, ces ossements énormes découverts dans tous les temps et dans tous les
pays, étaient l'ouvrage et les preuves du déluge historique. Les premiers écrivains qui nous ont laissé
leurs conjectures sur les fossiles leur donnaient une
origine bien plus extraordinaire. Au commencement
du seizième siècle on doutait encore de la réalité des
coquilles ; on se demandait sérieusement si elles
avaient autrefois renfermé un animal, ou si elles n'é-
taient pas plutôt des productions bizarres dues à la
puissance plastique de la nature, qui aurait imprimé
à *des sucs pierreux* des formes organiques. Le minéralogiste allemand Georges Agricola , affirmait
qu'une *certaine matière grasse* mise en fermenta-
tion par la chaleur, par les mouvements tumultueux
des *exhalaisons terrestres*, produisait les formes
fossiles. Le savant anatomiste Fallope s'obstina à
ne voir dans les défenses fossiles d'éléphant qui furent découvertes de son temps dans la Pouille, autre
chose que des concrétions terreuses. Mercati , en
1574, soutenait que les coquilles fossiles dont la col-

lection fut faite au Vatican par ordre de Sixte-Quint, étaient simplement des pierres qui avaient reçu leur configuration *sous l'influence des corps célestes*. Le célèbre philosophe Frascator paraît avoir été le premier, en Italie, à soutenir que les coquilles fossiles proviennent d'animaux qui ont vécu et multiplié autrefois dans les lieux mêmes où se trouvent maintenant leurs dépouilles. Bernard Palissy, simple potier à Saintes, mais, dit Fontenelle, aussi grand physicien que la nature seule puisse en former, reconnut le même fait et fut le premier en France qui osa dire à la face des docteurs que les coquilles fossiles ne sont ni des corps singuliers, ni de simples jeux de la nature, mais de véritables coquilles déposées autrefois par la mer, où elles vivaient dans les lieux mêmes où elles se trouvent. Enfin il fut bientôt de croyance générale que les fossiles avaient été entraînés à toutes les hauteurs et sur tous les points du globe par les eaux du déluge universel. Cependant, « [1] à mesure que l'on apporta plus d'attention à l'examen de l'ordre et des couches dans lesquels on trouvait ces restes d'animaux, on s'aperçut qu'il y avait un certain rapport entre l'un et l'autre. On observa encore que plusieurs de ces restes étaient ensevelis dans des situations où l'action du déluge, si violente ou étendue qu'on voudra la supposer, n'a pu jamais se faire sentir. Car nous devons admettre que cette action s'est exercée à la surface de la terre,

[1]   M\. Wiseman

et a laissé des signes d'un travail de trouble et de
destruction, tandis que ces restes d'animaux se
trouvent au-dessous des stratifications qui forment
l'écorce extérieure de la terre ; et ces couches reposent sur eux avec tous les symptômes d'un dépôt
graduel et tranquille. Ensuite, si nous considérons
les deux observations sur la même ligne, et si nous
supposons que le tout ait été déposé par le déluge,
alors nous devrions trouver tout dans une confusion
complète ; tandis qu'au contraire, nous trouvons que
la couche la plus basse, par exemple, présente une
classe particulière de fossiles ; puis ceux qui sont
superposés sont encore assez uniformes, quoique
dans plusieurs cas ils diffèrent des dépôts inférieurs,
et ainsi en avançant vers la surface. Cette symétrie
dans le mode de déposition pour chaque couche,
tandis qu'elle diffère de la précédente, suppose une
succession d'actions exercées sur divers matériaux,
et point une catastrophe convulsive et violente. Mais
cette conclusion paraît devoir être mise hors de
doute par la découverte encore plus inattendue, que
tandis que dans les couches de terre meuble, où
partout le déluge est supposé avoir laissé des traces,
nous trouvons des ossements d'animaux appartenant à des genres encore existants, *parmi les fossiles plus profondément ensevelis, rien de semblable
ne se découvre*. Au contraire, les squelettes nous représentent des monstres, soit qu'on les considère
dans leurs dimensions ou dans leurs formes, des
monstres tels qu'ils n'ont pas d'analogues dans les

espèces vivantes, et qu'ils paraissent avoir été incompatibles avec la coexistence de la race humaine. »

Il serait assurément très-curieux, mais il serait trop long pour ce que nous nous proposons ici, de rapporter avec quelques détails l'histoire des découvertes que l'immortel Cuvier a faites dans ce vieux monde dont nous n'avons plus que des ruines. [1]On est étonné qu'à l'inspection de quelques fragments d'os, on puisse former un jugement sur les animaux auxquels ils appartenaient; ce problème est cependant résolu. Telle est la perfection de l'individualité de chaque animal, que chaque os, presque chaque dent, est suffisamment caractéristique pour déterminer la forme de l'individu. Les habitudes ou les facultés des animaux impriment leurs particularités sur chaque portion de leurs formes : l'animal carnivore n'est pas seulement ainsi reconnaissable à ses dents ou à ses griffes; chaque muscle doit être proportionné à la force et à l'agilité qu'exige sa manière de vivre, et chaque muscle creuse une cavité correspondante dans l'os qu'il enserre ou sous lequel il passe.

A l'aide de ces inductions et de ces analogies, Cuvier créa l'anatomie comparée ; et en appliquant les principes de cette science à quelques fragments de fossiles inconnus, il recomposa la charpente osseuse de plusieurs de ces animaux extraordinaires

1 Extraits de la 5e conférence de Mgr Wiseman.

qui n'ont plus de semblables dans la nature , il fit
la description d'êtres presque fabuleux , comme le
paléothérium , l'anaplothérium , le mégalosaurus ,
l'ichthyosaurus, le ptérodactyle, etc. Et d'heureuses
recherches ayant fait découvrir plus tard plusieurs
de ces animaux monstres, dans un état assez complet, tels qu'ils les avait décrits , force a été aux
plus incrédules de reconnaître avec admiration que
les inspirations du génie n'avaient point trompé notre
illustre naturaliste.

Ces deux mots sur les découvertes admirables de
Cuvier suffiront pour nous faire remarquer, que plusieurs fossiles des terrains anciens n'ont aucun type
correspondant dans le monde actuel ; « [1] et que si
nous les opposons aux genres existants que l'on
trouve dans des couches plus superficielles, nous serons forcés de conclure qu'ils n'ont pas été détruits
par la même révolution qui a enlevé les derniers de
la surface de la terre, pour être renouvelés par les
couples conservés en vertu de l'ordre de Dieu. »

Il y a, dans ces considérations et dans celles qui
ont été présentées au chapitre septième sur l'origine
des fossiles, assez de moyens de preuve pour démontrer que les grands terrains géologiques et l'enfouissement des fossiles ne peuvent être le produit du
déluge mosaïque. J'emprunterai cependant encore à
M. Desdouits quelques observations sans réplique
sur le même sujet.

<hr>

[1] Mgr Wiseman, 5e conférence.

« [1] Il est absolument impossible, du moins dans l'ordre physique actuel, que les eaux du déluge aient pu dissoudre toutes les matières qui recèlent des fossiles. Car les couches géologiques se composent de roches inattaquables par l'eau et d'une épaisseur énorme. Les marbres, les porphyres, les granits qui sont parfois stratifiés, toutes sortes de schistes et de calcaires compactes ne se dissolvent pas dans l'eau, et la puissance de ces divers bancs est telle, que, quand bien même les matières en seraient solubles, l'eau diluvienne n'aurait jamais eu le temps d'en dissoudre les différents feuillets sur plusieurs centaines de pieds d'épaisseur. Qu'on mette dans l'eau un morceau de marbre ou de granit ou un caillou, qu'on l'y laisse dix ans si l'on veut, en agitant d'ailleurs le liquide autant qu'on le voudra, le minéral restera intact, sauf les érosions et les brisures mécaniques. Donc l'eau du déluge n'a pu, pendant quelques mois, dissoudre cette énorme quantité de matières compactes et insolubles. »

« Si l'eau diluvienne avait agi comme dissolvant sur cette matière pierreuse, elle eût agi de même sur les coquilles qui y sont enfouies; car celles-ci sont moins dures et moins compactes que les granits et les marbres, dont la nature chimique est la même. Or les coquilles ont été conservées sans altération. »

« Si la matière des roches eût été atomisée par

[1] Notes géol. du *Cours complet d'Ecriture Sainte.*

l'eau, soit par voie de dissolution, soit par celle d'é-
rosion, et qu'il se fût ensuite formé des précipités,
ceux-ci ne seraient pas d'une composition homogène, mais un mélange de toutes les substances divisées par l'eau. Or ces bancs géologiques sont homogènes ; ce qui indique des précipitations successives et d'une seule matière tenue en suspension dans
l'eau pendant un certain intervalle. »

« Cette raison est plus frappante encore, si on
l'applique aux fossiles. S'ils devaient leur origine à
la grande catastrophe, ils seraient mêlés dans les
couches, comme ils l'étaient sur la terre. Les oiseaux, les amphibies, les mammifères, les mollusques et les poissons, également abîmés et déposés
par les flots diluviens, se trouveraient mêlés dans
toutes les couches, et de plus se trouveraient aussi
pêle-mêle avec les végétaux. Or le fait contraire est
le fait le plus saillant de la géologie. Les couches inférieures ne recèlent presque que des végétaux ; à
ceux-ci succèdent des mollusques, puis des poissons,
puis des amphibies, puis des oiseaux, puis des mammifères ; or tout cela forme autant de groupes séparés. Cette succession singulière qui accuse des dépôts d'époques diverses, produits avec régularité et
lenteur, est la contre-partie du chaos qui forme le
caractère des produits du déluge ; et c'est ce que nous
montre l'expérience journalière. L'action de l'eau
sur nos terrains, entraîne, dépose et confond plusieurs matières différentes ; ces dépôts diluviens en
miniature sont toujours hétérogènes. »

« Les dépôts dont se composent les couches se sont produits avec calme et lenteur ; car une foule de coquilles y ont conservé leurs pointes et leurs arêtes les plus délicates. Or cette conservation n'est pas compatible avec l'action si violente qu'on attribue aux flots diluviens que l'on suppose avoir réduit en poudre les roches les plus dures à de si énormes profondeurs. »

Comment expliquer aussi, dans l'hypothèse que nous combattons, les formations déposées ici dans l'eau salée, là dans l'eau douce, comme le prouve la comparaison des fossiles qui y sont renfermés? Comment expliquer la formation des bancs de sel gemme? Non-seulement le sel ne se dépose pas sous l'eau, à moins que celle-ci ne soit sursaturée, ce que l'eau de l'océan n'est pas à beaucoup près ; mais de plus, il eût fallu que la précipitation de ce sel qui était répandu dans toute la masse aqueuse, se fît néanmoins en masse sur quelques points seulement, savoir ceux où existent ces bancs de sel gemme, tandis que les autres points n'en auraient pas reçu un atôme !

« Enfin il existe une foule de bancs redressés qui furent autrefois horizontaux, comme le prouve le parallélisme de leurs faces : et c'est de ces redressements que se composent les montagnes où se montrent à nu les terrains primitifs. Or, si la stratification de ces bancs est due au déluge, leur redressement serait l'œuvre de révolutions postérieures; et ces révolutions seraient énormes, nombreuses et d'époques différentes. Or il n'y a de ces révolutions aucune trace dans l'histoire post-diluvienne. »

Pour quiconque est initié aux premières notions de la géognosie, la question que nous venons de traiter est un fait qui ne laisse aucun doute. Je n'ai rassemblé dans cet article tant de moyens de démonstration que pour les personnes qui n'ont fait aucune étude de l'écorce du globe.

Il faut donc conclure que les effets du déluge n'existent qu'à sa surface et dans les terrains meubles, où il a laissé dans une confusion complète les ruines d'une création que ses flots étaient chargés de détruire, ruines qui ne nous rappellent qu'une époque peu éloignée de nous, car on y trouve une foule d'animaux congénères à ceux qui existent encore, tandis que les fossiles des terrains géologiques n'ont plus de semblables dans la nature, et sont enfouis dans des couches placées à une si grande profondeur que les eaux du déluge n'ont pu y pénétrer et où ils ont été d'ailleurs déposés lentement et graduellement, dans un tel ordre de succession et avec une telle symétrie, qu'il serait absurde de chercher l'origine de cet état de choses dans une catastrophe convulsive et passagère.

Il paraît donc démontré,

1º Que les terrains sédimentaires se sont formés lentement et successivement, au sein d'un liquide, avant le déluge.

2º Que plusieurs créations de végétaux et d'animaux ont eu lieu aussi successivement et ont occupé la surface du globe pendant un temps indéterminé, mais qui a dû être fort long.

3° Que de grandes révolutions, arrivées à des époques différentes, et toujours avant le déluge, ont bouleversé les couches sédimentaires et détruit les races diverses dont on y trouve les débris.

A quelle époque peut-on placer ces créations végétales et animales? Dans quelle phase trouvera-t-on le temps nécessaire à ces immenses et puissantes formations qui composent l'écorce de la terre? A quel âge de notre globe peut-on faire remonter ces terribles révolutions qui en ont changé tant de fois la surface et la population?

Tel est le grand problème auquel nous sommes conduits par les phénomènes géologiques que nous avons observés. Bien des systèmes ont été imaginés pour le résoudre, au point de vue de la cosmogonie mosaïque; mais on peut dire qu'il n'y a guère que deux solutions généralement admises; nous devons nous borner à les exposer.

Article iv. — *Première solution.* — *Hypothèse des jours périodes.*

L'hypothèse dans laquelle on regardait comme produit du déluge toute la masse des terrains géologiques, ayant été reconnue inadmissible, plusieurs géologues de la fin du dernier siècle, et entre autres Deluc et Cuvier, crurent trouver place à ces grandes formations dans les six jours génésiaques. Ils ne trouvaient pas dans d'autres phases de la création le temps immense que supposent et la vie de toutes les races d'animaux qui ont habité l'ancien monde, et la déposition des couches si vastes et si épaisses qui en recèlent les débris, et les révolutions qui ont tant de fois changé la surface du globe. D'un autre côté, l'ordre de création des diverses classes d'animaux présentés par Moïse s'accordant parfaitement avec leur ordre d'apparition dans les terrains fossilifères, les géologues étaient assez naturellement conduits à rapprocher les jours de la cosmogonie sacrée des phases dont ils avaient besoin pour coordonner la série progressive qu'ils avaient découverte dans la production des animaux. Ceux qui ne séparèrent pas la question religieuse de la question scientifique supposèrent donc que les six jours dont parle Moïse ne sont point des jours de vingt-quatre heures, mais des *périodes* des *époques indéterminées* pendant lesquelles s'étaient accomplis tous les phénomènes de la géognosie. Cette opinion est encore suivie par un grand nombre de géologues de nos jours.

« [1] Les jours dont parle Moïse avant la création de l'homme, dit M. Boubée, doivent être considérés comme de grandes époques dont chacune a duré plus longtemps que n'a encore duré la nôtre, puisque, dans les formations géologiques qui correspondent à chacune d'elles, on voit un bien plus grand nombre

---

[1] Ext. du *Manuel de Géologie.*

de couches et beaucoup plus de débris fossiles que n'en présente celle qui a commencé avec l'apparition de l'homme, et qui, sans doute, est encore loin de toucher à son terme. Moïse n'a pas voulu parler de jours tels que nous les entendons ; c'est par une faute de ceux qui ont traduit l'hébreu, que ce mot de jour se trouve dans la Genèse et qu'il a fait le sujet de tant de discussions inutiles et mal fondées.... C'est une erreur, non pas de la Bible, mais de ses interprètes. »

Tous les commentateurs et les théologiens ne tranchent pas la difficulté d'une manière aussi absolue ; plusieurs cependant pensent que cette opinion peut être soutenue, et en tout cas elle est libre : on la dit même autorisée par Sa Sainteté Pie VII, dans son entrevue avec les membres de l'Institut, à Paris.

Ce qu'il y a de vrai, c'est que le mot hébreu de la Genèse *yom,* qui a été traduit par le mot *jour,* signifie aussi quelquefois une simple période d'une durée arbitraire. Dans la Bible même ce mot est pris tantôt dans un sens, et tantôt dans un autre. Ainsi, dans le Lévitique et au livre des Juges, le mot jour au pluriel est employé pour exprimer une année, et dans le livre de Job, il est pris au singulier pour exprimer la vie entière de l'homme. Dans ce passage de la Genèse : [1] *Istæ sunt generationes cœli et terræ... in die quo Dominus fecit cœlum et terram et omne virgultum agri...* jour signifie un intervalle de temps indéterminé.

1 *Genèse.,* ch. 2, v. 4.

Il est clair aussi qu'il ne s'agit pas, dans les jours génésiaques, de jours semblables aux nôtres, mesurés par l'apparition et par la disparition du soleil, au moins pour les trois premiers jours, puisqu'il est dit expressément que les astres ne furent créés ou rendus sensibles à la terre par la lumière qu'ils étaient chargés de lui donner, que le quatrième jour. Et le jour auquel le Seigneur entra dans son repos, après l'œuvre de la création, le septième jour qui dure encore, n'est-ce pas une période qui devrait nous donner l'idée des autres?

Quoi qu'on puisse penser de cette opinion, l'Eglise ne l'a point condamnée et n'a jamais dit un mot pour fixer le sens des six jours. Si une foule de SS. Pères et de commentateurs, dit le savant Perrone [1], ont pu, sans blesser la foi, interpréter d'une manière allégorique les six jours de la création, comme l'ont fait Clément d'Alexandrie, Origène, Procope, S. Augustin, S. Euchère, Tonty, Serryus, Macedo, Cajetan, Melchior Canus, etc., ne s'ensuit-il pas que le champ de la discussion est ouvert à tous, et que rien n'empêche d'admettre comme les autres l'opinion qui veut trouver, dans ces six jours, six périodes indéterminées?

« *Si (eis præcitatis) licuit salvâ fide, sex dies creationis allegoricè interpretari... Apertè consequitur, nihil obesse quominùs expositio de sex periodis indeterminatis admittatur.* » S. Augustin

---

[1] *De Mundo.*

lui-même nous avertit [1] qu'il ne faut point se pro-
noncer témérairement sur la nature des jours de la
création, avouant que, pour son compte, il ne saurait
qu'en dire. « *Qui dies cujusmodi sint, aut perdiffi-
cile nobis aut etiam impossibile est cogitare; quanto
magis dicere.* De quelle nature sont ces jours? C'est
ce qu'il nous est bien difficile ou même impossible
d'imaginer, à plus forte raison de dire. »

Enfin les partisans des jours périodes, dit encore
le P. Perrone, s'appuient sur l'autorité des traditions, sur les cosmogonies les plus anciennes qui sont
favorables à cette interprétation. Chez les Perses,
Oromazdes, premier-né de Dieu, passe pour avoir
créé ce monde dans six intervalles de temps. *In
Persicá, prout legitur in Zendavesta, perhibetur
Oromazdes summi numinis primogenitus, hunc
mundum sex temporibus creavisse.* Chez les Hé-
trusques, c'est une tradition que Dieu a mis six mille
ans à créer l'univers : *In Hetruscá, traditur Deus
sex mille annos rebus universis condendis impen-
disse.* Les cosmogonies des Egyptiens et des Phéni-
ciens nous apprennent à peu près la même chose :
*Ab his non valdè abhorrent Ægyptiorum et Phœ-
nicum cosmogoniæ.*

Dans cette hypothèse, il y eut d'abord une période indéfinie depuis le premier acte de la création
jusqu'au premier jour génésiaque. Elle commença à
la création de la matière élémentaire, la vit se diviser

---

1 *Cité de Dieu.*

en grandes masses et graviter vers des centres différents, se refroidir, se solidifier, etc., et elle finit à
la création de la lumière.

Le travail qui dut se faire dans la matière première, à cette époque, et l'œuvre des deux premiers
jours de la Genèse, la création de la lumière et la
séparation des eaux qui sont au-dessous de l'étendue
de celles qui sont au-dessus, par la production du
firmament ou du ciel, correspondent aux phénomènes de la première époque géologique, c'est-à-
dire à la formation des terrains primitifs ou non stratifiés où ne se trouve aucune trace d'être organisé.
« Au troisième jour de la Genèse, [1] les eaux sont rassemblées, la terre aride paraît, des plantes sont aussitôt créées pour habiter le globe. C'est là, très-
exactement, le commencement de la seconde époque
géologique, dont les terrains sont principalement
caractérisés par des impressions végétales. »

« La Genèse[2] place la création des végétaux avant
celle d'aucun animal : c'est en effet ce que nous présente l'époque géologique où nous voyons des dépôts authraxifères, c'est-à-dire, des dépôts d'origine
végétale inférieure même aux dépôts qui renferment
des trilobites. » L'apparition des astres, après le dé-
pouillement ou l'épuration de l'atmosphère chargée
jusqu'alors de vapeurs aqueuses, bitumineuses et
métalliques, c'est-à-dire le quatrième jour de la Ge-

1 Boubée.
2 Giraudet.

nèse, appartiendrait encore à cette seconde époque
géologique, et, puisque les dernières couches des
terrains intermédiaires contiennent quelques fossiles
du règne animal, il faudrait peut-être en outre ranger dans cette seconde époque quelques-unes des
premières formations du cinquième jour génésiaque,
ou bien il faudrait faire commencer la troisième aux
premières couches fossilifères rangées ordinairement parmi les terrains intermédiaires, dans l'ordre
que nous avons adopté comme le plus communément
suivi. Quelques partisans des jours périodes, et entre
autres M. Boubée, évitent la difficulté d'assigner le
point précis de division entre les terrains de transition et les terrains secondaires, pour les attribuer
à deux époques différentes, en renfermant dans la
même époque géologique toutes les formations comprises dans ces deux étages, c'est-à-dire, l'œuvre
du troisième, du quatrième et du cinquième jour de
la cosmogonie de Moïse.

Après la création des végétaux eut lieu la création
des animaux marins, des reptiles, des poissons et des
oiseaux; ce fut l'œuvre du cinquième jour. La création
des grands reptiles qui apparaissent avec les tortues, les poissons, les différents genres de mollusques et les nombreuses espèces d'oiseaux qui se
trouvent dans les terrains secondaires, entre exactement dans la troisième époque géologique.

« Après ces êtres organisés [1], la Genèse fait pa-

---

[1] Giraudet.

raître les mammifères terrestres, les animaux domestiques. C'est aussi dans la quatrième époque que
nous voyons arriver des genres de mammifères dont
plusieurs sont perdus aujourd'hui; puis, immédiatement après, se montrent en abondance des pachydermes et des ruminants, les éléphants, les mastodontes, les rhinocéros, les bœufs, les antilopes,
les cerfs, animaux qui, en général, sont susceptibles
d'être apprivoisés, ce qui est en rapport avec ces
paroles *de la Genèse* : les animaux domestiques. »

Les débris de ces animaux sont enfouis dans les
terrains tertiaires. Au sixième jour génésiaque correspond donc notre quatrième époque géologique. A
la fin du sixième jour, l'homme vint couronner l'œuvre de la création, et son règne sur la terre commença
la cinquième époque, dans laquelle nous vivons.

Cette solution n'a pas sans doute tranché toute
difficulté; mais, puisqu'on peut l'admettre sans blesser la doctrine de l'Eglise, elle a du moins l'avan-
tage de pouvoir se prêter à toutes les exigences de
la géologie, et elle peut du reste se compléter et se
modifier par de nouvelles découvertes et suivant les
besoins de la science. C'est ce qui faisait dire au savant évêque d'Hermopolis, touchant cette question,
dans une de ses conférences : « Si vous faisiez observer que dans cette opinion qui fait des six jours
autant d'époques indéfinies, le monde pourrait être
plus ancien qu'on ne le suppose communément, je
répondrais que la chronologie de Moïse date moins
de l'instant de la création de la matière, que de l'ins-

tant de la création de l'homme, laquelle n'eut lieu que le sixième jour. L'écrivain sacré suppute le nombre d'années du premier homme et de ses descendants, et c'est de la supputation des années des patriarches successifs, que se forme la chronologie des livres saints ; en sorte qu'elle remonte moins à l'origine même du globe qu'à l'origine de l'espèce humaine. Dès-lors nous sommes en droit de dire aux géologues : Fouillez tant que vous voudrez dans les entrailles de la terre ; si vos observations ne demandent pas que les jours de la création soient plus longs que nos jours ordinaires, nous continuerons de suivre le sentiment commun sur la durée de ces jours ; si, au contraire, vous découvrez d'une manière évidente que le globe terrestre avec ses plantes et ses animaux, doit être de beaucoup plus ancien que le genre humain, la Genèse n'aura rien de contraire à cette découverte ; car il vous est permis de voir dans chacun des six jours autant de périodes de temps indéterminées, et alors vos découvertes seraient le commentaire explicatif d'un passage dont le sens n'est pas entièrement fixé. »

Deuxième solution. — Hypothèse antéhexamérique.

Dans l'hypothèse que nous avons à exposer ici, la longue série des évènements qui ont fait notre globe tel que nous le montre la géognosie, se serait accomplie pendant une période de temps d'une durée indéterminée, comprise entre le premier acte de la création et l'organisation du monde par l'œuvre des six jours, lorsque se fit la création de l'homme. Moïse n'aurait donc parlé que de la reconstruction d'un ancien monde dont les terrains géologiques nous ont conservé les ruines, dont l'histoire est seulement énoncée, constatée comme un fait dans le premier verset de la Genèse ; mais dont il n'est pas question dans le récit de la création du monde adamique, la seule que l'écrivain sacré eût à faire connaître.

Mgr Wiseman, qui est du nombre de ceux qui suivent cette opinion, la résume en quelques mots dans une de ses conférences. Après avoir fait remarquer que si les saintes Ecritures n'avaient admis aucun intervalle entre la création et l'organisation de l'univers, que si elles avaient déclaré que c'étaient des actes simultanés ou immédiatement consécutifs, nous eussions peut-être éprouvé de la perplexité pour concilier ses assertions avec les découvertes modernes... « Lorsqu'au lieu de cela, dit-il, elles laissent un intervalle indéterminé entre les deux, et que même elles nous enseignent qu'il y a un état de confusion et de conflit, de vide et de ténèbres, et qu'elles montrent l'absence d'un bassin convenable pour la mer, qui ainsi couvrait d'abord une partie de la terre, puis l'autre ; nous pouvons dire véritablement que le géologue lit dans ce peu de lignes l'histoire de la terre, telle que ses monuments l'ont établie. Cette histoire, la voici : Une série d'éruptions, d'élévations et de déchirements ; des irruptions soudaines de l'élément indompté emportant

dans la tombe des générations successives d'animaux amphibies; un abaissement subit des eaux ,
calme, mais inattendu, saisissant dans leurs divers
lits des myriades d'habitants aquatiques, des alternatives de terre et de mer, et de lacs d'eau douce;
une atmosphère obscurcie par d'épaisses vapeurs
d'acide carbonique, qui , absorbées graduellement
par les eaux, produisirent ces masses si fort étendues des formations calcaires , jusqu'à ce qu'enfin
arriva la *dernière révolution préparatoire pour notre création,* quand la terre, alors suffisamment pré-
parée pour cette admirable diversité que Dieu voulait lui accorder, ou pour produire ces points d'arrêt,
ces barrières que ses conseils prévoyants avaient déterminées; l'œuvre de ruine fut suspendue jusqu'au
jour d'un plus grand désastre; et la terre demeura
dans cet état d'inertie et de mort dont elle fut déli-
vrée par la reproduction de la lumière et l'œuvre
subséquente des six jours de la création. »

Les grandes formations géologiques dont l'âge
nous est inconnu, seraient donc le produit de causes
naturelles, régulières ou non, ayant agi par intervalle d'une durée quelconque, peut-être sous l'empire de lois différentes de celles qui régissent le
monde actuel, mais antérieurement à la création dont
il est question dans les jours génésiaques. Dieu aurait fait plusieurs créations successives, à des époques et avec des durées indéterminables , et les aurait successivement détruites ou profondément modifiées par des révolutions. Les stratifications du

globe, et les divers fossiles qu'elles renferment, seraient les résultats et les preuves de ces grandes catastrophes. Après celle qui aurait formé les dernières
couches minérales, la dernière couche des terrains
tertiaires, Dieu aurait pris la terre alors dans le chaos
et l'aurait disposée à recevoir l'homme, et ce serait
de cette organisation seule que Moïse nous aurait
donné l'histoire, passant sous silence toutes les
créations antérieures comprises entre la création générale de la matière et l'organisation de la terre pour
l'homme.

Suivant cette opinion, le commentaire du premier chapitre de la Genèse pourrait se résumer ainsi
qu'il suit :

1º Dieu créa d'abord tous les éléments de la matière, dont il fit postérieurement le ciel et la terre.
L'époque de cette opération n'est pas définie, l'Ecriture n'en dit rien ; on l'éloignera ou la rapprochera
autant qu'on pourra le désirer.

Quelques partisans de cette hypothèse font remarquer ici que la création du ciel est mentionnée avant
celle de la terre, et que la création de la terre n'est
mentionnée que dans le premier verset, et ils en
concluent que Moïse indique en commençant un
monde antérieur, un ordre de choses tout différent de
l'organisation du monde adamique dont il va parler
dans le récit de l'œuvre des six jours, puisque, dans
ce récit, il place la création des corps célestes après
celle de la terre, et puisque, d'autre part, il n'y fait
pas mention de la création du globe terrestre. Si

l'on n'est pas obligé de s'attacher avec tant de rigueur à l'ordre logique et au sens naturel des paroles de la Genèse, il faut du moins convenir que
cette observation est digne d'attention.

2º Lorsque la terre fut prête à recevoir la vie,
Dieu y mit la matière en œuvre, sous diverses formes et à plusieurs reprises. Les végétaux et les animaux qui furent créés alors, trouvant dans la nature des conditions tout autres que celles qui y sont
maintenant, terrains différents, température plus
élevée, atmosphère chargée de vapeurs et de gaz de
toute sorte, durent être aussi différents de ceux qui
vivent aujourd'hui. Des révolutions nombreuses détruisirent ces organisations diverses, et les couches
qui composent l'écorce de notre globe sont les produits de plusieurs de ces organisations successives
et des révolutions qui les détruisirent, formant tantôt des chaînes de montagnes, tantôt des abîmes
profonds, ici des mers, là des lacs immenses, inondant de vastes étendues et ensevelissant tout ce qui
vivait à leur surface dans les matériaux charriés par
les flots qu'elles avaient soulevés. La Genèse garde
le silence sur ces faits, parce qu'ils n'ont aucun
rapport avec notre histoire.

3º Une de ces révolutions qui avaient tant de fois
déjà bouleversé la terre, venait encore d'y jeter le
désordre et la mort. Après l'avoir laissée pendant un
temps inconnu dans la confusion et dans les ténèbres dont le deuxième verset de la Genèse nous
donne en deux mots la description, Dieu prit la terre

dans ce dernier chaos et l'organisa sur le plan où nous la voyons aujourd'hui , pour recevoir enfin la plus noble des créatures , l'homme , qui devait en être le roi. Ici , au moment de cette reconstruction du vieux monde, au premier acte de la nouvelle création , au premier jour génésiaque commencerait le récit de Moïse révélant à l'homme son origine.

Il est à remarquer que la grande catastrophe qui doit clore l'époque dans laquelle nous vivons, nous est représentée , par l'Evangile et par les Apôtres, à peu près sous les traits que nous présentent les géologues lorsqu'ils ont à décrire les révolutions qu'ils reconnaissent dans l'histoire du vieux monde. Il y aura trouble, agitation , bouleversement dans toute la nature: [1] Les astres seront ébranlés ; le soleil se couvrira de ténèbres ; la lune refusera sa lumière ; il y aura des tremblements de terre ; le bassin des mers sera soulevé, et les îles et les montagnes disparaîtront. Enfin, après ce bouleversement général qui doit détruire le genre humain , il y aura un ciel nouveau et une terre nouvelle. [2] Ce sera comme une répétition de la révolution qui aurait précédé la création du monde adamique.

Quoi qu'il en soit de ce rapprochement entre la fin

1 S. Matthieu, ch. 24, v. 29. — S. Luc, ch. 21, v. 25. — *Apocalypse, passim.* et ch. 16.

2 S. Pierre, 2ᵉ ép., ch. 3, v. 13. — S. Jean, *Apoc.*, ch. 21, v. 1.

de notre époque telle que l'annoncent nos livres saints et son commencement tel que le donne l'opinion dont il s'agit ici ; après la révolution qui précéda l'organisation de la terre pour le genre humain, le globe était dans les ténèbres [1] et les eaux l'enveloppaient de toute part.

Tout d'abord Dieu dit : Que la lumière soit, et la lumière fut. « [2] Ces paroles signifient seulement une substitution de la lumière à l'obscurité qui avait temporairement couvert la surface de notre planète, et rien, dans ces paroles, ne peut faire supposer que la lumière n'eût pas existé antérieurement ; opinion confirmée et par l'existence d'yeux chez les animaux fossiles découverts dans les formations géologiques de tous les âges, et par la nécessité de ce fluide pour l'accroissement des végétaux dont les débris remplissent les couches de tous les terrains. »

« Rien ne s'oppose non plus à ce qu'on admette comme ayant existé dès le commencement, le soleil et la lune, dont Moïse ne fait évidemment une mention plus spéciale dans son récit, qu'à cause de leurs rapports immédiats avec notre globe et avec l'espèce humaine qui allait y prendre place. Dans cette supposition fort vraisemblable, les ténèbres qui couvraient la face de l'abîme le soir du premier jour, n'auraient été produites que par une vapeur dense, résultant d'une grave perturbation dans les éléments.

1 *Genèse*, ch. 1, v. 2.
2 Jéhan.

La lumière étant un effet des ondulations de l'éther, fluide infiniment subtil qui remplit l'espace et pénètre intimement tous les corps, Dieu a pu en déterminer les vibrations, dès le premier jour, par des moyens tout différents de l'impulsion du soleil et des autres astres, soit que ces instruments vibratoires aient été temporairement frappés d'inertie, soit que la cause qui s'opposait à leur action n'ait été complètement détruite par l'entière purification de l'atmosphère, qu'au quatrième jour, époque où ces globes auraient apparu de nouveau dans la voûte des cieux, et auraient définitivement recouvré leurs importantes fonctions et leurs premières relations avec la terre nouvellement modifiée, et avec l'espèce humaine. »

Dieu commença donc l'œuvre des six jours en ramenant la lumière sur la terre ; il la sépara des ténèbres, appelant la lumière *jour* et les ténèbres *nuit*. C'est-à-dire que, dès ce moment, Dieu créa le jour et la nuit pour la terre en lui donnant son mouvement actuel de rotation et en mettant le fluide lumineux en vibration par un moyen inconnu que les astres remplacèrent bientôt. Il y eut un soir et un matin, ténèbres et lumières ; ce fut le premier jour.

4° Le second jour, Dieu sépara par une atmosphère les eaux qui coulent sur la terre de celles qui flottent dans les nuages.

5° Le troisième jour, Dieu mit en place les eaux qui inondaient le globe. Le bassin des mers fut formé ; les eaux s'y rassemblèrent, et une partie de la terre fut mise à nu. Lorsque *l'aride* eut paru, les végétaux furent créés, les plantes avec leur semence et les arbres avec leurs fruits, chacun selon son espèce.

6° Le quatrième jour, le soleil, la lune ainsi que les autres astres furent non pas tirés du néant, puisque le ciel existait déjà, mais comme créés pour la terre, puisque ce jour-là seulement ils devinrent, visibles ou lumineux, les luminaires de notre monde.

[1] Dieu fit deux grands luminaires, le plus grand pour le jour et l'autre pour la nuit ; *et les étoiles.* « Cette mention si brève, dit le célèbre Buckland [2], accordée en passant à toute la phalange innombrable de ces corps célestes, dont chacun, selon toute probabilité, est un soleil à part, et le centre d'un système planétaire, tandis que notre petit satellite, la lune, est citée comme approchant du soleil par son importance, nous démontre clairement qu'il n'est accordé d'autre intérêt aux phénomènes astronomiques que celui qui résulte de leurs rapports avec le globe, et surtout avec l'espèce humaine, et nullement de leur importance réelle dans l'immensité de l'univers. »

7° Le cinquième jour, Dieu créa les poissons et les oiseaux.

8° Le sixième jour, furent créés les reptiles et les quadrupèdes.

1 *Gen.*, ch. 1, v. 16.
2 *Géo. mise en rapport avec la théologie naturelle.*

Enfin, pour couronner son œuvre, Dieu créa l'homme à son image.

Cette hypothèse n'est pas non plus à l'abri de toute objection, mais comme la première, et mieux encore que la première, elle met nos traditions sacrées à l'aise devant la science, puisqu'elle met la cosmogonie mosaïque en dehors de l'arène où les systèmes luttent les uns contre les autres. D'un autre côté, elle laisse champ libre à toutes les théories auxquelles peuvent conduire les découvertes de la géologie, puisqu'elle ne leur donne d'autre limite, dans le récit de la Genèse, que la large interprétation de son premier verset, où il y a place assurément pour toutes les formations, pour toutes les créations végétales et animales, et pour toutes les révolutions possibles.

« Dans cette hypothèse, dit M. Desdouits, [1] la géologie des bancs et des fossiles n'offre aucun embarras. D'abord, elle ne laisse plus de difficulté sur le récit biblique, car la narration de Moïse n'ayant aucun rapport avec ces faits, qui seraient antérieurs à son point de départ, il n'a nullement besoin d'être défendu contre eux ; et l'explication quelconque qu'on en pourra donner, lui sera parfaitement indifférente. »

« De plus, les embarras de la science géologique elle-même se trouvent supprimés. Tous les systèmes imaginés pour rendre raison des phénomènes géo-

1. Notes géol. du *Cours complet d'Éc. Sainte.*

logiques d'après les lois communes de la nature,
présentent des difficultés inextricables. Or, dans l'hypothèse actuelle, ces faits étant antérieurs à la dernière organisation du monde, il n'est pas nécessaire
d'admettre que les lois physiques de cette époque
fussent les mêmes qu'aujourd'hui. »

CHAPITRE III.

Observations et questions soumises aux géologues. — 1° L'incandescence primitive du globe et la fluidité actuelle de sa masse intérieure ne sont pas incontestables. — Hypothèse de Humphry Davy — de M. Ampère. — Objections.

2° Les lois actuelles ne sont peut-être pas les mêmes que celles qui ont présidé à l'organisation du monde. — Observations.

3° Les formations, les créations et les révolutions successives et distinctes que suppose la géologie, ne sont pas toutes démontrées. — Découvertes modernes qui ont forcé les géologues à abandonner leurs premières opinions. — Le système des irruptions de la mer est abandonné. — Il n'est peut-être pas nécessaire d'avoir recours aux grandes révolutions que supposent les géologues, pour expliquer les changements qui ont eu lieu sur le globe. — État géographique de l'Europe, après la formation de la craie, suivant M. Boué. — Il explique bien des changements dans la nature vivante, sans supposer des catastrophes générales. — M. Prévost, touchant ces questions. — Il est donc facile de se tromper, en faisant l'histoire des formations fossilifères.

4° La formation des terrains fossilifères n'aurait-elle pas pu se faire en moins de temps qu'on ne le suppose? — Grandes formations qui se sont faites depuis les temps historiques. — Ex. attérissements. — Le Nil — le Pô — etc. — Formations marines, suivant M. Lyell. — Formations lacustres, suivant M. Boubée. — La rapidité avec laquelle les végétaux et les animaux se multiplient, nous expliquerait la grande abondance des fossiles dans les anciens terrains. — Les six jours génésiaques seraient-ils des jours naturels? —

Quelques géologues l'ont cru. — MM. Maupied , Glaire , Debreyne.

Nous avons suivi les géologues pas à pas sur la ligne tracée par les sciences , parallèlement à celle que nous indiquent nos traditions sacrées; nous nous sommes arrêtés avec eux sur tous les points principaux qui peuvent toucher ou heurter les questions religieuses, et nous leur avons fait assez de concessions pour qu'il nous soit permis maintenant de leur demander si de nouvelles études ne doivent jamais modifier les théories qu'ils ont conçues et les conséquences qu'ils en ont tirées. La géologie est encore bien jeune pour qu'elle puisse nous donner toutes les garanties de l'expérience. Quoique les faits qu'elle a recueillis soient déjà bien nombreux et bien observés, quoique quelques-uns des résultats généraux qu'elle en a déduits méritent certainement de fixer l'attention , nous sommes encore loin du jour où elle aura pris rang parmi les sciences exactes et où tous ses organes n'auront plus que le même langage. Il y a , en géologie , quelques principes fondamentaux qui donnent lieu à des objections assez sérieuses, pour qu'on ne puisse admettre sans hésiter les conséquences qu'on en tire quelquefois. Sans entrer dans de longues discussions, nous toucherons ici en passant quelques-uns de ces points sur lesquels il y a divergence d'opinions.

1° *L'incandescence primitive du globe n'est point incontestable.*

Parmi les points fondamentaux sur lesquels le doute est permis, se présente tout d'abord l'hypo-thèse de l'incandescence primitive du globe et de la fluidité actuelle de sa masse intérieure. C'est la base commune sur laquelle ont été édifiés presque tous les systèmes sur l'origine de la terre, sur la période de temps incalculable qu'il aurait fallu pour son re-froidissement, sur la formation des terrains primi-tifs, sur les volcans, les eaux thermales, etc. ; ce n'est pas cependant une base qui défie toutes les at-taques.

« [1] Si l'hypothèse de l'incandescence du globe est à peu près incontestable, quant à ce qui regarde les couches de l'écorce minérale, on conçoit facilement qu'on ne trouve plus la même certitude sur ce qui est relatif aux couches les plus profondes, et même relativement à toutes celles qui font partie de la masse interne.

Un célèbre chimiste [2] anglais a même proposé une hypothèse d'après laquelle la partie la plus superfi-cielle du globe terrestre aurait seule été soumise à la combustion. Suivant lui, la terre aurait été échauffée par la combustion de sa surface jusqu'à une profon-

1 Bertrand, *Révolutions du Globe*, note 2.
2 Humphry Davy.

deur assez considérable, mais qui, à moins d'un temps immense, n'a pu pénétrer jusqu'à son centre. Sous ce rapport, l'hypothèse de M. Davy aurait des résultats qui sont directement contraires à ceux que suppose l'hypothèse généralement admise. En effet, dans cette dernière, la masse entière du globe ayant été primitivement fondue par la chaleur, la surface seule est refroidie, et la chaleur doit aller en augmentant indéfiniment à mesure qu'on s'approche du centre. Si les idées de M. Davy étaient fondées, au contraire, le plus haut degré de température se trouverait à une profondeur de quelques lieues ; et, à partir de ce point où les volcans ont leur source, elle devrait aller toujours décroissant jusqu'au centre qui, peut-être, n'aurait jamais été échauffé par l'incendie de la surface.

M. Ampère, dans son système de cosmogonie, partant des réactions chimiques qui ont dû s'opérer par la combinaison des différentes substances dont se compose la terre, à mesure qu'elles se déposaient les unes sur les autres autour du noyau formé par les corps qui ont subi les premiers la loi du refroidissement pour passer de l'état gazeux à l'état liquide ou solide, démontre aussi que la température la plus haute dans la masse du globe, pendant sa formation, était non pas à son centre, mais dans les couches enveloppantes dont les éléments divers se combinaient chimiquement. Ces combinaisons s'opéraient à chaque fois qu'un corps changeait d'état pour s'unir au noyau ou pour se déposer à sa surface, et alors le maximum de température n'était ni au centre ni à la superficie, mais à l'endroit où la dernière couche reposait sur la précédente, puisque c'est là que se développait l'action chimique. Enfin, dans ce vaste laboratoire, il y avait formation de matière solide toutes les fois qu'un des nouveaux composés eût exigé, pour rester à l'état liquide, une température plus élevée que celle qu'il trouvait dans la masse dont il faisait partie.

L'intérieur du globe serait donc un noyau solide non oxidé comme son enveloppe, et la masse entière de la terre n'aurait point été simultanément dans un état d'incandescence. Du reste, en suivant M. Ampère et M. Davy, on se rend facilement raison des révolutions successives qu'a éprouvées le globe terrestre, du brisement et de la disposition, sous toutes espèces d'inclinaisons, des couches formées d'abord selon des lignes de niveau. Ils expliquent même plus facilement que dans un autre système l'existence des volcans, la nature de leurs produits, etc.

Quant à l'état de fluidité de la masse intérieure, ce n'est pas non plus un fait démontré. On a été conduit à cette conséquence par des phénomènes qui peuvent très-bien avoir une autre cause. Ainsi, par exemple, l'accroissement de la température à mesure qu'on descend dans l'intérieur du globe, constaté partout, quoiqu'il ne suive pas la même loi dans tous les lieux, est loin de devoir être rapporté nécessairement à l'état liquide de l'intérieur de la terre. Il peut dépendre soit de l'action chimique qu'exercent les substances qui composent l'écorce du globe, soit de l'électricité résultant du contact des différents métaux.

D'un autre côté, il est difficile de concilier l'incandescence centrale avec l'augmentation de densité dans tous les corps depuis la surface de la terre jusqu'au centre, augmentation démontrée cependant par les lois de la pesanteur et par des observations astronomiques, comme le remarque Laplace dans son système du monde. « Les principes de l'hydrostatique exigent que si la terre a été primitivement fluide, les parties les plus voisines du centre soient en même temps les plus denses. »... « La précession des équinoxes et la nutation de l'axe terrestre indiquent une diminution dans la densité des couches du spéroïde depuis le centre jusqu'à la surface, sans cependant nous instruire des véritables lois de cette diminution. »

Enfin M. Ampère a fait, contre la liquidité de la masse intérieure de la terre, une objection à laquelle on n'a pas encore répondu. Ceux qui admettent la liquidité du noyau intérieur de la terre, paraissent, dit-il, ne pas avoir songé à l'action qu'exercerait la lune sur cette énorme masse liquide, d'où résulteraient des marées analogues à celles de nos mers, mais bien autrement terribles, tant par leur étendue que par la densité du liquide. Il est difficile de concevoir comment l'enveloppe de la terre pourrait résister, étant incessamment battue par une espèce de levier hydraulique de quatorze cents lieues de longueur.

L'homme, ajoute-t-il encore, s'enfonce au plus à une lieue en terre, en sorte qu'il ne peut observer ce qui se passe que sur 1/1400 du rayon du globe. Conclure de ce qui s'observe dans cette petite fraction du diamètre à ce qui a lieu dans toute son étendue, est une extrême légèreté, et c'est au contraire en physique une règle imprescriptible, qu'on ne doit considérer une loi comme générale que quand elle a été observée directement dans la plus grande partie de l'échelle.

De ce que la température de la terre va toujours en augmentant à partir de la surface, on n'est donc pas en droit de conclure qu'elle continue à augmenter jusqu'au centre ou jusqu'à un noyau liquide.

Voilà donc des doutes bien fondés jetés sur un des points fondamentaux qui servent de base à la théorie adoptée sur l'état originel de notre globe et sur son état actuel.

2° On ne peut pas affirmer que les lois actuelles sont les mêmes qui ont présidé à l'organisation du monde.

Dans toutes leurs théories, les géologues se fondent sur les principes et les conséquences que peuvent leur donner les lois actuelles de la nature, et il faut avouer que c'est leur droit et leur devoir. Découvrir les secrets de la nature, c'est l'objet de toutes nos études; connaître ceux de ses mystères qui se sont révélés à notre intelligence, c'est toute la science humaine : il n'y a point de science en dehors de ces lois admirables que la puissance et la sagesse de Dieu ont livrées à nos investigations et à nos découvertes. Mais le secret de la création et de l'organisation du monde est-il tout entier dans l'œuvre même du Créateur? Lorsqu'il s'agit de remonter jusque dans ce passé qui est si loin de nous, jusqu'à l'origine mystérieuse de toutes choses, la science peut-elle bien demander aux lois actuelles de la nature le secret de l'organisation du monde, organisation dans laquelle ces lois mêmes ont leur raison d'être? Ne serait-ce pas confondre les effets avec leurs causes? Ce que nous appelons l'ordre physique en vertu duquel il y a des lois naturelles, n'a pas toujours été l'ordre physique actuel ; la machine ne fonctionne peut-être, telle que nous la voyons, qu'à partir du moment où son auteur y a mis le dernier rouage. Les lois de la nature ne sont-elles pas le résultat de l'action de la matière sur elle-même, les effets constants des influences réciproques que les corps exercent les uns sur les autres? On ne peut donc supposer ces lois préexistantes aux corps qui leur donnent naissance.

Il est probable que, dès le commencement, en la créant, Dieu a soumis la matière aux lois générales qui la régissent aujourd'hui ; mais elles ne purent toutes avoir leur action pleine et entière qu'au jour où furent remplies complètement toutes les conditions de leur existence ; or, suivant les géologues, le monde est loin d'avoir été créé de toutes pièces dans l'état où nous le connaissons.

Si dès le premier moment de la création, la matière élémentaire de toutes choses a été soumise uniformément aux mêmes lois ; si, pendant qu'elle remplissait l'espace, à l'état gazeux, elle n'obéissait qu'à la puissance du même principe, du même agent naturel ; lorsque le moment de la division générale est arrivé, comment s'est-elle partagée en masses de densité et de volume différents ? Et si le mouvement lui était inhérent en vertu d'une loi générale et uniforme qui lui avait été imposée dès son origine, comment tous les centres d'attraction autour desquels elle s'est rassemblée, se sont-ils trouvés animés de mouvements d'une vîtesse si différente ? Pourquoi encore, parmi toutes ces masses formées par les mêmes éléments, y a-t-il des corps opaques et des corps lumineux, des globes qui laissent le fluide lumineux dans l'inertie et des globes qui le font vibrer avec énergie ?

Arrivons à une phase plus avancée de la création, considérons la terre à l'époque où une partie considérable des liquides et des solides qui la composent était encore à l'état de gaz, dispersée et suspendue dans une immense atmosphère ; les lois de l'hydrostatique, celles du mouvement qui ont une si grande action sur notre planète dans son état actuel, pouvaient-elles être ce qu'elles sont ? Que la pression de l'atmosphère, ou que la pesanteur ne soit plus la même à la surface de la terre, et tout change autour de nous. Or, dans l'hypothèse des géologues, le poids de l'atmosphère ne devait pas être ce qu'il est maintenant, lorsqu'elle était chargée de gaz et de vapeurs métalliques, etc. Et si le noyau de la terre n'a pas toujours été le même, l'attraction devait aussi être différente, le mouvement pouvait être différent, et dès-lors tout pouvait être différent dans les lois auxquelles elle est soumise de nos jours. On sait qu'il suffirait que la terre tournât sur son axe environ dans une heure, vingt-quatre minutes, pour que les corps cessassent de tomber à sa surface, pour que l'atmosphère s'étendît, se perdît dans l'espace, etc.; c'est-à-dire qu'il ne fallait à la terre, dans toutes les phases par lesquelles elle a passé, qu'une simple modification aux conditions dans lesquelles elle est actuellement placée, pour troubler toutes nos théories sur son origine, calculées sur les lois actuelles. Il est donc bien permis de penser que l'établissement des lois naturelles, ou, en d'autres termes, des phénomènes d'où résulte l'ordre physique du monde tel que nous le connaissons, peut être postérieur à grand nombre de faits produits dans l'origine en sens contraire de ces lois.

Dans tous les cas, il est certain que Dieu a établi librement l'état ordinaire des choses, et aucun fait ne peut nous prouver qu'il s'y soit toujours soumis. Bien au contraire, les lois naturelles que nous connaissons le mieux nous prouvent que Dieu ne les a pas suivies dans toutes ses œuvres. Ainsi, par exemple, est-ce en passant par tous les degrés de développement qu'ils suivent maintenant sous nos yeux, que les végétaux et les animaux ont été créés? Il est dans les lois actuelles qu'une plante vienne d'une autre plante, qu'un arbre vienne d'un autre arbre ; or, les premiers végétaux qui ont paru sur le globe n'ont pas sans doute suivi cette loi commune. Nous ne sommes plus au temps où l'on cherchait à faire croire que les premières semences végétales, ou les premiers plants, étaient le résultat de quelque combinaison chimique entre les éléments de la matière inorganique, que le premier animal n'était qu'une sensitive perfectionnée, et où l'on faisait à l'homme l'honneur de descendre des singes, de peur de trouver Dieu à sa naissance.

Cette observation sur l'origine des premiers végétaux est encore bien plus frappante si on la fait sur les premiers animaux. Il est dans les lois actuelles qu'un animal soit le produit de deux autres animaux ; il faut que l'œuf de la colombe soit fécondé et couvé ; il faut que le faible oiseau qui en sort après l'incubation soit réchauffé et nourri avec soin pendant plusieurs jours, sous peine de périr en recevant la vie ; chez une foule d'autres animaux, la reproduction et la conservation n'ont lieu qu'à des conditions plus difficiles et plus impossibles encore à la seule action des agents de la nature inorganique. Il faut donc admettre ou que les plantes et les animaux ont été créés complets, de toutes pièces, comme le dit la Genèse , ou en vertu de lois qui ne sont plus celles de la nature. Il serait donc possible aussi que Dieu n'eût pas abandonné toutes les autres œuvres de la création à la seule action des lois naturelles , qu'il eût pressé par exemple la combinaison des éléments, le passage de la matière à l'état solide , le refroidissement du globe soit incandescent dans sa masse , soit oxidé seulement dans son enveloppe. Il y aurait alors beaucoup à retrancher de ces millions de siècles dont la science a besoin rien que pour arriver à la formation des premiers terrains géologiques , et dont le chiffre effrayant déconcerte l'imagination.

Dans tous les cas , nous ne pouvons pas affirmer que tout s'est passé dans l'œuvre de la création conformément aux lois qui nous sont connues aujourd'hui , et il est permis de croire que les lois établies pour la conservation du monde , peuvent très-bien n'avoir pas été les mêmes qui ont présidé à son organisation. Peut-être même serait-il vrai que le système qui place l'œuvre de la création avant l'homme hors du cadre étroit des formes que Dieu a voulu donner à la nature pour toute la durée de la période où nous vivons , est le plus philosophique de tous les systèmes. Il est vrai, du moins, qu'en fait de création , l'homme qui n'en conçoit même pas la puissance , devrait être plein de défiance et de réserve lorsqu'il essaie d'en expliquer l'œuvre mystérieuse.

3º *Les formations différentes si multipliées par la géologie, les créations et les révolutions successives et distinctes qu'elle suppose, ne sont pas toutes démontrées.*

Les géologues ont longtemps admis, et beaucoup admettent encore comme des faits assez bien prouvés, l'apparition successive des végétaux et des animaux, de nombreuses révolutions, dans lesquelles périssaient les créations anciennes pour être remplacées par des espèces et des familles nouvelles, de vastes formations de terrains propres à chaque époque comprises entre ces révolutions; nous n'avions que leur pensée à faire connaître dans l'analyse que nous avons faite des opinions les plus suivies, nous l'avons donc exposée, sans lui opposer une objection. Il nous reste à faire remarquer maintenant que la science aura peut-être bientôt beaucoup à retrancher de toutes ces formations d'époques si différentes, de toutes ces créations successives, de tant de révolutions générales qu'elle a été conduite à supposer, pour expliquer l'origine des couches fossilifères.

Les découvertes qui se font de temps en temps, et qui ont forcé si souvent déjà à des modifications et à des corrections d'une grande importance, les théories conçues avec précipitation et fondées sur des données incertaines, nous prouvent qu'il est encore vrai de dire de nos jours, ce que disait

Ad. Brongniart il y a déjà longtemps : « Il est impossible, dans l'état actuel de la science, d'établir une série certaine de succession de terrains, formations et roches pour tout le globe. On connaît trop imparfaitement la plupart des pays extrà-européens, pour y suivre cette succession. D'ailleurs, quoiqu'il soit présumable qu'elle est partout la même, au moins dans ses grandes divisions, cette loi n'est pas encore reconnue, et peut-être n'existe-t-elle pas... De même que nous ignorons si les séries des différents terrains sont les mêmes sur tout le globe, de même nous ne savons pas si les périodes géognostiques se sont étendues également, et dans le même temps, sur toute la surface de la terre ; par exemple si, tandis que les ammonites et les bélemnites avaient cessé de vivre et la craie de paraître en Europe, pour être remplacés par les cérites et le calcaire grossier, les premiers mollusques céphalopodes et la craie ne continuaient pas les uns à vivre et l'autre à se déposer dans l'Inde ou dans l'Amérique. »

Depuis que Brongniart écrivait ces observations, la géologie a été en effet conduite à revoir et à corriger plus d'une de ses pages. C'est ainsi qu'après avoir nié l'existence des oiseaux dans les terrains secondaires, parce qu'on ne les avait pas trouvés en Europe, on a été obligé de les reconnaître dans les plus anciennes couches de ce groupe, jusque dans le grès rouge, depuis que M. Hitchcock a découvert dans cette formation de la vallée du Connecticut, en Amérique, en cinq endroits différents, sur la grande distance de trente milles, les nombreuses traces qu'y ont laissées de grands oiseaux qui pourraient être des échassiers. C'est ainsi qu'on a reconnu que les terrains tertiaires du bassin de la Tamise contemporains de ceux du bassin de la Seine, n'offrent ni le même nombre, ni les mêmes sortes de formations que ces derniers. C'est ainsi qu'on a reconnu qu'on ne pouvait plus regarder tous les terrains tertiaires comme produits à une même époque. « [1] Les dépôts des uns ont pu être terminés quand ils se continuaient ou ne faisaient que commencer dans d'autres localités. Il résulte des travaux de M. Desnoyer et autres, que les terrains tertiaires du bassin d'Auvergne et de celui de la Loire, sont regardés aujourd'hui comme composés d'assises inférieures, contemporaines des terrains parisiens, et de couches supérieures qui se sont déposées quand il ne se déposait plus rien à Paris. Ainsi, dans ces deux bassins comme dans d'autres, il existe des terrains tertiaires qui sont plus récents que ceux de Paris. Il en est de même des terrains sub-apennins, qui sont considérés comme plus nouveaux que le calcaire grossier parisien, et qui renferment des coquilles analogues aux coquilles vivantes dans les mers voisines. » C'est ainsi encore qu'après avoir admis, avec Cuvier, de fréquentes irruptions de la mer sur les continents, et, comme consé-

____

1 Forichon, *Ex. des ques. scientifiques.*

quences de ces cataclysmes, des révolutions qui détruisaient tous les animaux, des créations successives pour repeupler la terre, plusieurs géologues modernes croient avoir trouvé, dans de nouveaux faits et dans une nouvelle étude de la nature, les moyens de refaire cette histoire du vieux monde sur un plan bien différent.

[1] « Pour expliquer certains phénomènes, on n'a plus recours à ces irruptions itératives de la mer, à ces alternatives de destructions et de créations nouvelles qui coûtaient si peu aux premiers géologues. A cet égard, il y a insurrection générale de la science la plus moderne contre la *vieille* science des *géologistes*, pour reproduire les expressions du jour. »

« On reconnaît et on convient aujourd'hui que la vie sur le globe n'a point été renouvelée ; que seulement d'autres espèces, des familles nouvelles étaient successivement répandues sur sa surface à mesure que les races anciennes disparaissaient ; qu'à mesure que les conditions d'existence changeaient, des espèces nouvelles venaient remplacer celles qui n'avaient plus de rôles à remplir. »

« En même temps, on enseigne qu'une merveilleuse harmonie, qui révèle de toutes parts un plan unique, suivi constamment, uniformément, se manifeste, dès l'origine, dans toutes les parties de la création ; que les poissons les plus anciens,

1 M. Godefroy.

ceux des roches siluriennes, possèdent une organisation aussi parfaite que celle de plusieurs espèces
actuellement vivantes dans la Méditerranée ; que,
dès les premiers temps, les formes organiques les
plus élevées et les plus complètes ont été réalisées
dans les différentes classes, et que, si pendant la
longue durée des périodes géologiques il y a eu
changement dans les espèces, il n'y a pas eu perfectionnement dans l'ensemble ; que même, sur
plusieurs points, on observe une sorte de développement rétrograde qui s'avance des formes complexes aux formes simples, que certaines espèces
offrent dans leur organisation une perfection de
mécanisme, un fini de combinaison beaucoup plus
admirable que chez aucune des espèces qui les représentent dans les âges postérieurs. »

Il y a loin de ce langage à celui qu'on a tenu jusqu'à ces dernières années, et sur le développement
graduel de la nature organique, et sur les créations
successives des végétaux et des animaux.

En présence de certains fossiles dans une formation, l'absence des mêmes fossiles dans une
autre, l'apparition de nouvelles espèces dans une
couche supérieure, et la disparition complète des
espèces précédentes, sont assurément des faits qu'il
n'est pas toujours très-facile d'expliquer dans un
ordre de choses stable et régulier comme l'ordre
physique actuel, tel au moins qu'il nous est connu
depuis les temps historiques ; mais ne serait-il pas
possible, dans bien des cas donnés, d'en entrevoir

la raison toute naturelle dans les phénomènes mêmes
qui , suivant les géologues, ont dû se produire pendant les dernières périodes de l'organisation de la
terre , et modifier souvent les conditions de l'existence pour la nature vivante. Que de changements
dans l'état chimique de l'atmosphère , même depuis
l'apparition dès animaux, à en juger par les végétaux conservés dans les terrains fossilifères , par
les immenses dépôts de substances oxidées et car-
bonatées qui forment les couches supérieures ! Que
de changement dans la température , puisque les
plantes et les animaux qui ne trouvent aujourd'hui
d'analogues que dans la zône torride, ont vécu autrefois dans des régions maintenant couvertes de
glaces et de neiges éternelles ! Que de changements
se sont opérés et dans la nature des eaux qui ont
couvert le globe et dans la distribution des mers
qui ont déposé , sur tous les points, tant de roches
de toute espèce , schistes, grès , argiles, marne ,
craie, etc. !

Qu'on se rappelle l'état des continents et des mers,
à ces époques reculées. Sans remonter au premier
âge de la terre , pendant que se déposaient les premières couches des terrains secondaires, de vastes
mers occupaient encore la plus grande partie de la
surface du globe. Lorsque le grès rouge commença
à se déposer, l'aspect de la terre , disent les géologues qui en ont étudié les bassins , était assez
semblable à celui que présente de nos jours
l'Océanie : ce n'était qu'une immense suite de

groupes d'îles qui se couvrirent de végétaux gigantesques, auxquels la saturation de l'atmosphère, par l'acide carbonique, jointe à la chaleur du globe, à l'évaporation incessante des eaux et à l'humidité du sol, donnait un développement rapide et extraordinaire qu'on ne retrouve à aucune autre époque.

Sans remonter si loin encore, à l'époque de la formation des terrains tertiaires : « après la formation de la craie [1], la surface du globe était loin de présenter les caractères extérieurs qu'elle offre aujourd'hui. L'Europe était un grand continent, mais couvert de mers intérieures et de lacs d'eau douce. Au nord, une mer immense s'étendait du fond de la Russie, à travers le nord de l'Allemagne, et touchait à l'Angleterre. Au centre, une seconde mer couvrait la plaine suisse, la vallée du Rhin et le pays plat de la Souabe, de la Bavière, de l'Autriche, de la Moravie et de la Hongrie. Entre ces deux mers se trouvait le grand bassin de la Bohême, qui communiquait avec la mer du centre. Au midi, la Méditerranée couvrait tous les pays peu élevés qui forment actuellement ses bords. Le détroit de Gibraltar n'existait pas encore, et cette mer devait communiquer par des canaux soit avec la mer Rouge, soit avec la mer Noire, et le grand bassin de l'Asie occidentale.

En France, il y avait deux mers ; l'une s'étendait entre les Pyrénées, la Saintonge, le Périgord,

____
[1] Ext. M. Boué.

et les montagnes du Cantal et de l'Aveyron ; l'autre couvrait le Languedoc et la Provence ; elles communiquaient ensemble, et ce n'est qu'après le dépôt de la mollasse que cette liaison dut cesser ou devenir moins libre. La digue qui séparait le bassin du sud-ouest de la France, de l'Océan, a été détruite, et la force des vagues de l'Atlantique a pu être aidée dans ce travail par le grand courant auquel le golfe de Gascogne doit aussi sa forme. Une troisième mer couvrait tous les pays, peu élevés, compris entre la Picardie, la Champagne, la Bourgogne. le Limousin, la Vendée, le Maine, la Bretagne et la Manche. »

« Durant la formation des différents terrains compris dans le groupe supercrétacé, la température de la surface, indépendante en grande partie de la chaleur du soleil, subissait un décroissement uniforme, et passait graduellement de la température équatoriale à celle de nos climats. Cette opinion, fondée sur des caractères botaniques et zoologiques qui lui donnent une certitude mathématique, a fait comparer la température de l'étage inférieur des terrains tertiaires à celle du Caire, celle de l'étage moyen à celle des bords méditerranéens, de l'Espagne et de l'Italie, et tout porte à croire que pendant la période qui vit se former l'étage supérieur, la température moyenne ne différait en rien de celle qui existe maintenant. »

Or, lorsque la mer s'avançait ainsi au loin dans l'intérieur des continents, laissant ici d'immenses lacs d'eau salée, là formant de vastes golfes, emportés parfois sur les terres par de hautes marées; lorsque des fleuves roulant des masses d'eau considérables, inondaient les terrains qu'ils traversaient, emportant les végétaux et les animaux entraînés par leurs flots, charriant ici de larges alluvions, là remplissant des bassins abandonnés par la mer; lorsqu'à l'action des agents extérieurs se joignait celle des agents intérieurs qui soulevaient les couches de la terre sur un point, et les abaissaient sur un autre; n'y avait-il pas, dans la nature même, une cause incessante de bouleversements qui devaient continuellement tourmenter la surface du globe et en changer l'aspect? C'était l'ère des révolutions et des catastrophes pour les premiers habitants de notre planète, mais rien ne peut nous démontrer qu'elles ont porté en tout lieu la destruction et la mort. Une inondation pouvait se faire sur un point, sans en ravager un autre; un tremblement de terre, l'éruption d'une chaîne de montagnes pouvaient tout renverser, tout détruire dans leur voisinage, sans que les contrées éloignées d'un autre hémisphère, par exemple, en fussent troublées. Dans ce cas, des races entières d'animaux ne pouvaient-elles pas périr sur le théâtre d'une catastrophe, et être remplacées plus tard par des races différentes qui n'avaient point été atteintes sur les points qu'elles occupaient? Une race d'animaux ne pouvait-elle pas disparaître sur un continent, et continuer à vivre sur un autre? Et puis, à la suite des temps, un genre, une espèce vivant depuis longues années, en Asie, par exemple, ne pouvait-il pas venir en Europe, etc.? Il est certain, la nature actuelle le prouve et les conditions de l'existence pour une foule d'animaux le commandent, il est certain que les genres et les espèces n'ont jamais été uniformément répandus sur tout le globe. « [1] Tout prouve qu'aux différents âges de l'ancien monde, les terres sèches étaient, bien plus qu'elles ne sont aujourd'hui, séparées en îles, où les animaux terrestres étaient comme parqués. C'est ainsi que dans toutes les îles un peu considérables découvertes de nos jours, on a trouvé une population particulière; et si l'homme n'avait pas de tout temps cherché à transplanter les animaux d'une contrée dans une autre, on verrait leur séparation géographique, des genres et des espèces, bien plus marquée qu'elle ne l'est : or, l'homme n'existant pas à ces époques, c'était une raison d'isolement ajoutée à celle de la plus grande division des terres. » Bien des races ont donc pu périr, sans qu'il soit nécessaire d'avoir recours à des catastrophes ou à des révolutions générales pour expliquer leur destruction ; bien des genres ont pu être remplacés dans les mêmes terrains par des genres nouveaux, nés en même temps que les premiers, sans qu'il soit nécessaire d'avoir recours à une création nouvelle, pour expliquer leur apparition.

1 Bertrand, rév. du gl.

Telles sont les conclusions auxquelles plusieurs géologues arrivent aujourd'hui. Nous citerons entre autres M. Prévost, touchant cette question, dans un mémoire présenté à l'Institut.

Cuvier avait dit : « Supposons qu'une grande irruption de la mer couvre d'un amas de sables, ou d'autres débris, le continent de la Nouvelle-Hollande, elle y enfouira les cadavres des kanguroos, des phascolomes, etc., et elle détruira entièrement les espèces de tous ces genres, puisque aucun d'eux n'existe maintenant en d'autres pays. Que cette même révolution mette à sec les petits détroits multipliés qui séparent la Nouvelle-Hollande du continent de l'Asie, elle ouvrira un chemin aux éléphants, aux rhinocéros, aux buffles et à tous les autres quadrupèdes asiatiques qui viendront peupler une terre où ils auront été inconnus ; qu'ensuite un naturaliste, après avoir bien étudié toute cette nature vivante, s'avise de fouiller le sol sur lequel elle vit, il y trouvera des êtres tout différents. »

Il est évident, ajoute M. Prévost, commentant ce passage, que ce naturaliste se tromperait, si, d'après une première observation, il décidait que les éléphants n'ont paru sur la terre, qu'après la disparition des kanguroos, etc., et que *ces races différentes appartiennent à des époques distinctes et successives de création* ; mais il n'est pas moins évident, qu'en faisant l'application de l'exemple cité, aux fossiles des diverses formations qui se recouvrent, on serait conduit à dire avec Linnée, que tous les animaux connus, soit à l'état fossile, soit encore existants, ont pu être réunis en même temps sur un point du globe, d'où les uns et les autres, selon les circonstances, et à des époques différentes, se seraient inégalement répandus sur les diverses terres précédemment désertes, ou autrement habitées ; alors les crocodiles auraient été contemporains des ichthyosaures, les plésiosaures auraient vécu en même temps que les ancêtres de nos gavials, etc.

L'absence des vestiges des uns et la présence de ceux des autres dans divers terrains, ne serait qu'une suite de circonstances qui auraient favorisé ou empêché d'abord leur émigration, et ensuite leur entraînement sous les eaux. Et en effet, dans le moment présent, l'Amérique, l'Afrique, l'Europe, l'Asie et la Nouvelle-Hollande, ne sont-elles pas habitées par des animaux dont beaucoup sont particuliers à chacune de ces contrées, sans que l'on puisse établir un ordre d'antériorité en faveur d'aucun, et sans que l'on puisse assurer que la répartition actuelle sera toujours la même, puisque mille causes naturelles peuvent évidemment produire ce que l'homme a fait depuis un petit nombre d'années, en transportant des chevaux et des bœufs, par exemple, en Amérique, où ils étaient inconnus, et où ils ont multiplié au point que maintenant ils peuplent d'immenses savanes, qui auparavant n'étaient habitées que par des tapirs et des cerfs, dont les races timides et craintives pourront finir par disparaître, comme ont disparu les mastodontes, les mégathériums, etc. »

Poussons encore plus loin, avec Cuvier, sa première supposition : « Après ce transport des animaux asiatiques dans la Nouvelle-Hollande, admettons une seconde révolution qui détruise l'Asie, leur patrie primitive; ceux qui les observeraient dans la Nouvelle-Hollande, leur seconde patrie, seraient tout aussi embarrassés de savoir d'où ils seraient venus, qu'on peut l'être maintenant pour trouver l'origine des nôtres. »

« On voit donc, continue M. Prévost, que, jusqu'à un certain point, l'ordre relatif d'ancienneté que l'on aurait observé entre les fossiles sur une partie de la terre, devrait se présenter dans un ordre inverse sur d'autres points, en cas d'échange de production, et que les fossiles semblables ne caractérisent pas des terrains de même âge dans des contrées éloignées les unes des autres; car, dans l'exemple cité, les animaux asiatiques devenus fossiles au moment de la destruction de l'Asie, seront semblables à ceux qui pourront se perpétuer pendant un nombre indéterminé de siècles sur le sol de la Nouvelle-Hollande envahi par eux. Et si une nouvelle révolution, aussi facile à imaginer que les précédentes, vient, après dix siècles, rendre fossile la génération qui existera alors, ou seulement les individus qui ne pourront s'échapper sur de nouvelles terres, ou même sur l'ancienne Asie submergée et remise à sec pour s'y propager de nouveau : les fossiles récents de la Nouvelle-Hollande seront semblables aux fossiles anciens de l'Asie, et, comme on le voit, les mêmes espèces pourront se trouver en même temps enfouies dans des terrains très-différents d'âge, et en même temps vivantes. »

Ce que nous venons de dire des animaux, M. Prévost l'applique à peu près de la même manière aux végétaux qui sont entraînés par l'eau des fleuves et des rivières, et ensuite par les courants marins. « Les plantes intertropicales, prises par le grand courant que la forme des côtes de l'Amérique force à se diriger vers le nord, arrivent souvent intactes jusque sur les côtes d'Islande et du Spitzberg, après qu'une distribution s'en est faite sur un espace compris entre l'équateur et le quatre-vingtième degré de latitude, espace dix fois plus grand que l'Europe, et trente fois que la France. Ces transports ne sont pas continuels ; ils sont sujets à des intermittences : ils se rapportent à de grandes inondations. Ce courant ne transporte souvent que de la vase et du sable. »

« Or, si l'espace compris entre la côte de la Guinée et celle du Spitzberg venait à être mis à sec, combien se tromperaient les géologues qui, de la ressemblance des plantes et des animaux dont ils verraient les restes, concluraient que la végétation était uniforme sur tous les points du globe, que la température était la même, que là où l'on verrait des débris de végétation et d'animaux terrestres était un sol découvert ou des lacs d'eau doucé, etc.; quelle erreur ne commettrait pas le zoologiste qui, ne voyant dans ce grand espace ni des os d'éléphant, ni de rhinocéros, ni d'aucun des animaux

de l'ancien continent, avancerait qu'il n'existait,
lors de la formation des dépôts qu'il décrirait, que
des animaux d'Amérique; que ceux qui habitaient
les rivages étaient beaucoup plus nombreux que
ceux des hautes montagnes, parce qu'il ne trouverait ceux-ci que rarement et même point du tout ;
puisque les animaux comme les chamois, les cha-
meaux, les marmottes, etc., sont, par leur manière
de vivre et le lieu de leur séjour, rarement exposés
à être emportés par le courant des fleuves. Dans
quelle faute ne tomberait pas le botaniste qui, rai-
sonnant de la même manière, déciderait qu'à l'époque
où ces végétaux étaient enfouis, il n'existait alors
que des végétaux semblables à ceux qui bordent aujourd'hui les rives des fleuves des Amazones, de
l'Orénoque et du Mississipi, et que la végétation
des cordilières de l'Afrique, de l'Europe et de l'Asie
était à naître. »

Ce sont là, il est vrai, des hypothèses, mais souvent nous les voyons devenir des faits dans la nature,
et autrefois elles ont dû le devenir bien plus souvent
qu'aujourd'hui. A l'époque de la formation des terrains fossilifères, lorsque les continents ne formaient
guère qu'un vaste archipel sillonné par des courants
larges et rapides, avant que la terre fût arrivée à
l'état de calme et de repos où nous la voyons, que
de fois elle a dû voir les inondations ravager ses
parties découvertes, et y ensevelir tous les animaux
qui y vivaient; que de fois elle a dû voir ses mers
se déplacer, ses bassins se combler ! Mais ces ca-

taclysmes pouvaient bien n'être que partiels ; une race qui se perdait sur un point pouvait bien n'être pas atteinte, et vivre longtemps encore sur un autre. Après la tempête, de nouvelles terres se découvraient peu à peu, reliaient les uns aux autres des points élevés qui avaient été jusque-là isolés, les communications devenaient possibles avec des îles autrefois submergées, et l'on conçoit qu'alors de nouveaux habitants, des espèces, des genres différents pouvaient prendre la place de ceux qui avaient péri. Dans cette hypothèse si vraisemblable, ne pourrait-on pas se tromper dans l'histoire des formations fossilifères, en assignant l'époque de la destruction complète des animaux qu'on appelle perdus, et celle de l'apparition de ceux qui les ont remplacés, dans les terrains qui nous ont conservé leurs dépouilles ?

D'ailleurs, pour faire l'histoire philosophique de la création des êtres organisés, de leur vie et de leur mort, en embrassant à la fois tous les genres et toutes les espèces, il faut avouer qu'il reste encore bien des recherches à faire. Que de terrains qui n'ont point été fouillés ! Que de contrées inconnues aux géologues ! L'Europe seule a été sérieusement étudiée, et encore on ne connaît bien que quelques points, qui ne représentent pas la millième partie de sa surface. Peut-être trouvera-t-on bientôt des dépôts qui prouveront la coexistence d'êtres, dont on ne peut faire aujourd'hui remonter la naissance à la même époque ? Peut-être rencontrera-t-on dans une formation moins ancienne, des fossiles qui n'ont été rencontrés jusqu'à ce jour que dans les couches les plus inférieures ? Peut-être trouvera-t-on dans la nature vivante, des genres et des espèces qu'on ne connaît que parmi les fossiles. Combien de découvertes semblables ont été faites depuis quelques années ? Il suffit de se rappeler les animaux de l'île Maurice, de Madagascar, de la Nouvelle-Hollande, le panda de M. Duvaucel, le gour ou gaour de l'Inde, l'apterix Australis, l'aye-aye de Sonnerat, le guàcharo de Bompland et de Humboldt, les quarante-six nouvelles espèces de mammifères, donnant même des genres nouveaux à plusieurs familles, recueillies par M. Dorbigny, dans le voyage de l'Alcide, de 1826 à 1834, etc. L'année dernière 1849, des voyageurs n'ont-ils pas découvert, dans l'intérieur de l'Afrique, une mer immense dont les rivages et les environs sont habités par plusieurs animaux qui ne sont pas encore déterminés ? On ne peut donc pas affirmer qu'il n'y a aucun lien entre le passé et le présent; on ne peut pas affirmer que *tous* les animaux regardés comme *perdus*, ont disparu *en même temps*, pour être remplacés par des animaux d'une nouvelle création. On ne serait donc pas nécessairement conduit ni à ces révolutions générales qui devaient porter la mort sur tout le globe, ni à ces créations successives qui devaient y ramener la vie.

**4° *La formation des terrains fossilifères n'aurait-
elle pas pu s'opérer en moins de temps qu'on ne le
suppose?***

Dans les deux hypothèses que nous avons exposées, comme solution du problème de la formation des terrains géologiques, les géologues les plus
exigeants peuvent assurément trouver autant de
siècles qu'il leur en faut, pour donner à ces terrains
tout le temps de se déposer, et aux fossiles qu'ils
renferment, tout le temps de se développer et de
se reproduire. Mais il y a eu tant de changements
à la surface du globe, depuis les temps historiques,
il y a eu même tant de formations puissantes partout où les agents naturels qui ont produit les premières étaient encore en activité, qu'on a peine à
comprendre la nécessité de ces deux à trois cent
mille ans demandés par les géologues, pour la formation des couches fossilifères.

Depuis que la théorie des irruptions de la mer a
été abandonnée, pour être remplacée par celle qui
ne voit, dans les couches dont est composée l'enveloppe de la terre, que des attérissements analogues à ceux qui se forment aujourd'hui dans la
mer, à l'embouchure des fleuves, ou semblables à
ceux qui se forment dans le lit des rivières, et sur
les plaines qu'elles arrosent, il est admis que les
terrains fossilifères ne sont que les résultats d'un
même phénomène, commencé depuis longtemps,

et qui se continue tous les jours. Sans donc parler ici ni des déjections volcaniques qui ont couvert de vastes contrées , ni des immenses dépôts de terres, de cailloux et de sables portés çà et là par des inondations, jetons un coup d'œil sur les grandes formations modernes dues aux mêmes causes qui ont produit les anciennes. Nous en trouverons plusieurs assez puissantes, et déposées avec assez de rapidité, pour nous donner raison de regarder au moins comme douteuse, cette longue série de siècles supposée comme nécessaire dans l'histoire du globe pour expliquer la formation des terrains fossilifères.

Parmi les formations modernes dues aux attérissements, il nous suffira d'en citer quelques-unes des plus connues. Tout le monde a entendu parler de celles du Nil, par exemple, des alluvions qui étendent chaque jour l'angle de terre, ou le Delta, placé à son embouchure, et qui élèvent chaque année le sol des plaines qu'elles fécondent en les inondant, prouvant encore que tout le pays est un présent du fleuve, comme le disaient les prêtres égyptiens au rapport d'Hérodote. Les monuments antiques, les travaux d'art exécutés par l'ancien peuple, enfoncés aujourd'hui de plusieurs pieds ou enfouis dans les alluvions, démontrent l'exhaussement continuel du sol de cette contrée. Quant aux terres déposées à l'embouchure, tout le rivage voisin indique avec quelle rapidité elles s'accroissent et s'étendent sans cesse. Dans l'espace de

neuf cents ans , depuis Homère jusqu'à Strabon ,
le terrain où est bâtie la ville d'Alexandrie et tous
les environs sont sortis des eaux : c'était d'abord ,
selon le poëte grec, un grand golfe de quinze à
vingt lieues de longueur ; il devint bientôt un lac,
le maréotis qui , au temps de Strabon , n'avait que
cinq lieues de longueur, et qui n'est presque plus
rien aujourd'hui. Damiette, où débarqua saint Louis,
est maintenant au loin dans les terres ; dans l'espace de mille ans, la ville de Rosette , bâtie sur la
bouche bolbitine du fleuve , s'en est éloignée de
deux lieues , ce qui suppose un dépôt de deux lieues
de largeur sur toute l'étendue du rivage , c'est-à-
dire sur au moins cinquante ou soixante lieues que
baignent les eaux du Nil , en se jetant dans la mer.

Des attérissements semblables sont portés sur
leurs rives et à leur embouchure par une foule
d'autres grands fleuves , et toutes les plaines qu'ils
traversent ont été déposées par eux de la même
manière. C'est ainsi que la mer d'Asof et la mer
Noire tendent chaque jour à se combler, par les
alluvions que leur apportent le Don, le Dnieper et
le Danube ; c'est ainsi que l'Arno, le Rhône, le
Pô , etc., élèvent leur lit, et portent continuellement leur embouchure plus avant dans la mer.

Il n'a fallu que quelques siècles aux attérissements
du Pô, pour mettre au loin dans les terres les villes
voisines bâties autrefois sur les rivages de la mer
Adriatique. « Les alluvions de ce fleuve, dit Prony,
pendant les quatre derniers siècles écoulés, depuis

la fin du douzième jusqu'à la fin du seizième, ont gagné sur la mer une étendue considérable ; la bouche du nord, celle qui s'était emparée du canal de *Mazorno*, et formait le *Ramo di Tramontana*, était, en 1600, éloignée de vingt mille mètres du méridien d'Adria, et la bouche du sud était, à la même époque, à dix-sept mille mètres de ce méridien : ainsi, le rivage se trouvait reculé de neuf mille à dix mille mètres au nord, et de six mille à sept mille mètres au midi. Entre les deux bouches dont je viens de parler, se trouvait une anse ou partie du rivage moins avancée, qu'on appelait *Sacca di Goro*. Le nouveau lit, appelé *Talio di Porto-Viro*, creusé par les Vénitiens en 1604, ayant déterminé la marche des alluvions dans l'axe du vaste promontoire que forment actuellement les bouches du Pô, bientôt l'anse de *Sacca di Goro* fut comblée, et les deux promontoires formés par les deux premières bouches, se réunirent en un seul, dont la pointe actuelle se trouve à trente-deux mille ou trente-trois mille mètres du méridien d'Adria, en sorte que pendant deux siècles, les bouches du Pô ont gagné environ quatorze mille mètres sur la mer. »

Citons encore, sur les alluvions du Pô, un passage emprunté à Dolomieu. [1] « L'abbé Fortis a prouvé que les monts Euganéens, qui sont au milieu des plaines du Padouan, ont été réellement des îles, et qu'ils étaient les anciennes îles Electrides qui ont été

____

[1] Journal de Physique.

vainement cherchées par les géographes, parce que,
depuis longtemps, elles ont été enveloppées par les
attérissements du fleuve, et incorporées au continent. Si, du temps de Strabon, c'est-à-dire au commencement de notre ère, un bras de mer arrivait
jusqu'à Padoue ; si, à cette époque, Ravenne et plusieurs des villes qui ont été depuis annexées à
l'Exarchat sous la dénomination de décapoles, semblables à Venise, étaient situées dans les eaux au milieu des marais maritimes ; si les autres étaient bâties
sur le rivage de la mer, quoique toutes se trouvent
maintenant placées très-avant dans l'intérieur des
terres ; si quelques siècles antérieurs avaient pu
ajouter quatre-vingt-dix stades au continent, en
réduisant à l'état de simple village la ville de Spina,
fameuse par son beau port et son commerce maritime ; si la célèbre ville d'Adria, qui, par son importance, avait mérité de donner son nom au golfe
dont les flots frappaient ses murs, est déchue de
toute la splendeur qu'elle devait à sa primitive si-
tuation (elle est aujourd'hui à plus de six lieues de
la mer) ; si, nous rapprochant de notre âge, nous
nous rappelons que des salines, près de Ponte-
Longo, dont l'emplacement se trouve maintenant à
plusieurs milles dans les terres, furent, il y a cinq
siècles, le sujet d'une guerre sanglante ; si enfin la
maison de campagne des ducs d'Este, à présent
très-éloignée de la mer et du fleuve, fut bâtie il n'y
a que deux cents ans, de manière à être baignée
par les eaux du Pô dont elle occupait une des em-

bouchures, et par celles de la mer dont elle bordait le rivage, il me paraît facile de démontrer qu'il n'a pas fallu un bien grand nombre de siècles, pour opérer les attérissements qui ont donné cette grande extension à la plaine de Lombardie, d'autant plus que plusieurs causes devaient rendre, dans les anciens temps, les dépôts plus considérables qu'ils ne l'ont été par la suite. On pensera donc avec moi, qu'il n'est pas nécessaire d'aller chercher, dans une antiquité très-éloignée, l'époque où ils ont commencé, en reculant même jusqu'aux plaines situées entre Milan et Crémone, les anciennes limites du continent. »

« Cette observation, commune à toutes les vallées, appuyée par beaucoup d'autres phénomènes analogues, conforme à l'histoire des anciens peuples, lorsqu'elle est dégagée des exagérations de l'ignorance orgueilleuse, me fait conclure que l'ordre actuel des choses, n'a pas cette ancienneté qu'ont voulu lui attribuer quelques philosophes dont le calcul embrassait des milliers de siècles. »

On pourrait recueillir sur tous les points du globe des faits semblables à ceux qui viennent d'être mentionnés ; sur les côtes de la mer du Nord, les attérissements s'étendent chaque jour comme sur celle de la Méditerranée ; dans l'Inde, le Gange produit les mêmes résultats que le Nil, en Egypte. Les attérissements du Mississipi, en Amérique, sont encore plus rapides et plus étendus que ceux dont nous avons parlé, puisqu'en moins de cent ans, suivant

Volney, Hall, Darby, etc., les terres qui se sont déposées à son embouchure, se sont avancées de quinze lieues dans le golfe du Mexique.

Or, n'est-il pas vraisemblable que les alluvions étaient beaucoup plus grandes, lorsque des cours d'eau plus nombreux et plus forts que les nôtres débouchaient dans ces mers, ces golfes et ces lacs qui couvraient autrefois presque tout le continent, chargés des terres meubles et des débris de toute sorte, qu'ils trouvaient sur leur passage? « Les alluvions, dit Prony, ont été d'autant plus abondantes, et leurs effets d'autant plus rapides, que les époques auxquelles elles ont eu lieu sont plus reculées, parce que les montagnes étaient beaucoup plus garnies de terre, et ont ensuite fourni d'autant moins que leur ossature s'est dépouillée tellement, qu'à l'époque actuelle les matières entraînées par les eaux dans les plaines, ne produisent que des exhaussements très-lents. »

Après les attérissements, signalons encore d'autres dépôts modernes non moins remarquables, les formations marines et les formations lacustres : produites par les mêmes causes auxquelles sont dues les couches anciennes, elles peuvent nous éclairer sur le passé que nous étudions. « Ces couches de la périodes récente, dit Lyell, [1] peuvent être reconnues soit par des ossements fossiles humains que des causes naturelles y ont enfouis, soit par les objets

---

[1] Nouveaux éléments de géologie.

d'art qu'elles renferment, soit enfin par les preuves
que l'on peut acquérir, que ces dépôts n'existaient
pas dans les lieux où on les observe aujourd'hui,
à une certaine époque de la période humaine : d'où
suit naturellement la conséquence qu'ils doivent être
d'une origine postérieure à celle de l'homme. Bien
qu'en général toutes les formations récentes soient
cachées sous les eaux des lacs et des mers, on peut
néanmoins les examiner là où ces lacs et ces mers
ont été partiellement convertis en terre ferme, ou
bien dans les endroits où le sol submergé a été soulevé par quelque mouvement souterrain, et par suite
mis à sec. »

« C'est ainsi qu'à Pouzzole, près de Naples, on
voit des couches marines qui renferment des fragments de sculpture, de poterie, et des restes de
bâtiments, tout cela mélangé d'une immense quantité de coquilles, lesquelles ont, en partie, conservé leur couleur, et appartiennent à des espèces
identiques à celles qui vivent aujourd'hui dans la
Méditerranée. La partie supérieure de ces lits, dont
l'émersion s'est accomplie depuis le commencement
du seizième siècle, dépasse de vingt pieds (6 m.)
environ, le niveau de la mer. Mais les collines, à la
base desquels ces strates ont été déposées, ainsi que
celles de l'intérieur du pays qui avoisine Naples, et
dont quelques-unes s'élèvent à la hauteur de quinze
cents pieds (457 m.), sont formées de couches horizontales de la période pliocène moderne (formation récente). Les coquilles marines que renferment

ces couches, appartiennent, il est vrai, à des espèces vivantes, mais elles ne sont point accompagnées de débris humains, non plus que d'aucun reste d'ouvrages dus au génie de l'homme. Comme il est parfaitement établi que depuis trois mille ans à peu près, c'est-à-dire, depuis le temps des plus anciennes colonies grecques, aucune révolution considérable n'a eu lieu dans la géographie physique de cette partie de l'Italie, la moindre découverte d'objets, tels que ceux dont il vient d'être question, aurait excité au plus haut point la surprise de l'antiquaire et du géologue, en prouvant, d'une manière irrécusable, que l'homme habitait cette portion du globe, alors que les matières qui composent les collines et les plaines actuelles de la Campanie, étaient encore en voie de se déposer au fond de la mer. »

« Des phénomènes analogues ont été observés en Suède. Quand près de Stockolm, par exemple, on creusa le canal de Sodertelje, on rencontra, dans quelques-uns, des lits horizontaux de sable, de glaise et de marne, qu'il fallut couper à cette occasion, des testacés semblables à ceux qui vivent actuellement dans la Baltique. On découvrit aussi à différentes profondeurs, et mêlés à ces testacés, divers ouvrages d'art indiquant un état grossier de civilisation, et quelques vaisseaux dont la construction remontait à une époque antérieure à l'usage du fer. Ces vaisseaux, et tout ce qu'ils contenaient, après avoir, suivant toute apparence, coulé à fond dans quelque bras de mer, et s'y être remplis de sable et de glaise renfermant des coquilles marines, furent probablement soulevés avec le fond de la mer sur lequel ils reposaient ; d'où suit que la partie supérieure des lits en question, se trouva à soixante pieds (18 m.) au-dessus du niveau de la Baltique. Toutefois, il existe dans le voisinage de ces formations, d'autres dépôts de cent à deux cents pieds (30 à 60 m.) de hauteur, qui, tout en étant exactement semblables aux premiers, sous le rapport de la composition minéralogique et des débris de testacés, ne présentent aucun vestige d'arts humains. En Norwége, certaines formations pareilles atteignent jusqu'à cinq cents et même six cents pieds (152 et 183 m.) d'élévation. Celles que l'on remarque entre autres aux environs de Christiania, où on les a décrites comme étant des portions de rivage soulevées, sont, en réalité, des couches d'argile, de sable et de marne, dont la puissance atteint souvent plusieurs centaines de pieds, et dont l'étendue embrasse une grande partie du pays, où elles remplissent les vallées et les dépressions profondes qui se rencontrent dans le granite, dans le gneiss et dans les roches primaires fossilifères, précisément à la manière dont, en France et en Angleterre, les formations tertiaires reposent sur la craie, ou remplissent les dépressions qui se trouvent dans cette roche. »

« Tous les conchyliologistes s'accordent à penser que les coquilles des dépôts ci-dessus mentionnés

sont presque toutes, et même toutes peut-être, absolument identiques à celles qui peuplent aujour-
d'hui l'Océan adjacent; si bien donc, qu'à défaut
de preuve qui atteste que ces dépôts sont du nombre
de ceux que nous sommes convenus d'appeler récents, il faut les considérer comme des formations
de pliocènes modernes. »

« D'autres couches de formation récente ont été
mises au jour, de la même manière, le long des
côtes occidentales de l'Amérique du Sud. Ces couches consistent assez ordinairement en masses
énormes de coquilles, semblables à celles qui, de nos
jours, abondent dans la mer pacifique. M. Darwin
a trouvé dans un lit de cette nature, situé à la hauteur de quatre-vingt-cinq pieds (26 m.) au-dessus
du niveau de la mer, dans l'île San-Lorenzo, près
de Lima, des fragments de fil de coton, du jonc
tressé, et la tête d'une tige de blé de Turquie, objets
qui, évidemment, avaient été enfouis avec les coquilles. Sur le continent voisin, il trouva, à la même
hauteur, d'autres indices propres à corroborer l'o-
pinion que, là aussi, l'ancien lit de la mer avait été
soulevé de quatre-vingt-cinq pieds (26 m.), depuis
que le pays était habité par les Péruviens.

» L'histoire de la Hollande nous apprend que près
des Bouches-du-Rhin, diverses portions de mer ont,
dans l'espace des vingt derniers siècles, été comblées
et converties en terre ferme, par suite de la formation d'une immense quantité de couches récentes.
D'un autre côté, si nous remontons le Rhin, nous

trouvons, dans toute la partie de son cours, qui
s'étend depuis Cologne jusqu'aux frontières de la
Suisse, un sédiment jaune calcaire, que les Alle-
mands ont appelé loess, et qui renferme des coquilles fossiles, fluviatiles et terrestres, appartenant
à des espèces connues en Europe. La géographie
physique de toute la vallée du Rhin, a, ainsi que la
preuve peut en être fournie, subi des changements
énormes depuis la précipitation de ce dépôt sédimenteux, dont l'épaisseur totale s'élève quelquefois à deux cents ou trois cents pieds (61 ou 91 m.);
la hauteur à laquelle on le trouve, varie entre trois
cents et douze cents pieds (91 et 366 m.) au-dessus
du niveau de la mer. »

Un mot maintenant sur les formations lacustres
post-diluviennes, et, pour être plus court, ne men-
tionnons que celles qui ont été appelées, par M. Boubée, *post-diluvium toulousain.* [1]

« Le nombre des bassins de post-diluvium s'élève
déjà à plus d'une vingtaine, rien que dans nos contrées. Il y en a dans l'Auvergne, dans le Rouergue,
dans le Forez et dans les Pyrénées. Ils appartiennent
tous à la même formation que celui de Toulouse, et
leur époque géologique est, sans aucun doute,
postérieure à celle du cataclysme diluvien. Aucun
de ceux qui ont été reconnus n'est aussi étendu que
celui de Toulouse, qui embrasse la majeure partie
du département de la Haute-Garonne, et qui s'étend

1 Ext. du man. de Boubée.

encore dans le Gers, dans le Tarn-et-Garonne, dans le Tarn et dans l'Ariège. Ce n'est qu'un dépôt formé dans un lac, composé d'argile, de sable et de cailloux entraînés par les cours d'eau qui s'y jetaient, et cependant, le forage d'un puits artésien a fait reconnaître au géologue à qui j'emprunte ce passage, une formation si puissante, que le puits creusé jusqu'à sept cents pieds, n'en avait point encore atteint les limites. »

Voilà donc, rien que dans le midi de la France, des formations assez puissantes pour couvrir, en grande partie, plusieurs départements, déposées récemment par quelques faibles cours d'eau douce ; voilà une couche de plus de sept cents pieds de profondeur, sur une vaste étendue, déposée non pas depuis le déluge jusqu'à nos jours, mais depuis le déluge jusqu'à une époque dont il ne reste aucun souvenir, c'est-à-dire, dans un intervalle de quelques siècles. Voilà des formations marines, dont les unes, comme à Naples, atteignent la hauteur de quinze cents pieds, dont les autres ont cent et deux cents pieds d'épaisseur, comme à Stockolm, cinq cents et six cents pieds, comme en Norwége, etc. ; auprès d'elles, des dépôts d'une composition absolument semblable, offrant des indices évidents de la présence de l'homme, pendant leur formation, sont là comme pour prouver que les premiers appartiennent à notre époque, c'est-à-dire, ont été formés depuis la période de repos où notre monde est entré depuis cinq à six mille ans, et sont arrivés à leur terme depuis au moins trois mille ans.

Avec quelle rapidité ont donc dû se former les terrains inférieurs, lorsque la mer couvrait la plus grande partie des continents, lorsqu'elle avait des bras et des golfes dans leur intérieur, lorsque des fleuves et des rivières débouchaient de toutes parts dans ses bassins et sur ses rivages? Alors surtout dut s'opérer sur une vaste échelle, dans toute sa puissance et dans toute son activité, le phénomène des attérissements.

Ces chaînes de montagnes, ces rochers mis à nu qui ne nous laissent voir que le squelette du globe, ces terrains arides, sans débris organiques, sans humus, ont été sans doute pour la plupart recouverts aussi de terre végétale, de détritus de toute sorte; il est donc à croire que ces immenses portions de la terre si pauvres, si dénudées, ont été dépouillées par les cours d'eau qui ont enrichi les plaines et les vallées. Or, il est évident que ces cours d'eau emportèrent alors une quantité d'autant plus grande des matériaux dont se composent les couches de sédiment, que ces matériaux étaient plus meubles et plus abondants. Les vallons que traversaient les fleuves et les rivières; les lacs et les golfes dans lesquels ils débouchaient, les rivages qu'ils arrosaient, durent donc se combler ou s'étendre bien rapidement, à juger de la grandeur des attérissements anciens par ceux que nous voyons de nos jours, maintenant que les pluies et les ruisseaux ne trouvent plus à dégrader, sur leur route, que les roches dures de nos montagnes; maintenant que nos fleuves et nos rivières ne courent plus que sur des lits de sable et de cailloux.

Quant à l'argument tiré du temps nécessaire à la vie et à la reproduction des végétaux et des animaux, et invoqué par les géologues pour démontrer la nécessité de cette longue période de siècles qu'ils supposent, quelque sérieux qu'il soit, il trouverait peut-être aussi une solution dans un passé bien moins long qu'on ne veut le faire. Les dépôts récents dont parle Lyell, sont remplis, comme les anciens, d'une immense quantité de coquilles qui ont vécu et qui ont péri, pendant que ces couches se déposaient. Le temps nécessaire à la vie et à la reproduction de ces fossiles, n'a pas été plus long que le temps nécessaire à la formation des terrains qui les contiennent, et nous venons de voir que ces terrains n'ont pas leur origine à une époque bien éloignée de nous. Du reste, ce qui se passe actuellement dans la nature vivante, ne peut-il pas nous expliquer l'immense quantité de fossiles contenus dans les terrains géologiques ? Les végétaux ne demandent pour se multiplier à l'infini, dans la proportion de leur semence et de leur graine, qu'un bon sol et de bonnes conditions atmosphériques ; or, suivant les géologues, les vapeurs humides de l'atmosphère, le gaz acide carbonique dont elle était saturée, son état électrique, la température au moins aussi élevée dans tous les climats que celle de notre zône torride, la richesse d'une terre jeune, neuve, pleine de sels stimulants et couverts d'humus, tout était au mieux

ar le globe, pour favoriser la multiplication et le
éveloppement des végétaux. Il y a des plantes qui,
ans une année, arrivent aujourd'hui à leur entier
éveloppement, et qui atteignent plusieurs mètres
e hauteur; il y a des arbres, des forêts d'une belle
enue, qui n'ont pas cent ans ; à en juger par la
égétation actuelle sous les tropiques, il ne fallait
eut-être pas aux végétaux de l'ancien monde, le
uart du temps qui leur est nécessaire maintenant
our arriver à leur développement complet. Que de
lantes de toute espèce, que de forêts épaisses ont
onc eu tout le temps de naître, de vivre et de mourir,
eulement dans l'espace de quelques siècles, au
remier âge du monde ! D'un autre côté, les ani-
aux de toutes les classes et de tous les ordres se
ultiplient, en quelques années, dans les termes
'une progression si rapide, qu'elle ne laisse rien à
ésirer aux exigences de la paléontologie. Les mol-
sques et les poissons déposent chaque année un
ai composé de germes ou d'œufs innombrables ;
n couple d'oiseaux, en lui donnant annuellement,
omme terme moyen, seulement six œufs, quoi-
u'il y en ait grand nombre qui en ont plus de douze,
eut produire, au bout de treize ans, plus de trente
illions d'individus; parmi les mammifères, le
ouple qui n'a qu'un petit par année, peut former,
n moins de cinquante ans, une famille de plus de
inq millions d'individus, et le couple qui en a dix,
tteint, dans dix ans, le chiffre énorme de plus de
ingt millions. Qu'on suppose ces animaux se mul-

tipliant ainsi pendant quelques siècles, et il faut les compter par milliards. Sans doute, bien des obstacles viennent arrêter maintenant cette effrayante propagation, possible dans d'autres circonstances; mais, à l'époque dont il s'agit, toute la nature lui était favorable. Les animaux terrestres, maîtres de toutes les richesses végétales, en jouissaient en toute liberté, et sans pouvoir suffire à les consommer. Les animaux marins devaient aussi être bien plus nombreux qu'ils ne sont aujourd'hui, puisque le domaine de la mer était beaucoup plus étendu. Les mollusques surtout devaient former une population innombrable, car ces animaux ne vivent guère dans les profondeurs de la mer; ils habitent les rivages, les bancs, les rochers; il leur faut de l'air, de la chaleur; et, à cette époque, la plus grande partie des continents offrait partout des bas-fonds, des lits de sable et de limon, des rivages sans nombre. Ainsi peut s'expliquer l'immense quantité de mollusques qui se trouvent dans les couches fossilifères.

Les questions que nous venons de toucher dans ce chapitre, sous la forme d'observations ou de considérations qui attendent de nouvelles études, deviendront avec le temps plus positives, et pourront donner lieu à des conséquences précises et nettement formulées, qui lèveront bien des difficultés entre la science et la révélation. Dans ce cas, les systèmes géologiques ne pourraient en effet que se rapprocher de la cosmogonie mosaïque, et se mettre dans un accord plus simple et plus complet avec le récit de la Genèse. Il y a même eu déjà bien des hommes de savoir et de talent, qui, appuyés sur ces considérations ou sur des observations de même genre, comme sur des faits incontestables à leurs yeux, comme sur des principes certains, ont rejeté l'hypothèse des *jours-périodes*, ainsi que l'hypothèse *antéhexamérique*, et prenant les jours génésiaques, dans le sens le plus naturel, ont cru trouver dans cet intervalle d'environ six mille ans qui nous séparent de la création de l'homme, assez de temps pour y placer tous les événements dont se compose l'histoire de notre globe, telle que nous la présentent les phénomènes géologiques. C'est ainsi que MM. Victor de Bonald, Chaubard, etc., ont cherché la formation des couches qui constituent l'enveloppe de la terre, dans les dépôts qui se sont faits depuis la création de l'homme jusqu'au déluge, dans leur déplacement et leur transport, par les hautes marées et les mouvements continuels des eaux pendant la durée de l'inondation. Ainsi encore, dans ces dernières années, M. l'abbé Maupied [1] entreprenait la même tâche, à un autre point de vue : considérant les jours génésiaques comme des jours de vingt-quatre heures, sans mettre d'intervalle entre le premier et le deuxième verset du premier chapitre, il faisait remonter à ces deux versets l'œuvre du premier jour, dont la création de la matière

---

[1] Physique sacrée.

aurait fait partie. L'entreprise était hardie ; M. Maupied l'a poursuivie avec courage et avec talent,
dans l'exposition de l'œuvre des premiers jours.
Arrivé à l'œuvre des derniers jours, il a senti combien était peu tenable la position qu'il avait prise,
et s'est arrêté, je crois, devant les immenses difficultés que devait lui présenter l'explication des
couches sédimentaires et fossilifères. Son travail a
été repris par M. l'abbé Glaire, l'auteur des *Livres
Saints vengés*; mais toutes les difficultés n'ont pas
été vaincues, et il faut avouer que la solution du
problème est loin d'être satisfaisante. Tout récemment, la thèse abandonnée par M. Maupied, reprise
par M. Glaire, a été remaniée par le P. Debreyne, [1]
refondue avec celle de M. Chaubard, et solennelle-
ment proclamée comme devant donner enfin le *mot*
de l'énigme que les sciences cherchent inutilement
depuis longtemps. Mais, il faut l'avouer encore, la
force luminique et le *second déluge* du R. Père, ne
paraissent pas non plus destinés à répandre « [2] sur
les plus hautes et les plus difficiles questions dont
s'occupe le siècle en ce moment, les lumières » qu'il
appelle. Il est encore vrai de dire, après la théorie
biblique, que « les sciences humaines ont besoin
d'être révisées et remaniées... qu'elles attendent l'homme qui, par la puissance de son génie
et l'autorité de son nom, puisse imposer au monde

1 Théorie biblique.
2 Paroles du P. Debreyne.

des idées plus hautes et plus bibliques » ; que cet homme, qui sera « la synthèse de son siècle », n'est pas encore venu.

Ce ne sont ni les travaux d'imagination, ni les inventions de la science spéculative qui nous donneront la vérité dont nous avons besoin. La géologie doit être une science de faits bien déterminés, appréciés par leur comparaison avec les phénomènes de même genre dans l'ordre physique actuel, et non pas une science d'hypothèses, souvent très-ingénieuses, mais toujours exposées à crouler, quand elles ne reposent que sur des données incertaines, quand elles n'ont pas leur raison dans les lois bien connues de la nature.

CHAPITRE IV.

Le déluge. — Traditions. — C'est un fait géologique incontestable.

1° Existence du déluge. — Monuments du déluge. — Vallées de dénudation. — Rochers dénudés. — Blocs erratiques. — Dépôts de sables et de galets. — Hypothèse de Hutton, de Lyell, etc., sur les roches de transport. — Autres témoins du déluge, les animaux semblables aux nôtres. — Cavernes à ossements; brèches osseuses.

2° Unité du déluge. — Raison de la dispersion des dépôts diluviens. — Ces dépôts accusent une même cause. — Ils sont tous de même nature. — Toutes les traces laissées par le déluge ont la même direction. — Les cailloux roulés, les blocs erratiques, les vallées, les sillons creusés sur les montagnes, vont toujours du nord au sud.

3° Durée du déluge. — La nature des dépôts diluviens prouve qu'ils sont le produit d'une action violente et passagère. — Le déluge n'a pas laissé de formation. — Récit de Moïse.

4° Universalité du déluge. — Les dépôts diluviens sont répandus en tous lieux. — Les traces du déluge sont restées partout. — L'hypothèse d'une inondation partielle aussi considérable, est difficile à expliquer physiquement. — Le déluge n'était peut-être que moralement universel. — Cette opinion a été soutenue et n'a pas été condamnée. — Isaac Vossius. — Commentaire de M. Maupied, sur le passage de la Genèse relatif au déluge.

5° Causes du déluge. — Hypothèse de M. Elie de Beaumont. — Tous les agents de la nature peuvent avoir été mis en œuvre pour produire le déluge. — Récit de Moïse. — Différents réservoirs de la nature. — Le globe fut enseveli sous les mêmes eaux qui l'avaient enveloppé, au commencement des choses, comme l'avait dit Moïse, et comme l'ont reconnu les géologues. — Aux eaux de la mer et de l'atmosphère, il faut ajouter celles provenant des neiges et des glaces des montagnes et des deux pôles. — Bernardin de S. Pierre attribue le déluge à l'effusion des glaces polaires. — Les mers intérieures. — Moïse ne nous donne pas le déluge comme un fait purement naturel.

6° Epoque du déluge. — Chronomètres naturels. — Alluvions, dunes. — Observations et calculs de Bremontier, de Deluc, confirmés par Dolomieu, Cuvier.

7° Existence de l'homme à l'époque du déluge. — Les géants antédiluviens. — Les géologues ont nié l'existence de l'homme à l'époque du déluge. — En ont-ils le droit? — Bien des fossiles nouveaux se découvrent chaque jour. — On a trouvé des fossiles humains dans des terrains regardés comme diluviens. Brèches osseuses de la Dalmatie, etc. — Cavernes des départements de l'Aude, du Gard, etc. — Cavernes de la Belgique, etc. — Foss.les de races nègres trouvés en Belgique, en Autriche, etc. — Ce sont les terrains habités par les premiers hommes qui sont le plus inconnus aux géologues. — Les fossiles humains doivent être plus rares que les autres. — Que les géologues fassent de nouvelles fouilles et la lumière se fera.

De tous les événements anciens, il n'en est pas qui soit demeuré plus profondément gravé dans la mémoire des peuples, que le déluge. Egyptiens, Chaldéens, Perses, Indiens, Chinois, Grecs et Romains, tous sont d'accord sur ce fait d'épouvantable mémoire, et même sur ses circonstances les plus remarquables. Toutes les traditions des temps antiques, nous apprennent que le genre humain coupable a péri dans les eaux , à l'exception d'un petit nombre de personnes privilégiées qui furent sauvées miraculeusement pour repeupler la terre, et ces traditions ont passé dans l'histoire et dans la religion , chez tous les peuples.

Manéthon dit que son histoire d'Egypte a été composée sur les mémoires gravés par le permier Mercure sur des colonnes *avant le déluge*. Les Egyptiens disaient aussi que ce Mercure avait gravé les principes des sciences sur des colonnes qui purent résister au déluge. Cet événement était donc chez eux un fait admis universellement ; on trouve même dans leurs mythes et dans leurs allégories, les traits les plus frappants relatifs au déluge. Ainsi, ils croyaient qu'Osiris avait été forcé par Typhon, de se renfermer dans l'arche le dix-septième jour du second mois ; c'est le même jour du même mois assigné par Moïse pour l'entrée de Noé dans l'arche.

Bérose, qui écrivait à Babylone au temps d'A-lexandre , parle du déluge dans les mêmes termes que Moïse, et il le place immédiatement avant Bélus , père de Ninus. Son Noé se nomme Xisuthrus, séparé du premier homme par dix générations, comme Noé est séparé d'Adam.

Chez les Chinois, Confucius qui vivait environ deux mille ans avant Jésus-Christ, commence l'histoire de ce peuple par un empereur nommé Iao, qu'il représente comme occupé à faire écouler les eaux qui , s'étant élevées jusqu'au ciel , baignaient encore le pied des plus hautes montagnes, couvraient les collines moins élevées, et rendaient les plaines impraticables.

Les Livres sacrés des Indiens, composés à peu près dans le même temps que la Genèse, parlent aussi de la grande inondation, et leur histoire du déluge est d'une similitude frappante avec le récit de Moïse.

Enfin, tout le monde sait que les Grecs et les Romains connaissaient le déluge, et que leurs poëtes n'ont fait que confirmer la tradition générale, quoiqu'ils l'aient défigurée dans leur mythologie.

Non-seulement tous les peuples sont d'accord sur le fait, mais ils lui assignent encore à peu près la même date. Suivant le texte samaritain, le déluge de Noé eut lieu l'an 3044 avant Jésus-Christ; le déluge indien en l'an 3101; le déluge chinois en l'an 3082; on voit que la différence d'époque n'est pas grande.

Aussi cette universalité, cette uniformité de traditions sur le déluge est-elle avouée aujourd'hui par tout le monde. « La nature, disait Cuvier, [1] nous tient partout le même langage; partout elle nous dit que l'ordre actuel des choses ne remonte pas très-haut; et, ce qui est bien remarquable, partout l'homme nous parle comme la nature, soit que nous consultions les vraies traditions des peuples, soit que nous examinions leur état moral et politique, et le développement intellectuel qu'ils avaient at-

[1] Disc. sur les oss. foss.

teint au moment où commencent leurs monuments authentiques. » L'auteur incrédule de *l'antiquité dévoilée*, a dit lui-même : « Il faut prendre un fait dans la tradition des hommes, dont la vérité soit universellement reconnue : quel est-il? Je n'en vois pas dont les monuments soient plus généralement attestés, que ceux qui nous ont transmis cette révolution physique qui a, dit-on, changé autrefois la face de notre globe, et qui a donné lieu à un renouvellement total de la société humaine; en un mot, le déluge me paraît être la véritable époque de l'histoire des nations.

D'un autre côté, il n'y a point, dans l'histoire du globe, d'événement mieux constaté, mieux défini en géologie, que cette grande révolution dont tous les peuples ont conservé le souvenir. Cette catastrophe épouvantable a laissé partout les traces de ses ravages, comme pour offrir partout aux hommes les preuves qui doivent confirmer les traditions sacrées et les traditions historiques. Dans le siècle dernier, on essayait encore de nier le déluge universel, car il fallait délivrer le genre humain des superstitions bibliques; mais on n'a pu renverser les monuments géologiques qui le prouvent, et aujourd'hui tous les géologues disent avec Cuvier : « S'il y a quelque chose de constaté en géologie, c'est que la surface de notre globe a été victime d'une grande et subite révolution. » Sur le fait fondamental, la géologie est donc dans un parfait accord avec la Genèse; elle reconnaît le déluge, elle peut même fixer l'époque où il a eu lieu, etc. Mais auprès de la question principale, il y a des questions secondaires qui ne sont pas sans importance au point de vue religieux, comme les causes, l'universalité du cataclysme, l'existence de l'homme dans ces jours de désolation, et ici le langage de la science n'est pas toujours le même que celui de la Genèse. Il faut pourtant que le récit de Moïse sur le déluge soit justifié jusque dans ses détails, car nous croyons qu'il n'a dit que la vérité sur les circonstances comme sur le fait lui-même.

Nous allons donc examiner et les points sur lesquels les découvertes modernes ont porté la lumière, et ceux qu'elles ont laissés dans l'ombre : 1º L'existence du déluge ; 2º Son unité ; 3º Sa durée ; 4º Son universalité ; 5º Ses causes ; 6º Sa date ; 7º L'existence de l'homme à cette époque.

1º *Existence du déluge.*

Les deux hémisphères, le nouveau comme l'ancien continent, les plaines et les montagnes portent partout les traces évidentes de l'effroyable inondation qui a ravagé la terre, à une époque qui ne peut remonter bien au-delà des temps historiques.

La surface du globe bouleversée, déchirée, fracturée par endroits jusqu'aux plus grandes profondeurs ; les couches meubles balayées au fond des vallées, jetées les unes dans les autres, comme les vagues d'un océan furieux ; des bancs de sables et de cailloux , portés çà et là sur tous les points ; des rochers énormes roulés dans les plaines et à toutes les hauteurs, sur un sol auquel ils ne peuvent appartenir ; des collines rompues comme des digues impuissantes, sillonnées par des torrents impétueux ; d'immenses débris de coquilles, de plantes marines, portés jusqu'au sommet des montagnes ; des animaux dont les espèces nous sont inconnues , ou qui du moins ne se retrouvent que dans les climats les plus éloignés, ensevelis confusément avec des plantes et des fruits dans toutes les terres de nos continents ; tels sont les effets et les irrécusables témoins du déluge.

Il n'y a point ici d'œuvre d'aggrégation ni d'assimilation comme celle que nous avons pu reconnaître dans les couches inférieures aux terrains diluviens ; le peu de durée de cette révolution et la nature convulsive de son action , n'ont pu donner lieu à une lente opération de dépôts successifs. Le déluge n'était pas un agent de formation ; il ne devait donc laisser que des traces de dislocation et de destruction. C'est aussi au milieu des ruines de la nature que nous trouvons les preuves de son passage. [1] « Le premier phénomène qui a été attentivement observé et proposé comme preuve d'une inondation soudaine et complète, comme le suppose un déluge, est ce qu'on connaît dans les ou-

[1] Wiseman.

vrages modernes sous le nom de *vallées de dénudation*. Catcott, dans son ouvrage sur le déluge ,
fut le premier à en parler ; mais on les a examinées
depuis lui, avec plus d'attention et d'exactitude. On
entend par ce nom, des *vallées creusées* entre des
collines , dont les couches se correspondent exacte-
tement, tellement que la vallée a été évidemment
excavée dans leur masse. » Pour se représenter ces
vallées, qu'on se figure deux collines composées de
couches de même nature , mises à nu sur les deux
flancs ou sur les deux versants qui se regardent , se
succédant dans toute leur étendue , sur des plans
parallèles et avec des dimensions correspondantes ,
dans le même ordre de superposition. Il est évident
que ces couches étaient continues avant le creuse-
ment qui a fait la vallée. Si aucune rivière ne coule
entre ces collines , si aucun agent opérant actuellement n'a pu creuser le lit profond qui les sépare ,
quelle autre cause qu'un torrent extraordinaire aura
pu ronger cette formation et en enlever les terres
qui occupaient autrefois le vide de la vallée ? Or, la
plupart de ces vallées n'offrent aucun indice de
courants d'eau actuels, la plupart sont des *vallées
sèches*; on en voit même dont les couches compo-
sant la formation rompue par la vallée, sont verticales, et qui perdent ainsi , dans les terres per-
méables de leurs joints , toutes les eaux pluviales
qu'elles reçoivent.

Le docteur Buckland a examiné les vallées de
dénudation sur la côte de Devon et de Dorsec.

D'après là description qu'il en a donnée, « [1] il paraît
que la côte entière est coupée par des vallées s'ouvrant sur la mer, et qui divisent les couches des
collines de manière à ce qu'on reconnaît leur cor-
respondance parfaite. Sur les côtés de ces vallées,
on voit des acumulations de gravier, déposées
évidemment sur les pentes des collines et au bas de
la gorge par la force qui a creusé l'excavation. Ce
ne peut avoir été aucun agent opérant actuellement,
car aucune rivière ne coule dans la plupart de ces
vallées, et dans le gravier déposé on trouve des
restes d'animaux, tels qu'une inondation soudaine
aurait pu les détruire dans l'ordre actuel de la
création. Des exemples semblables pourraient être
produits d'après les travaux d'autres géologues. »

D'autres monuments du déluge très-communs
aussi, sont ces masses énormes de rochers élevés
au-dessus du sol qui les porte, isolés tantôt sur le
sommet, tantôt sur le flanc des montagnes. Beaucoup sans doute n'ont été mis à découvert que par
l'action lente des pluies, ou par des courants d'eau ;
mais il en est d'autres que les cours d'eau ne peuvent point atteindre, et que les pluies les plus violentes et les plus continues n'ont jamais pu séparer des terres qui devaient les envelopper. Le
Mont-Cervin, dans le Valais, présente une pyramide
de trois mille pieds d'élévation sur les plus hautes
Alpes. « Quelque partisan zélé que je sois de la

[1] Wiseman.

cristallisation, dit Saussure, [1] il m'est impossible
de croire qu'un semblable obélisque soit sorti directement sous cette forme des mains de la nature :
la matière qui l'entourait a été brisée, enlevée, et
on ne voit dans les environs, rien que d'autres ai-
guilles qui, comme celle-ci, s'élèvent du sol d'une
manière abrupte, et aussi, comme elle, ont les côtés
dénudés par une action violente. » A Greiffenstein,
en Saxe, on trouve un nombre considérable de
prismes granitiques, s'élevant sur une plaine à
plus de trente mètres. Chacun de ces prismes est
divisé en blocs par des fissures horizontales, et ils
font naître l'idée d'une grande masse de granite
dont les parties les plus tendres ont été violemment
arrachées.

[2] Les blocs erratiques sont des monuments du
déluge, dont le témoignage est plus frappant encore. Ceux-ci ne sont pas restés en place, comme
les géants dépouillés dont nous venons de parler ;
ils ont été arrachés aux chaînes de rochers que le
torrent dévastateur a rompues, et ils ont été entraînés au loin par une force telle, qu'aucun agent
de la nature actuelle ne peut nous en donner l'idée.
Ce sont des masses énormes, semées dans les
plaines, semées sur les flancs comme sur le sommet
des montagnes, à la surface du sol, dans toutes les
parties du globe et à de très-grandes distances des

1 Voyages dans les Alpes.
2 Voir, 1re Partie, ch. 13.

lieux d'où elles ont été détachées. Quelques-uns de ces blocs ont un volume qui va jusqu'à quinze cents mètres cubes, et pèsent jusqu'à trois cent mille kilogrammes. Ils reposent sur des sables ou sont enfouis dans des dépôts meubles ; ils appartiennent aux roches des terrains anciens, aux granites, aux syénites, aux quartzites, aux schistes ; on en connaît de calcaires, contenant des débris de madrépores, des trilobites, etc. Ils sont ordinairement disposés par bandes parallèles, quelquefois elliptiques, dans une direction constante du nord-est au sud-ouest, et cette circonstance remarquable a été reconnue en Amérique comme dans l'ancien continent.

[1] « De la Bèche a trouvé au sommet de la colline du grand Haldon, élevé d'environ huit cents pieds au-dessus du niveau de la mer, des fragments de roches qui doivent être provenus des niveaux inférieurs. J'ai trouvé là, dit-il, des monceaux de porphyre rouge quartzifère, de grès rouge compacte, et de roche siliceuse compacte aussi, qui ne sont pas rares dans la grawacke du voisinage, où toutes ces roches se trouvent à des niveaux plus bas que le sommet du Haldon, et où certainement ils ne peuvent pas avoir été charriés par les pluies ou les rivières, à moins de supposer que ces dernières ne remontent les collines.... M. Philippe a découvert dans le diluvium de Holderness, des

1 Extrait des Conf. de Wiseman.

fragments de roches , non-seulement du nord de l'Angleterre, mais même de la Norwége , qui auraient par conséquent été transportés à travers la mer du Nord , c'est à-dire à plus de deux cents lieues de leur origine. Le même écrivain nous expose un singulier phénomème de la même espèce. Dans la vallée du Wharf , le substratum de schiste est couvert par une couche de calcaire, au sommet de laquelle , à une hauteur de cinquante ou de cent pieds , nous trouvons d'énormes blocs de schiste, transportés en grande abondance ; et plus loin , sur les falaises, à une élévation de cent cinquante pieds, les blocs sont encore plus nombreux. Ils paraissent avoir été chassés sur un point particulier par un courant vers le nord , et ensuite charriés sur la surface du calcaire. En sorte que nous avons un dépôt de calcaire sur du schiste , et ensuite une translation violente de blocs de cette roche sur la surface du dépôt.

On observe sur le continent précisément les mêmes apparences. En Suède, en Russie, on trouve de grands blocs que tout annonce avoir été transportés du nord au sud ; le comte Rasowmousky remarque que ceux qu'on voit entre Saint-Pétersbourg et Moscou viennent de la Scandinavie, et sont disposés en lignes du nord-est au sud-ouest. Les blocs erratiques, depuis la Dwiéna jusqu'au Niémen, sont attribués par le professeur Pusch, à la Finlande, au lac Onéga et à l'Estonie ; ceux de la Prusse orientale et d'une partie de la Pologne appartiennent à trois variétés, qui toutes trois se trouvent dans les environs d'Abo, en Finlande, c'est-à-dire à cent et cent cinquante lieues des points où les blocs ont été portés, après avoir traversé le golfe de Finlande. En Amérique, il en est de même ; le docteur Bigsby, décrivant l'aspect géologique du lac Huron, remarque que « les rives de ce lac paraissent avoir été soumises à l'action d'une irruption violente des eaux et de matières flottantes venant du nord. L'existence de ce flot impétueux est prouvée non-seulement par l'état d'érosion de la surface sur la grande terre du nord et les îles éparses de la chaîne manitouline, mais par les immenses dépôts de sable et les masses de roches roulées que l'on trouve en monceaux sur chaque plateau, tant sur le continent que dans les îles ; puisque ces fragments sont presque exclusivement primitifs, et sont, dans plusieurs cas, identiques avec les roches primitives, *in situ*. Sur la côte septentrionale, et comme en outre, le pays au sud et à l'ouest est de formation secondaire jusqu'à une grande distance, la direction de ce grand courant du nord au sud paraît bien attestée. »

Dans les Alpes, les blocs erratiques ont été examinés particulièrement par M. Elie de Beaumont, et plus récemment par M. de la Bèche. Suivant ces géologues, leur position est précisément celle que nous pourrions supposer que leur donnerait l'impulsion d'un immense courant d'eau, se précipitant à travers les vallées et emportant avec lui des fragments des montagnes près desquelles il passe, et remplissant des cavités entières avec les ruines qu'il entraîne. Lorsqu'un escarpement ou quelque proéminence de terrain obstrue sa course, il dépose une plus grande accumulation de matériaux. Les blocs sont d'autant plus gros, qu'on les trouve plus près de la place d'où ils ont pu être arrachés, tandis qu'ils diminuent de volume et sont plus usés par le frottement à mesure qu'ils s'éloignent.

A côté des blocs erratiques, signalons encore les immenses dépôts de sables marins et de galets, remplis de coquilles marines et fluviatiles, que l'on trouve sur toute l'étendue des continents, jusqu'au sommet des montagnes, tantôt s'étendant en plaines immenses, tantôt se relevant en collines arrondies, ici remplissant de larges vallées, là s'élevant sur des coteaux à des hauteurs que ne peuvent atteindre les eaux actuelles, et qui tous nous disent aussi que la mer a fait irruption sur la terre. L'épaisseur de ces dépôts varie, suivant Brongniart, depuis quelques décimètres, comme dans les environs de Paris et dans quelque partie de la Suède, notamment dans la Scanie, jusqu'à vingt-cinq mètres, comme au pied des Apennins, cent mètres dans la plaine de Crau, en Provence, et même cinq cents mètres, comme dans la vallée du Pô, canton de la Loire. Les sables et les cailloux sont semblables à ceux que les flots ballottent sur nos rivages, et les coquilles appartiennent à des espèces actuellement existantes pour la plupart, en sorte qu'il faut en conclure que ces produits sont de formation récente, et que l'inondation à laquelle ils sont dus est elle-même d'une époque récente.

[1] « Voilà donc des faits et des faits irrécusables, prouvant d'une manière incontestable que le nord de notre continent a été, comme le midi, troublé, bouleversé par une révolution terrible, et des courants d'eau d'une puissance qui étonne l'imagination. »

« En se promenant au sein de ces grandes masses jetées comme à l'aventure de côté et d'autre, et de tous ces dépôts que l'on foule à ses pieds, quel est l'homme assez stupide pour contempler un pareil spectacle de sang-froid, et ne pas se demander avec une sorte d'inquiétude : comment se trouvent-ils ici ces corps lourds et pesants, qui reposent sur un sable mouvant, ou sur d'autres matières presque aussi mobiles, et n'appartiennent point au sol qui ne fait que les supporter? »

Quelques géologues, Fuchsel, Hutton, et après eux Playfair et Lyell, ont prétendu que toutes les vallées ont été creusées par les rivières qui les parcourent, que le transport des blocs erratiques a pu se faire par des glaces flottantes, que les dépôts de sables et de cailloux ont été faits par des marées, etc. Cette hypothèse sur le transport des sables, des cailloux et des blocs erratiques n'infirme pas les conclusions auxquelles nous avons été conduits, car il serait toujours vrai qu'il a fallu des marées ex-

____

[1] Rasowmouski. *Ann. des sciences naturelles.*

traordinaires, des torrents impétueux pour porter ces sables et ces cailloux sur des points et à des hauteurs où les eaux actuelles ne peuvent jamais atteindre ; il serait toujours vrai qu'il a fallu des cours d'eau bien rapides et bien puissants pour porter des glaçons chargés des blocs erratiques, dans les plaines et sur les montagnes où ils se trouvent ; et il serait toujours vrai que ces marées et ces torrents ne s'expliqueraient que par le déluge. Quant à la formation des vallées, il peut y en avoir qui ont été creusées par les rivières qui les parcourent ; mais, en général, les vallées de dénudation dont nous avons parlé, ne paraissent pas dues à l'action lente d'une érosion commune. D'un autre côté, comme l'a observé Greenough, les cours d'eau, les rivières, les fleuves élèvent plutôt leur lit qu'ils ne le creusent ; leur action tend plutôt à remplir qu'à excaver les vallées. En creusant des puits sur leurs bords, on voit qu'ordinairement le dépôt de sédiment descend plus bas que le lit de la rivière. « L'action des rivières, continue Greenough, doit consister soit à remplir, soit à creuser, mais ne peut faire les deux à la fois. Si leur action consiste à excaver, elles n'ont pas formé ces lits de gravier ; si c'est à remplir, elles n'ont point excavé la vallée. »

Enfin, un autre moyen de preuve nous est encore fourni par tous ces animaux congénères aux nôtres ou s'en éloignant très-peu, ensevelis à la surface de la terre, dans nos terrains meubles, et tellement

serrés et multipliés, tellement étrangers les uns aux
autres, qu'on ne peut expliquer que par une subite
destruction, leur présence aux lieux où ils se trouvent. [1] « De plus, ces animaux sont souvent dans
des climats fort différents de ceux où ils vivent aujourd'hui. C'est ainsi que Cuvier a trouvé, à notre
latitude, les fossiles mêlés de la renne et du rhinocéros, et que les rivages de la mer glaciale sont
semés de débris appartenant à des buffles, des rhinocéros et des éléphants, qui ne vivent guère maintenant que dans les pays chauds. Ces animaux ayant
péri là où ils ne vivent pas, il s'ensuit de deux choses
l'une : ou qu'ils ont été chassés de leur résidence
et rassemblés ailleurs par quelque grande catastrophe physique ; ou que s'ils sont morts dans
leurs zônes habituelles, leurs débris ont été transportés en masse là où nous les rencontrons. Quelle
que soit celle des deux hypothèses qu'on embrasse,
le déluge se présente comme l'agent naturel d'un
transport violent ; hors de là, l'explication de ces
faits est au moins fort difficile.

Il paraît très-probable que les animaux conservés
quelquefois même avec leur chair, dans le sol glacé
des régions septentrionales, comme les éléphants.
les rhinocéros dont on trouve si souvent des cadavres entiers sur les rives du Kéta, du Trugan,
de la Léna, de la Mungazea, etc., ont vécu et sont
morts là où ils sont maintenant gisants. La tempé-

1 Extrait des Notes du *Cours complet d'Écriture sainte.*

rature de ces climats aurait donc changé tout d'un coup, car ces animaux ne vivraient pas aujourd'hui à ces latitudes, et le changement a dû être si brusque, qu'ils ont été gelés presque aussitôt après leur mort, puisque leur chair n'a pas eu le temps de se décomposer. Une solution positive de cette question est certainement difficile; « mais assurément, comme le dit Mgr Wiseman, tous ces faits se concilient très-bien avec l'idée d'un fléau, destiné non-seulement à faire disparaître toute vie de dessus la terre, mais aussi à compléter la malédiction originelle, en causant des modifications au climat ou aux autres agents qui influaient sur la vitalité, de manière que l'immense longévité de l'espèce humaine peut se réduire de la longue période de la vie antédiluvienne, au terme plus raccourci de la vie patriarcale. »

En parlant des fossiles diluviens, nous ne pouvons oublier ceux que nous ont conservés les cavernes à ossements. Comme nous l'avons déjà dit, [1] les dépôts de ces cavernes consistent en un limon argileux ou pierreux, composé ordinairement de carbonate de chaux, de vase, de fragments de roches, de cailloux roulés ou brisés; dans le dépôt sont ensevelis des débris d'animaux, dont quelques-uns s'éloignent un peu des nôtres, mais dont la plupart sont les mêmes. Ces débris sont ordinairement bien conservés, quelquefois ils sont rongés, fracturés et comme entamés par les dents d'un ani-

____
1 1re Partie, ch. 13.

mal carnassier; rarement ils sont assez réunis pour donner un squelette entier. On a cru longtemps, avec Cuvier, qu'on ne trouvait point dans ces cavernes de restes d'animaux marins; ce n'est plus une question aujourd'hui, on y a reconnu des vertèbres et des écailles de poissons, des dents de squale, etc. La plupart des géologues considèrent les cavernes à ossements comme des antres d'animaux carnassiers, habités surtout par des hyènes et des ours qui y apportaient leur proie, les différents animaux dont les restes se trouvent mêlés avec leurs propres ossements, et ils ajoutent que cet état de choses a été soudainement terminé par l'irruption dans les cavernes, d'une masse d'eau bourbeuse qui aurait tout enseveli sous les terres limoneuses qu'elle charriait. Il paraît du moins bien vraisemblable que quelques-unes de ces cavernes, comme celles où l'on trouve des restes d'animaux marins, celles qui sont situées à des hauteurs où les flots de la mer ne peuvent jamais atteindre, comme celle de Durfort, dans le Jura, élevée de trois cents pieds au-dessus du niveau de la mer, n'ont été remplies ou fermées que par les torrents diluviens.

¹ Non-seulement, dit M. Desdouits, on ne peut expliquer facilement que par le déluge la présence de tant de débris d'animaux accumulés dans un dépôt limoneux et dans un espace fort étroit, mais encore il est manifeste que les animaux qui y ont

---

1 Notes du *Cours comp* d'*Écriture sainte*.

laissé leurs dépouillés, s'y trouvaient réunis par une cause extraordinaire et en vertu de quelque contrainte ; car, le plus souvent, les ossements mélangés sont d'espèces antipathiques et ennemies. Ainsi l'on trouve mêlés ensemble des os de tigres, de lions, d'éléphants, de rhinocéros, d'ours, de bœufs, de chevaux et d'autres herbivores. Comment expliquer la coexistence de ces diverses races dans ces étroits repaires ? »

« Il faut dire de deux choses l'une : ou bien que ces cavernes servaient d'abri aux animaux féroces qui y transportaient les victimes dont ils faisaient leur proie ; ou bien que carnivores et herbivores s'y sont transportés accidentellement et en masse, poursuivis par un danger commun devant lequel ils fuyaient, et contre lequel ces cavernes leur ont paru un refuge. La première hypothèse fut-elle admissible par elle-même, ne serait pas pour cela plus vraisemblable que la seconde, et la vraisemblance est tout en faveur de celle-ci. En effet, dans la première supposition, on ne devrait trouver dans les cavernes à ossements qu'un seul genre de carnassiers, car autrement il faudrait faire vivre ensemble tous les genres qu'on y trouve mêlés. Or, admettra-t-on que des tigres, des lions, des hyènes et des ours aient eu un même repaire, et s'y soient partagé les victimes dont ils font leur nourriture ? Dira-t-on que les carnassiers n'y ont séjourné que successivement ? Mais alors les ossements des herbivores devraient être beaucoup plus nombreux que ceux des carnassiers. Or , dans la célèbre grotte de Gaileu-reuth , en Bavière, sur cent ossements , il y en avait quatre-ving-sept d'ours. Dans les grottes de Bize, département de l'Aude , on trouve, avec une mul-titude d'ossements d'herbivores , des ossements d'ours , des coquillages, des os humains et des dé-bris de poterie, le tout mêlé d'un limon noir et rouge. Il faudrait donc admettre que l'homme aurait ha-bité cette caverne avec les produits de son industrie, après les ours qui en auraient fait un charnier de bœufs et de chevaux , et que cet homme y aurait passé et terminé sa vie, sans avoir d'autre tombeau que la surface du sol de cette caverne. Mais en ac-ceptant cette hypothèse puérile, les coquillages et l'épais limon qui enveloppe les ossements restent tout-à-fait inexplicables. »

« L'explication est facile dans l'hypothèse dilu-vienne. Poursuivis par le torrent à mesure qu'il en-vahissait les diverses parties du globe, les animaux de tous genres se seront refugiés pêle-mêle dans les cavernes, où les flots les auront atteints; ou bien l'eau diluvienne charriant de nombreux débris se sera engouffrée dans ces souterrains où elle les aura déposés. C'est ainsi que l'homme avec les produits de ses arts, c'est ainsi que des coquillages se trouvent confondus avec tous les autres fossiles dans l'épais limon abandonné par les flots. »

Après ce que nous venons de dire sur les cavernes à ossements, il nous suffira de mentionner les brèches osseuses, autres dépôts fossilifères et bien proba-

blement aussi autres monuments du déluge. Ces
dépôts, composés de calcaire, de gravier, de fer hydraté, contiennent une grande quantité d'os brisés
comme s'ils avaient été transportés violemment par
les eaux, ordinairement agglutinés par un ciment
rougeâtre, et appartenant à des animaux qui ont la
plus grande ressemblance avec ceux du terrain diluvien superficiel. Les brêches osseuses se trouvent
sur tous les points de l'Europe, dans les fentes de
rochers qu'elles remplissent comme une maçonnerie.
Les plus remarquables, celles qui ont été le mieux
étudiées et le plus exactement décrites, sont celles
des côtes de la Méditerranée ; quoiqu'à de grandes
distances les unes des autres, elles contiennent à
peu près les mêmes ossements, ce qui ferait présumer qu'elles ont été formées en même temps et de
la même manière. L'âge de ces brêches, comme
celui des cavernes à ossements, n'est pas toujours
facile à déterminer, et pourrait ne pas être rapporté,
sans exception, à la formation diluvienne ; mais ce
qui prouve que l'origine de la plupart doit remonter
au déluge, et que la plupart sont le produit de ce
cataclysme, c'est que les fossiles qu'elles contiennent appartiennent à des animaux qui ont vécu à
cette époque, c'est que plusieurs de ces dépôts sont
situés à des hauteurs que les courants actuels n'ont
jamais pu atteindre. Les brêches de Nice, où se
trouvent pêle-mêle des ossements de rhinocéros,
d'éléphant, de lion, de bœuf, de tapir, de tortue,
des ossements humains, sont placées à cinquante

mètres au-dessus du niveau de la mer ; celles de Bastia, en Corse, sont à plus de deux mille mètres du rivage, et à plus de neuf cents mètres au-dessus de la Méditerranée. Si ce n'est pas le déluge qui a roulé dans ses flots les débris d'animaux si étrangers les uns aux autres et aux pays où on les trouve, quelle révolution les a réunis, et quelle inondation les a portés dans des rochers, à ces hauteurs ?

A la vue de toutes ces ruines de la nature, en présence de tous ces débris gisants à la surface de la terre, nous sommes donc obligés de reconnaître avec les traditions de tous les peuples, qu'une épouvantable catastrophe a désolé notre globe, à une époque qui ne peut être très-éloignée. Un des savants qui ont le plus contribué à faire de la géologie une science véritable, M. Pallas, qui a parcouru toute la longueur de l'Asie et une partie notable des deux plus grandes chaînes de montagnes de cette région, nous apprend lui-même qu'il a été convaincu, par ses propres observations, de la réalité du déluge ; « dont j'avoue, dit-il, [1] n'avoir pu concevoir la vraisemblance avant d'avoir parcouru ces plages et vu par moi-même tout ce qui peut y servir de preuve à cet événement mémorable ». Il a trouvé sur les montagnes de la Sibérie, plusieurs carcasses entières d'éléphants et d'autres animaux revêtus de leur peau, un rhinocéros dont les tendons, les ligaments et les

----

[1] Observ. sur la form. des montagnes.

cartilages subsistaient encore. Il en a conclu nécessairement qu'il n'y a qu'une inondation générale et
progressive, telle que celle du déluge de Moïse, qui
ait pu forcer les éléphants à gagner le haut des
montagnes, ou qui ait pu y porter leurs cadavres.
La Sibérie étant la partie la plus élevée de l'Asie, a
dû être submergée la dernière, et c'est là naturellement que les êtres vivants ont dû se réfugier de
préférence.

2° *Unité du déluge.*

Quelques géologues ne voyant pas une suite continue dans les dépôts diluviens, les trouvant placés
tantôt sur un point, tantôt sur un autre, ici dans
une plaine, là sur une hauteur, ont cru qu'ils pouvaient en conclure qu'il y avait eu plusieurs inondations locales, plusieurs déluges partiels, auxquels
on devait attribuer les phénomènes dont nous venons de parler, et qui nous ont servi de preuves
pour établir l'existence du déluge.

Les apparences géologiques sont loin d'appuyer
cette conclusion ; quelques observations démontre-
ront qu'elles tendent plutôt à prouver que la catastrophe a été unique, comme le veulent les Livres
saints.

Remarquons tout d'abord que les dépôts diluviens
n'ayant pas été faits dans une eau tranquille, n'ont
pu être également répandus partout. La violence
des torrents qui couraient sur le globe n'était pas la

même dans tous les lieux, car les montagnes et les chaînes de rochers les contrariaient, les arrêtaient comme autant de digues, ralentissaient ici la rapidité de leur cours, là les forçaient à se détourner, tandis qu'ils débouchaient librement dans les vallons et couraient sans obstacle dans les plaines. Les mêmes eaux pouvaient donc laisser un dépôt sur un point, sans rien laisser sur un autre, suivant la vitesse dont elles étaient animées, et suivant la configuration des terrains qu'elles parcouraient.

Dans cette terrible inondation, les eaux ne rentrèrent pas tout d'un coup dans le bassin des mers; il dut y avoir pendant longtemps des allées et des venues, flux et reflux, comme le dit la Genèse : « *Reversæ que sunt aquæ de terrâ euntes et redeuntes.* [1] » C'était, sur la fin du cataclysme, comme une succession de hautes marées qui apportaient chacune un dépôt, à différente hauteur, suivant celle qu'elle atteignait ; à différent point, suivant celui qu'elle recouvrait, depuis les sommets les plus élevés jusqu'aux plaines les plus basses, puisque les sommets comme les plaines portent également des traces de l'inondation. Il ne faut donc pas s'étonner qu'il n'y ait pas de suite continue dans les dépôts diluviens.

Remarquons, en second lieu, que la distribution du diluvium, la nature de ces dépôts, sont les mêmes dans toutes les parties du globe : partout ce sont

---

1 Genèse, ch. 8, v. 3.

des bancs de limon, de sable, de cailloux ; partout des terrains creusés, des rochers dénudés, des blocs de toute dimension entraînés dans la même direction ; partout les fossiles sont les mêmes. Or, quand on compare entre eux des phénomènes de même genre, aux mêmes effets, il faut bien donner une même cause. On peut donc dire, avec Brongniart : « Il paraîtrait que la dernière catastrophe générale du globe, celle qui a placé la mer dans le bassin qu'elle occupe actuellement, et qui a donné leurs formes actuelles à nos continents et à nos grandes îles, a produit à la surface de la terre, des phénomènes très-différents dans *leur espèce*, mais qui montrent un caractère *commun* dans leur *cause* et dans leur *contemporanéité*. »

Enfin un des arguments les plus décisifs en faveur de l'unité du déluge, c'est celui que nous fournit la direction uniforme, du nord au sud, de toutes les traces qu'il a laissées sur son passage, la direction uniforme dans laquelle ont été entraînés les cailloux roulés, les blocs erratiques, toutes les ruines qu'il a faites et qui sont pour nous les monuments de son histoire. Ainsi, la plupart des grandes vallées creusées par les eaux, et en particulier les vallées de dénudation, se dirigent ordinairement du nord au sud, quelquefois inclinent un peu du nord-est au sud-ouest, mais conservent toujours la même direction générale ; « or, ' quel

1 Boubée, *Manuel de Géologie.*

autre phénomène qu'une irruption générale des eaux aurait pu creuser, dans une même direction, presque toutes les vallées qui sillonnent la surface du globe? L'accord de ces circonstances amène évidemment à conclure qu'elles ont été creusées toutes ensemble par une *même action*, et par conséquent que cette action a été universelle. » Ainsi, les sillons creusés sur les pentes et sur les sommets des montagnes par les masses dures et pesantes qu'entraînaient les torrents diluviens, sont tous dirigés aussi du nord au sud. Depuis que Saussure a fait remarquer les sillons qui se trouvent sur les pentes abruptes du mont Solève, les considérant comme les ornières du char qui a transporté les cailloux roulés et les blocs des environs de Genève, on en a observé partout de semblables. Les sillons plus ou moins profonds, plus ou moins conservés, suivant la nature des roches, et presque toujours accompagnés d'usure, de poli, de stries, ont été particulièrement observés dans le Westmoreland et le Cumberland, en Angleterre, et dans les différentes parties de la Suède, de la Laponie, de la Finlande ; on les a vus aussi dans les parties septentrionales de l'Amérique, et dans un assez grand nombre d'autres localités. Dans le nord, les observations de M. Durocher nous montrent qu'au milieu de quelques divergences, produites par la présence des terrains que les eaux ont été obligées de contourner, la direction générale de ces sillons se trouve du nord au sud. Elles nous font voir aussi que les pentes des terrains de la Laponie sont sillonnées dans les parties qui regardent le nord, et ne le sont point au contraire sur celles qui se présentent au sud, où les rochers offrent toutes les irrégularités ordinaires des montagnes. Les traces d'érosion qu'on observe dans la partie septentrionale de l'Amérique, au Canada, sur plusieurs points des Etats-Unis, ont aussi leur direction du nord au sud. Les masses qui, par leur transport, ont tracé ces sillons, avaient donc partout leur point de départ vers le nord; il est donc bien probable que la force qui les a mises en mouvement avait partout une seule et même cause. Les cailloux roulés, les fragments de rochers, les blocs erratiques qui ont vraisemblablement creusé ces sillons, entraînés du nord au sud, et restés dans cette direction à peu près partout où les eaux diluviennes les ont déposés, nous conduisent encore à la même conséquence. « [1] Les cailloux roulés de Durham et de Yorkshire viennent du Cumberland; ceux de Cumberland, de l'Ecosse; ceux de l'Ecosse, de la Norwége. Des cailloux du même pays se trouvent à Holderness, la vallée de la Tamise en est garnie, et nous les offre disposés en forme de lits de torrents, à partir de Birmingham. La même chose existe sur le continent; car les blocs erratiques de l'Allemagne et de la Pologne peuvent se suivre jusqu'en Suède et en Norwége. Brongniart a également remarqué qu'ils se dirigeaient en lignes parallèles du nord au

______

1 Wiseman.

sud, variant légèrement quelquefois dans leur direction, mais toujours, dans l'ensemble, présentant l'apparence d'avoir été entraînés du nord par un courant irrésistible... Les observations du docteur Bigsby, en Amérique, lui ont fait voir aussi que le détritus venait toujours de points plus éloignés vers le nord. La même direction paraît exister à la Jamaïque, car De la Bèche a observé que la grande plaine de Liguana, sur laquelle est situé Kingston, est entièrement composée de gravier diluvien, consistant principalement en détritus des montagnes de St-André et de Port-Royal, et produit évidemment par des causes qui ne sont plus en activité; mais enlevé de ces montagnes de la même manière et probablement à la même époque que les nombreux lits de gravier européen, qui résultent de la destruction partielle des roches européennes. Or, ces montagnes sont au nord de la plaine. De plus encore, la plaine de Vere et du Bas-Clarendon est diluvienne, et ses matériaux paraissent sortis des régions trappéennes, parmi les montagnes de St-Jean et de Clarendon qui sont situées vers le nord. »

Nous dirons donc avec le même auteur : cette coïncidence de direction dans la course suivie par le courant de l'Océan en des parties du monde si éloignées l'une de l'autre, soit que nous mesurions leur distance du nord au sud, ou de l'est à l'ouest, paraît indiquer clairement l'opération d'une course uniforme. Car si nous supposons que la mer ait fait irruption sur la terre à différentes époques, et assez récemment pour avoir pu former nos terrains diluviens, cela pourrait avoir été une fois la Baltique, une autrefois la Méditerranée, puis l'Atlantique, etc.; et, dans chaque cas, la direction du fléau aurait naturellement varié. Mais une variété de semblables catastrophes peut à peine s'admettre, sans supposer que chacune aura détruit ou troublé les effets de la précédente ; tellement que nous devrions avoir des lignes croisées de matières transportées , et des directions variées dans les masses roulées. Rien de semblable n'a cependant été découvert dans les régions explorées jusqu'à présent; au contraire, tous les effets du déluge accusent un caractère commun dans leur cause, et la direction commune des traces qu'il a laissées dans les sillons qu'il a creusés, dans les débris qu'il a emportés , et la conformité de distribution dans ses dépôts, et la nature des fossiles qu'il y a ensevelis. L'admission d'un seul et unique déluge, est donc l'explication la plus simple et la plus philosophique de ces phénomènes constants et uniformes.

3° *Durée du déluge.*

La géologie s'accorde parfaitement avec la Genèse, pour nous dire que le déluge n'a pu avoir une longue durée. Les terrains inférieurs sédimentaires portent, dans toutes les couches de leurs différents étages , la preuve évidente qu'ils ont été formés sous l'action lente des eaux qui n'ont pu les déposer que dans de longues périodes de temps qu'on peut mesurer approximativement, pour plusieurs d'entre eux, par le temps nécessaire à la vie et au développement des fossiles qu'ils contiennent. Les terrains diluviens, au contraire, présentent dans tous leurs dépôts la preuve qu'ils sont le produit d'une action violente et rapide, et c'est un de leurs caractères les plus frappants qu'ils ne sont pas l'œuvre d'une précipitation lente et successive. Le sédiment du déluge est partout composé de matériaux libres, des fossiles entraînés pêle-mêle et brisés, de graviers, de débris arrachés aux formations antérieures. On n'y trouve point cette compacité, cette agrégation qui sont le produit d'une dissolution ; on n'y voit qu'un limon sans consistance, que des bancs de terres meubles, que des sables, des cailloux empâtés dans une argile délayée. C'est, dans une proportion immense et sur tout le globe, le même produit qu'un débordement, une inondation, une irruption de la mer, laisse aujourd'hui en petit et dans une localité.

[1] « La nature des matériaux du diluvium, vases, sables, galets, débris mêlés, et le peu d'épaisseur en général de la couche qui en est résultée, ne permettent pas de supposer que la durée de la dernière inondation se soit prolongée sur la terre ; mais, au contraire, il est manifeste que ce n'a été qu'une immersion temporaire, un flot rapide et vengeur,

[1] Jéhan.

comme celui qui, selon l'Ecriture, fut déchaîné
contre les nations des premiers âges, alors que
toute chair avait corrompu sa voie sur la terre. »
Mgr Wiseman arrive à la même conclusion : « La
dernière inondation n'était pas, dit-il, comme celle
que l'on suppose l'avoir précédée, une longue immersion sous la mer, mais seulement un flot temporaire et passager, exactement comme le décrit
l'Ecriture. D'après l'aspect des cavernes à ossements, il paraît qu'avant l'inondation la terre était
en partie au moins la même qu'à présent ; et il paraît qu'elle n'est restée sous l'eau que pendant une
période très-limitée, d'après l'absence de ces dépôts
qui supposent une dissolution, car son sédiment est
composé de matériaux libres, de graviers, de
brèches et de débris mêlés, tels qu'une rivière ou
la mer, sur une échelle gigantesque, peuvent être
supposés les avoir d'abord enlevés, puis laissés
derrière elle. »

Il paraît donc prouvé, par les produits mêmes du
diluvium, que la terre n'est restée sous les eaux
que pendant un intervalle de temps très-court. C'est
ce que dit Moïse : [1] « Au second mois, le dix-
septième jour du mois, toutes les sources du grand
abîme furent rompues et les cataractes du ciel
furent ouvertes. Et la pluie tomba sur la terre pendant quarante jours et quarante nuits... et les eaux
couvrirent la terre durant cent cinquante jours...

1 Genèse, ch. 7, v. 11 et suiv.
2 V. 24, ch. 8, v. 23 et suiv.

et les eaux commencèrent à décroître, et après cent cinquante jours elles se retirèrent…. Cependant les eaux allaient toujours décroissant jusqu'au dixième mois : car au dixième mois, le premier du mois, les sommets des montagnes parurent… au second mois, le vingt-septième jour du mois, toute la terre fut séchée. » Depuis le jour où les eaux commencèrent à inonder la terre, jusqu'à celui où elles se retirèrent tout-à-fait, il ne s'écoula donc qu'environ l'espace d'un an. La Géologie ne peut pas fixer ainsi le jour où commença l'inondation et le jour où elle finit ; mais, loin d'avoir un mot à opposer au récit de Moïse, sur la durée qu'il lui donne, elle ne trouve dans l'histoire de cette époque, que des faits qui le confirment.

4° *Universalité du déluge.*

Il faudrait répéter tout ce qui a été dit sur l'existence du déluge et sur son unité, pour donner ici les preuves géologiques qui établissent aussi son universalité. Les dépôts diluviens se trouvent partout, sur le sommet des montagnes, sur les plateaux, dans les plaines et au fond des vallées ; ils se présentent avec tous les caractères qui leur sont propres, dans les contrées les plus éloignées, dans toutes les parties du monde, en France comme au Canada, en Sibérie comme dans les Indes. Dans les pays de montagnes, on rencontre partout des vallons étroits, bordés des deux côtés par des rochers escarpés, liés entre eux autrefois par des chaînes qui ont été rompues et dont les débris ont été emportés au loin ; ces vallons sont à des hauteurs que les eaux actuelles ne peuvent atteindre, et ces rochers sont aussi dépouillés que ceux qui sont battus chaque jour, sur nos rivages, par les flots de la mer, et souvent les terres qui les enveloppaient ont disparu sans laisser aucune trace. Partout enfin l'on rencontre des vallées dénudées, séparées par des lits profonds, évidemment creusés par des cours d'eau violents ; partout se trouvent les blocs erratiques, ou en masses isolées, comme dans l'intérieur des continents, ou en lignes parallèles dans la direction du nord au sud, comme dans les contrées voisines des régions polaires. On trouve donc en tous lieux les traces du passage de ce torrent dévastateur qui a désolé la surface de notre globe, à une époque qui ne peut être très-loin de nous, puisque les traces de son passage sont à la surface et ne sont pas encore effacées.

La science est donc d'accord avec la Genèse sur le fond de la question, sur le fait fondamental ; elle reconnaît l'universalité du déluge, en reconnaissant sur tout le globe les preuves qui l'établissent. Quelques géologues ont cru cependant qu'ils ne devaient pas prendre l'universalité du déluge dans un sens absolu, qu'un déluge moralement universel, qui aurait épargné quelques contrées, est bien plus facile à concevoir et suffit pour expliquer les phénomènes diluviens ; et quelques-uns ont ajouté que les métaphores, si communes dans le langage des saintes Ecritures, comme dans tout le style oriental, permettent peut-être de donner cette interprétation au récit de Moïse.

Je ne sais pas jusqu'à quel point un déluge partiel, tel qu'on est obligé de supposer celui dont il s'agit, serait plus facile à concevoir physiquement que le déluge universel de Moïse. Il est certain que les eaux se sont élevées à des hauteurs considérables ; il est certain aussi que le sommet des montagnes n'a pas été seulement balayé par un flot qui n'a fait que passer ; il a fallu du temps pour que les torrents diluviens devinssent assez forts pour rompre les digues qu'ils ont renversées, pour détacher des régions septentrionales les blocs énormes qu'ils ont emportés, et il en a fallu encore pour les rouler jusqu'à cent et deux cents lieues de leur première position. Ces torrents ont dû courir au moins pendant quelques jours sur les sommets des montagnes où se trouvent encore aujourd'hui dans la pierre les sillons creusés par le frottement des masses pesantes de cailloux et de rochers qu'ils entraînaient. Sir James Hall, qui a observé ces phénomènes en Ecosse ; M. Murchison, qui les a observés, en Angleterre [1], M. Sefstrom, qui les a suivis et étudiés en Suède et en Westgothie [2], ont démontré que ces sillons parallèles, ces ornières plus ou moins profondes,

----

1 Géol. trans.
2 Annal. de chimie de Poggendorff.

n'ont pu être produits par aucune autre opération que par le mouvement impétueux de fragments de roches emportés par les courants diluviens. M. Sefstrom a même calculé que la masse des cailloux emportée par les eaux avait environ une hauteur de quinze cents pieds, et nous en avons près de nous, dans la plaine de Crau, près d'Arles, des dépôts qui atteignent la hauteur de plus de neuf cents pieds, loin des courants polaires qui paraissent avoir été les plus puissants. Les cailloux et les rochers n'occupaient pas sans doute la partie supérieure des courants; quelle hauteur devaient donc atteindre, quel volume devaient avoir, de quelle vitesse devaient être animées les eaux qui les ont emportés!

Cette observation prouve deux choses : 1° que des courants capables de rouler une masse de quinze cents pieds de hauteur, composée de roches de toute grosseur, devaient s'élever bien au-dessus des montagnes qui portent les traces de leur passage; 2° que ces courants ont duré plusieurs jours pour creuser ainsi, par le frottement des corps durs qu'ils entraînaient, les terres et les rochers qu'ils ont sillonnés. Or, il est physiquement impossible que l'eau s'élève sur un point, sans s'élever à la même hauteur sur tous les points des environs, pourvu qu'elle ait le temps de prendre le niveau vers lequel elle est forcée de tendre continuellement. Si les faits que nous avons signalés prouvent que les eaux diluviennes n'étaient pas seulement un flot passager, une inondation d'un moment, elles n'ont donc pu s'élever si haut et sur tant de points reconnus, dans les différentes parties du monde, sans s'être élevées à la même hauteur sur tous les autres, sans avoir atteint également tous les points du globe. Il n'y aurait qu'une exception à faire. Dans cette mer immense qui enveloppait tout le globe, il devait y avoir dans les régions équatoriales, là même où sont en général les plus hautes montagnes, une masse d'eau beaucoup plus profonde que partout ailleurs ; le mouvement de rotation qui a renflé la terre à l'équateur d'une quantité évaluée à quelques lieues, dut aussi renfler cette masse liquide sur les mêmes points d'une quantité considérable, et dans ce cas l'exception serait toute en faveur de notre thèse.

Nous verrons, dans l'article suivant, s'il y a dans la nature des forces capables de produire un déluge universel ; mais nous pourrions faire remarquer ici tout d'abord que les difficultés physiques qui arrêtent le naturaliste dans l'examen de cette grande question, disparaissent au point de vue où est placé le géologue chrétien. Moïse, en effet, ne nous donne pas le déluge universel comme un effet produit par une révolution purement naturelle ; c'est à ses yeux un châtiment de la colère divine, et il n'a point à assigner de bornes à la toute-puissance de Dieu dans un ordre de choses qu'il a établi librement, qu'il maintient librement et auquel il est sans doute libre de déroger quand il veut et comme il veut. Du reste, la voie des concessions dans laquelle nous cherchons toujours à rester, ne nous est pas encore ici tout-à-fait fermée; peut-être Moïse et les géologues pourront-ils y marcher d'accord , une grande partie des difficultés qui arrêtent la science étant levée.

Il paraît que l'opinion des géologues qui ont soutenu, contre l'opinion commune sur l'universalité du déluge, que Moïse avait employé la métaphore dans son récit , n'a point été condamnée. Suivant les notes du *Cours complet d'Ecriture sainte* « l'opinion contraire à l'universalité absolue du déluge est légitime et tolérée. » « Il est permis de croire que l'inondation se réduisit à la terre habitée. » «Il semble naturel d'admettre que le but que Dieu se proposait étant rempli par-là, il n'a pas dû étendre le cataclysme sur la partie de la terre où il n'y avait rien à détruire. » Cette question délicate est traitée avec plus d'étendue dans l'encyclopédie catholique, par M. l'abbé Maupied, auquel j'emprunte les détails qui vont suivre. « Le point dogmatique rigoureux , dit le savant professeur, nous fournit de quoi repousser toutes les attaques venues et à venir, sans blesser en rien la foi... Il est vrai que la plupart des interprètes catholiques ont entendu, par l'universalité du déluge, que tous les points du globe avaient été couverts par les eaux et que tous les animaux avaient péri sur toute la surface de la terre. Cependant Vossius, Deluc et la plupart des critiques protestants d'Allemagne, ont défendu la non-universalité du déluge. Il paraît que le fameux Père Mersenne n'était pas éloigné de cette opinion. L'Eglise n'a jamais condamné ce sentiment. Isaac Vossius l'avait émis [1] et il était sur le point d'être condamné, à Rome, lorsqu'un savant religieux, le père Mabillon, appelé dans la congrégation établie pour en juger, prit sa défense, démontra que les expressions dont Moïse s'était servi pour décrire l'universalité du déluge avaient été employées cent fois dans les saintes Ecritures, avec une signification bien moins étendue. Sur ses citations et ses raisonnements, on s'abstint de qualifier la thèse de Vossius. «[2] Cette opinion est donc demeurée libre, et nous ne devons point être plus sévère que l'Eglise; mais il faut sur cette question bien fixer le sens du texte. Le texte de la traduction latine peut prêter à l'équivoque; il en est autrement du texte hébreu..... Au chapitre sixième de la Genèse, V. 7, nous lisons : Je vais exterminer de la face de la terre les hommes que j'ai créés; tous hommes et animaux, reptiles et oiseaux du ciel. Or, quand il est question, dans l'Ecriture, de la terre en même temps que de l'homme, c'est le plus souvent la terre habitée par les hommes qu'il faut entendre. Il y a deux mots hébreux pour désigner la terre, *adama*, qui signifie plus particulièrement la terre cultivée, habitée, une région, un pays; et *haretz*, qui signifie plus spécialement la terre en général, mais aussi

1 Cours compl. d'Ec. sainte, M. Giraudet, M. Maupied.
2 M. Maupied.

un pays, une région particulière. Ces deux mots
sont du reste employés indifféremment l'un pour
l'autre ; mais nous allons voir que leur sens va être
déterminé par le contexte, dans tout le récit du
déluge. Dans le verset présent, c'est le mot *adama*
qui est employé. *Je vais exterminer de la terre ha-*
bitée, etc. On sait, en outre, qu'il faut comprendre
parmi les reptiles, les petits mammifères, et entendre par les animaux dont il est ici mention, ceux
qui sont les plus rapprochés de l'homme, qui vivent
pour ainsi dire avec lui, sur le même sol. Nous
pourrions justifier ces sens par une foule de textes.
V. 11. *Alors la terre était corrompue aux yeux de*
Dieu, et entièrement livrée à l'injustice et à la
violence. Le mot *haretz* est employé ici ; mais il est
évident que dans ce texte il ne s'agit pas de la terre,
qui ne peut être corrompue, ni injuste, ni violente ;
mais bien de ses habitants : c'est ici le contenant
pour le contenu, comme nous dirions le monde,
l'univers est corrompu, en parlant du genre humain. V. 12. *Dieu voyant la terre dans cet état de*
corruption, car toute créature avait corrompu sa
voie sur la terre, V. 13, *dit à Noé : la fin de toute*
chair a été arrêtée à mes yeux, parce que la terre
est remplie de l'injustice de ses habitants, et je suis
prêt à les détruire. Le mot *haretz* est encore employé dans le douzième verset, pour signifier ses
habitants, et dans le treizième, la terre habitée ; le
contexte seul le prouve. Le mot *toute créature*, en
hébreu, *basar* (chair), désigne le plus souvent les

hommes, et dans le V. 12, il ne peut signifier autre chose, car l'homme seul pouvait corrompre ses voies; par conséquent, ces mots du douzième verset, *la fin de toute chair*, veulent dire tous les hommes; en preuve, c'est que la fin du verset ajoute : *parce que la terre est remplie de l'injustice de ses habitants*, qui ne peuvent être que les hommes, *et Dieu va les détruire*. V. 17. Pour moi, je vais amener le déluge des eaux sur la terre, pour détruire *toute créature douée d'un souffle des vies* qui se trouve sous les cieux, et tout périra sur la terre. Le déluge est envoyé pour détruire *toute créature douée d'un souffle des vies*. Or, ces expressions désignent toujours l'homme ; c'est donc sur la terre où habite l'homme que sera amené le déluge, et tout y périra. » Après avoir fait une discussion semblable sur quelques autres versets, M. Maupied ajoute : « Il n'y a plus que le verset 19 du septième chapitre qui puisse être invoqué en faveur de l'universalité absolue; *les eaux s'étaient si prodigieusement accrues, que les plus hautes montagnes du vaste horizon en furent couvertes*. Or, cette traduction, qui est celle du savant abbé Glaire, nous paraît la plus littérale : en effet, il y a mot à mot en hébreux, *les plus hautes montagnes qui sont sous le ciel*, ce qui ne peut évidemment s'entendre que de l'horizon qui est souvent ainsi exprimé dans la langue sacrée. Nous avons cité tous les textes que l'on peut apporter pour prouver l'universalité du déluge ; on a pu se convaincre qu'aucun d'eux n'indique une universalité absolue ; tous, au contraire, ont pour but l'homme, le pays habité par l'homme et les animaux qui s'y trouvaient. »

S'il en est ainsi, l'accord de la Genèse et de la géologie n'offre plus de difficulté, du moins il y a champ libre pour les opinions différentes.

5° *Cause du déluge.*

Il serait injuste de faire porter aux géologues modernes, le ridicule des systèmes absurdes inventés autrefois pour expliquer le déluge ; mais il faut avouer que bien des théories soutenues de nos jours avec un sérieux incroyable, ne sont guère mieux fondées que celle de Burnet ou de Whiston.

L'hypothèse qui mérite le plus d'attention est celle qui trouverait la cause du déluge dans un déplacement des eaux qui aurait été la suite nécessaire du soulèvement d'une partie considérable de l'écorce du globe. Si, à l'époque du déluge, une crise violente a élevé une grande étendue du fond de l'ancienne mer, le double mouvement des masses solides soulevées et des masses liquides tendant à reprendre leur niveau, a dû, en effet, être suivi d'inondations considérables et capables de désoler la surface du globe. C'est l'hypothèse proposée par M. Elie de Beaumont et suivie par plusieurs géologues. Le savant auteur de la théorie sur la formation des différents systèmes de montagnes fait observer que l'élévation d'une de ces grandes chaînes, tandis qu'elle produirait sur les pays situés dans son voisinage immédiat les violents effets qu'il a décrits , causerait dans des régions plus éloignées une violente agitation des mers et un dérangement dans leur niveau : « [1] Evénements comparables à l'inondation soudaine et passagère dont nous trouvons l'indication avec une date presque uniforme dans les archives de toutes les nations. » Puis il ajoute dans une note , « qu'en considérant cet événement historique comme étant simplement la dernière révolution sur la surface du globe , il serait porté à supposer que les Andes furent soulevées à cette époque ; croyant d'ailleurs pouvoir expliquer par ce soulèvement tous les effets concurremment nécessaires pour produire un déluge. »

Si le soulèvement du système des Andes s'est fait à l'époque du déluge , il a été sans doute une cause puissante de perturbation , car cette chaîne de montagnes occupe sur les côtes occidentales des deux Amériques , en Sibérie , en Chine , etc. , une immense étendue de 4 à 5,000 lieues de longueur , et si elle est sortie du sein de la mer , elle a dû certainement en refouler les eaux au loin sur les continents. Rien n'empêche d'admettre avec M. de Beaumont ce soulèvement et tous les soulèvements possibles , pas plus qu'un déplacement dans la polarisation du globe , comme le veut M. Boubée ; toutes les causes données par les géologues ont pu

1 *Annales des Sciences naturelles.*

contribuer à amener la grande catastrophe ; Moïse n'exclut ni les unes ni les autres. Ce qu'il nous importe de constater, c'est que la tradition sacrée de cette inondation générale ne présente rien d'incroyable, c'est que les causes qu'elle lui donne se concilient avec toutes celles que les sciences sont fondées à supposer.

Or, que dit Moïse, en parlant des causes dont Dieu se servit pour inonder la terre ? Toutes les sources, tous les réservoirs, tous les bassins du grand abîme furent rompus, *rupti sunt omnes fontes abyssi magnæ* [1], et les cataractes du ciel furent ouvertes, *et cataractæ cœli apertæ sunt*; c'est-à-dire, que toutes les eaux qui sont au-dessus de la terre, à l'état de vapeur, furent versées des régions de l'atmosphère, et la pluie tomba pendant quarante jours et quarante nuits, [2] *et facta est pluvia super terram quadraginta diebus et quadraginta noctibus*. Moïse avait dit, au premier chapitre de la Genèse, que Dieu avait renfermé les mers dans leur bassin, que, outre les eaux de la terre, il y en a encore dans l'atmosphère, que les eaux supérieures ont été séparées des eaux inférieures par l'étendue gazeuse qui nous environne, par le firmament appelé ciel ; il avait dit qu'avant cette distribution des eaux, avant que l'aride parût, la terre entière en était couverte. Pour ramener le globe à

1 Genèse, ch. 7, ꝟ. 11.
2 V. 12.

l'état où il était à son origine, pour l'ensevelir de nouveau dans une inondation générale, il n'y avait qu'à détruire les causes qui l'avaient fait cesser ; et voilà précisément ce que fait l'écrivain sacré. Sur l'ordre de Dieu, la mer s'élance du bassin où elle avait été renfermée d'abord ; les sources de l'intérieur destinées à donner avec mesure les eaux nécessaires pour alimenter les fleuves, sont brisées tout d'un coup et vomissent leurs flots par torrents ; enfin les eaux supérieures tombent comme des cataractes des hauteurs de l'atmosphère, viennent se réunir aux eaux inférieures, et le globe se trouve inondé de nouveau comme il était au commencement des choses ; car s'il y avait assez d'eau pour l'envelopper de toute part, à son origine, il doit y en avoir encore.

Moïse est conséquent avec lui-même, comme on l'est toujours, quand on est dans le vrai. Pourrait-on rendre le même témoignage à ceux de ses contradicteurs qui ont prétendu que le déluge universel était impossible, parce qu'il n'y a pas assez d'eau dans la nature pour submerger le globe ?

Le langage de la science n'est pas aussi positif que celui de la Genèse ; mais pourtant, on peut dire qu'il est prouvé géologiquement qu'à son premier âge, la terre a été, sinon sur tous ses points, du moins à peu près sur toute sa surface, couverte par les eaux, comme l'attestent les terrains de sédiment les plus anciens qu'on retrouve partout. Les géologues nous démontrent, par des preuves incontes-

tables, qu'à l'époque de la formation des terrains
de sédiment qui ont précédé la formation des terrains modernes, la plus grande partie de l'Europe
était encore sous les eaux ; il y avait une mer au
nord qui couvrait la Russie, une partie de l'Allemagne et touchait à l'Angleterre ; il y avait au centre
une mer qui couvrait tout le pays plat de la Suisse,
de la Souabe, de la Bavière, de l'Autriche, de la
Hongrie, etc. ; au midi la Méditerranée couvrait
tous les pays élevés qui l'avoisinent ; des lacs d'eau
douce, des mers intérieures occupaient d'ailleurs
d'immenses étendues sur les terres découvertes. Si
nous remontons à l'époque de la formation des terrains
carbonifères, les géologues nous disent que le globe
devait présenter l'aspect d'une vaste mer, semée de
groupes d'îles, à peu près comme est aujourd'hui
l'Océanie. La formation des terrains sédimentaires
n'a d'explication possible que dans cette hypothèse ;
et ce n'est pas une hypothèse, car la présence de
la mer, le long séjour des eaux sur toutes les terres
est un fait évident pour quiconque sait voir autre
chose que le présent. Or, si avant le déluge il y
avait assez d'eau dans la nature, assez d'eau rien
que sur le globe pour le couvrir à peu près en entier, sans parler des eaux qui étaient suspendues
dans l'atmosphère, pourquoi toutes les eaux du ciel
et de la terre réunies n'auraient-elles pas suffi, plus
tard, pour inonder la terre entière, pour produire
le déluge universel ?

[1] « L'homme, dit Despréaux, l'homme qui sait arpenter ses terres et mesurer un tonneau d'huile ou de vin, n'a point reçu de jauge pour mesurer la capacité de l'atmosphère, ni de sonde pour sentir les profondeurs de l'abîme. A quoi bon calculer les eaux de la mer dont on ne connaît pas l'étendue? Que peut-on conclure de leur insuffisance, s'il y en a une masse peut-être plus abondante dispersée dans le ciel, etc. » Sans aller aussi loin que Despréaux, sans supposer dans l'atmosphère une si grande quantité d'eau, on peut dire, du moins, que des pluies continues de quarante jours et de quarante nuits durent certainement faire tomber sur la terre une effrayante quantité d'eau. Deux ou trois jours de pluie continue sur quelques points ont suffi, il y a quelques années, pour élever ici à vingt pieds, là jusqu'à trente ou quarante pieds, les eaux débordées de la Loire, et pour inonder une surface de quatre cents lieues carrées. Ajoutons encore aux eaux du ciel celles que peuvent fournir les neiges et les glaces qui couvrent une étendue immense sur les sommets de toutes les hautes chaînes de montagnes, comme les Cordilières et le Taurus qui, sur vingt à trente lieues de largeur, ont des chaînes de douze à quinze cents lieues de longueur sur lesquelles s'élèvent des pyramides de glace de deux mille à trois mille mètres d'élévation. [2] La seule effusion

---

1 *Spectacle de la nature.*
2 Ext. des *Études de la nature*, par Bernardin de St-Pierre.

d'une partie des glaces des Cordilières du Pérou, dit Bernardin de Saint-Pierre, suffit chaque année pour faire déborder l'Amazone, l'Orénoque et plusieurs autres grands fleuves du nouveau monde, et pour inonder une partie du Brésil, de la Guyanne, et de la terre ferme de l'Amérique; la fonte d'une partie des neiges des monts de la lune, en Afrique, occasionne, chaque année, les débordements du Sénégal, contribue à ceux du Nil, inonde de grandes contrées dans la Guinée et dans toute l'Egypte inférieure, et de semblables effets se reproduisent tous les ans par de pareilles causes dans une partie considérable de l'Asie méridionale, dans les royaumes du Bengale, de Siam, du Pégu, de la Cochinchine et sur les territoires qu'arrosent le Tigre, l'Euphrate et beaucoup d'autres fleuves de l'Asie, qui ont leurs sources dans les chaînes de montagnes toujours glacées du Taurus et de l'Imaüs. »

Un autre immense réservoir des eaux de la nature se trouve dans les glaces polaires. On ne se ferait pas facilement une idée de la quantité d'eau qui doit être contenue dans ces deux vastes coupoles que l'auteur que je viens de citer regarde comme les sources de la mer, de même que les montagnes à glace sont les sources des fleuves. En hiver, leur circonférence, à la base, est de cinq à six mille lieues; leur hauteur est inconnue, mais qu'on en juge par les fragments qui s'en détachent. On rencontre souvent en mer des montagnes de glace qui ont plus de cent lieues de longueur, qui ont

jusqu'à quinze et dix-huit cents pieds de hauteur
au-dessus de la mer, ce qui suppose une hauteur
de quinze à dix-huit mille pieds pour toute la masse,
puisque la glace n'est que d'un dixième plus légère que l'eau. On est donc conduit à croire qu'il y
a aux pôles des montagnes de glace beaucoup plus
élevées que toutes les terres. « [1] L'élévation de ces
deux coupoles de glaces polaires, aussi vastes que
des océans, ne doit-elle pas surpasser de beaucoup
la hauteur des terres les plus élevées, puisque les
simples fragments de leurs extrémités, à demi dissous, sont hauts comme les tours de Notre-Dame,
et ont même jusqu'à quinze et dix-huit cents pieds
de hauteur au-dessus de la mer? Le territoire de
Paris, qui est à quarante lieues du rivage de la mer,
n'a pas plus de vingt-deux toises d'élévation au-
dessus du niveau des basses marées, et il n'en a
pas dix-huit au-dessus des plus hautes. Une grande
partie de l'ancien et du nouveau monde en a beaucoup moins. » Aussi Bernardin de Saint-Pierre croit-
il qu'il y a assez d'eau dans les glaces polaires pour
inonder le globe, et que les eaux du déluge ont bien
pu en sortir. « Nous croyons, dit-il, les glaces polaires capables d'inonder le globe en entier, si elles
venaient à s'écouler toutes à la fois.... Pour moi, si
j'ose le dire, j'attribue le déluge universel à l'effusion
totale des glaces polaires, à laquelle on peut joindre
celle des montagnes à glace..... » Puis expliquant

1 Bernardin de S.-Pierre.

ces paroles de la Genèse : « *Les sources du grand abîme des eaux furent rompues et les cataractes du ciel furent ouvertes.* » L'expression de source du grand abîme, dit-il, ne peut s'appliquer, à mon avis, qu'à une effusion des glaces polaires qui sont les véritables sources de la mer, comme les effusions des glaces des montagnes sont les sources de tous les grands fleuves. L'expression de cataractes du ciel désigne aussi, ce me semble, la résolution universelle des eaux répandues dans l'atmosphère. Remarquons que cette explication s'accorde très-bien avec la direction qu'ont prise les courants diluviens, avec le transport des blocs erratiques, soit par des torrents, soit par les glaces qui se détachèrent des pôles, dans cette débâcle générale.

A toutes ces sources il faut ajouter encore les mers cachées à l'intérieur de la terre, ces vastes nappes d'eau contenues entre les couches de l'enveloppe du globe ; les puits artésiens nous ont appris combien elles peuvent s'étendre. Les eaux du puits de Grenelle, à Paris, sont, dit-on, les mêmes que celles de Toulouse ; cette mer souterraine, dont l'existence eût été regardée comme une fable, il n'y a que quelques années, aurait donc une étendue qui ne serait pas moindre que la distance qui sépare ces deux villes. Combien de réservoirs semblables sont peut-être sous nos pieds ? Leurs eaux auront pu être appelées aussi pour concourir au déluge, et dans cette grande résolution elles peuvent bien avoir brisé la croûte de la terre pour se répandre à sa surface, Brongniart croit avoir vu les traces et la preuve de leur éruption , dans le Jura et dans les Alpes. « Les chaînes et les terrains calcaires jurassiques et alpins semblent , dit-il , montrer encore dans leurs fissures, cavernes, puits et canaux souterrains, les routes suivies par ces torrents, ainsi que leurs issues. »

Enfin , pour terminer cet article par où j'aurais pu le commencer, si toutes ces causes réunies, jointes à celles que la géologie peut être fondée à y ajouter, ne sont pas suffisantes pour prouver la possibilité du déluge tel que nous le présentent les livres saints, rappelons-nous que Moïse n'est pas réduit comme un géologue, à ne compter que sur les forces ordinaires de la nature. Il ne nous donne pas le déluge comme un phénomène purement naturel ; il nous apprend qu'il est dû à un acte positif de la volonté de Dieu. Il n'a pas tout dit peut-être sur les causes, sur les moyens dont Dieu a voulu se servir ; mais le fait qu'il avance est vrai, la science le reconnaît, bien loin de le trouver impossible. En géologie, comme dans toutes les sciences, et plus encore peut-être que dans les autres sciences, nous ne devons jamais perdre de vue ces bonnes paroles de l'auteur des études de la nature . « Si nous voulons être de bonne foi, c'est à l'aveu d'une intelligence supérieure à la nôtre qu'aboutissent toutes les causes mécaniques de nos systèmes les plus ingénieux. La volonté de Dieu est l'ultimatum de toutes les connaissances humaines. »

6° *Epoque du déluge.*

S'il y a sur la terre une foule de monuments qui portent les traces ineffaçables du déluge, pour nous en prouver l'existence, une foule d'autres aussi sont chargés de nous en dire l'époque. Ce sont des témoins nés immédiatement après cette terrible révolution, qui ont traversé tous les siècles suivants et qui existent encore aujourd'hui. Je veux parler des agents de la nature qui ont commencé leur œuvre après le déluge, et qui l'ont continuée sans interruption jusqu'à nos jours. « En mesurant, dit Cuvier[1], l'effet produit dans un instant donné, par les causes aujourd'hui agissantes, et en le comparant avec ceux qu'elles ont produit depuis qu'elles ont commencé d'agir, l'on parvient à déterminer à peu près l'instant où leur action a commencé, lequel est nécessairement le même que celui où nos continents ont pris leur forme actuelle, ou que celui de la dernière retraite subite des eaux. C'est en effet à compter de cette retraite que nos escarpements actuels ont commencé à s'ébouler, que nos fleuves ont commencé à déposer leurs alluvions, que notre végétation a commencé à s'étendre et à produire du terreau, que nos falaises ont commencé à être rongées par les mers, que nos dunes actuelles ont commencé à être rejetées par les vents, et que les

1 Discours.

colonies humaines ont commencé ou recommencé à se répandre. » Il est clair que si l'on connaît, par exemple, ce qu'un fleuve dépose d'alluvions dans un intervalle de temps donné, dans vingt-cinq ou cinquante ans, en connaissant aussi la totalité de ses alluvions, on saura depuis quelle époque notre globe est dans son état présent, dans l'état où l'a laissé le déluge. Or, ce calcul a été fait; et il se trouve que ces annales de la terre s'accordent parfaitement avec les annales des peuples et avec la tradition religieuse.

C'est un des faits les mieux constatés, qui réunissent plus de preuves positives en géologie, que le dernier fléau qui a désolé la terre est d'une date comparativement moderne. En considérant en général les effets des causes actuellement en activité sur la surface du globe, et qui ont dû commencer après le déluge, nous sommes forcés de reconnaître que quelques milliers d'années suffisent amplement pour se rendre compte de l'état présent des choses.

Sans parler ici des observations qui ont été faites sur la formation des talus et des éboulis des montagnes, sur la formation des glaciers et des moraines, sur les dépôts limoneux portés au fond des lacs par les eaux des rivières qui les traversent, etc., arrêtons-nous seulement aux calculs que l'on a faits avec plus d'exactitude sur des phénomènes mieux définis, les alluvions des fleuves et la marche des dunes. Deluc est le premier qui ait pris sérieusement la peine d'observer et de recueillir ces données qu'il appelait *chronomètres*. Bien d'autres géologues l'ont suivi dans la même voie et sont arrivés aux mêmes résultats adoptés déjà par le fameux Cuvier dont peu de personnes essaieront d'attaquer la sagacité et l'immense science géologique. Or, toutes les conclusions auxquelles la science est conduite par ces observations, sont, dit Mgr Wiseman : « 1° que les continents actuels n'indiquent rien qui ressemble à l'existence presque indéfinie, supposée ou exigée par les partisans des causes actuellement en activité ; 2° que toutes les fois qu'on peut obtenir une période de temps exacte et définie, elle coïncide presque avec celle que Moïse assigne pour l'existence de l'ordre actuel des choses. Vu l'immense distance de temps vers laquelle nous devons rétrograder, il doit y avoir des différences considérables entre les diverses dates, mais elles ne sont pas plus grandes que celles que présentent les tables chronologiques de diverses nations, ou même celles d'une nation, données par différents auteurs. »

Tous les jours les pluies et les neiges fondues entraînent du haut des montagnes et des collines d'où elles descendent, des sables, des terres, etc., qu'elles jettent dans les cours d'eau dont elles sont la source. Les rivières et les fleuves enlèvent encore aux terrains qu'ils parcourent, graviers, limon, etc., et les déposent partie dans les plaines qu'ils inondent, partie à leur embouchure, lorsque la vitesse de leur courant est ralentie par le mélange et par la rencontre de leurs eaux et de celles de la mer. Ces dépôts successifs et continus finissent par élever le lit des fleuves et par former, sur leurs rives, comme deux digues parallèles qui tendent toujours à porter plus loin leur embouchure, et devant lesquelles la mer est forcée de se retirer. Ainsi en Egypte [1], par les dépôts annuels du Nil, le lit de ce fleuve, et les terres qu'il submerge régulièrement, sont considérablement plus élevés qu'ils ne l'étaient il y a quelques siècles, et les nouveaux promontoires ou les digues dont il augmente chaque jour les dimensions en y apportant chaque jour de nouveaux matériaux, empiètent de plus en plus sur la Méditerranée, en sorte que les villes de Rosette et de Damiette, bâties sur le bord de la mer, il y a moins de mille ans, en sont aujourd'hui à deux lieues. Il en est de même en Italie : on sait, par le témoignage de Strabon, que, du temps d'Auguste, Ravenne était dans les lagunes comme y est aujourd'hui Venise, et à présent Ravenne est à une lieue du rivage. Adria, en Lombardie, qui avait donné son nom à la mer dont elle était le port principal, il y a vingt et quelques siècles, en est maintenant éloignée de six lieues. Le Pô a tellement élevé son fond depuis l'époque où on l'a enfermé de digues, que, comme l'a reconnu M. de Prony, la surface de ses eaux est maintenant plus haute que les toits des maisons de Ferrare, et en même temps ses attérissements ont tellement avancé dans la mer, que le rivage a gagné, à l'embouchure,

---

1 Voir IIe partie, ch. III, parag. 4.

plus de 13,000 mètres, depuis 1604. Il en est de même d'une foule d'autres fleuves qui déposent à leur embouchure une si grande quantité des troubles qu'ils charrient, que bientôt, le terrain se trouvant considérablement élevé, la mer ne peut plus le couvrir.

Ces alluvions que les fleuves apportent chaque jour sur les plaines qu'ils inondent et sur les rivages des mers où ils se jettent, ont sans aucun doute commencé à se déposer de la même manière, depuis que notre globe se trouve dans les conditions, dans l'état où il est aujourd'hui, c'est-à-dire, depuis le déluge. Or il est facile de connaître l'augmentation annuelle d'un dépôt, il est facile d'en prendre la moyenne sur plusieurs années d'observations exactes ; il est possible aussi de calculer la somme totale des dépôts depuis l'époque où ils ont commencé à se former : en comparant la quantité fournie dans un temps donné, avec la quantité accumulée depuis le commencement du dépôt, il est donc facile d'estimer approximativement depuis combien de temps le fleuve coule dans son lit actuel, et de remonter ainsi jusqu'au déluge qui a laissé les choses dans l'état où nous les trouvons aujourd'hui.

Les géologues qui ont fait ces calculs, ont trouvé tous que les phénomènes dont il vient d'être question, s'accordent avec les traditions historiques et religieuses pour prouver que l'ordre actuel des choses ne peut exister que depuis cinq ou six mille ans. Cuvier, qui a fait ce travail sur le Pô et sur l'Adige, a trouvé que, d'après les données obtenues, on ne peut pas évaluer à plus de cinquante ou soixante siècles le temps qu'il a fallu à ces deux fleuves pour former les terrains d'alluvion qui les entourent. La formation des moraines lui a donné les mêmes résultats. Selon Gervais de la Rise, la retraite de la mer, ou l'extension de la terre par les dépôts de l'Orne, peut se mesurer exactement par des monuments érigés à différentes époques connues, et on trouve en résultat qu'il ne peut y avoir plus de six mille ans que ces dépôts ont commencé à se former.

Un autre chronomètre plus intéressant est celui que nous donnent les dunes. Dans les lieux où la côte est basse et sablonneuse, les vagues de la mer rejettent sur le rivage des sables que les vents poussent ensuite sur le haut des grèves où ils s'entassent en monticules appelés *dunes*. Les sables de ces monticules poussés par les vents qui soufflent de la mer, glissent sur le flanc opposé et s'avancent continuellement vers l'intérieur des terres. Ce sont des montagnes roulantes, atteignant souvent cinquante et soixante mètres de hauteur, chassant devant elles les étangs formés par les eaux pluviales dont elles empêchent l'écoulement vers la mer, qui inondent sous les eaux qu'elles arrêtent et qui ensevelissent sous leurs pas les contrées qu'elles envahissent.

Il y a des dunes sur plusieurs points des côtes occidentales de l'Europe, mais aucune contrée ne souffre autant de ce fléau dévastateur que le département des Landes. Dans sa course irrésistible, il a enterré des plaines fertiles et de hautes forêts, des maisons et des villages entiers. Entre l'embouchure de la Gironde et celle de l'Adour, les dunes embrassent un espace de soixante-quinze lieues carrées.

« [1] Cette immense surface, qui pourrait être comparée à celle d'une mer en fureur dont les flots élevés seraient subitement fixés dans le fort d'une tempête, n'offre aux yeux qu'une blancheur qui les blesse, une perspective monotone, un terrain montueux et nu, et enfin un désert effrayant. Leur hauteur est le plus souvent de soixante et de cent cinquante pieds, et même davantage.

» J'ai vu, dit Bremontier, une montagne avancer de plus de deux pieds dans l'espace de trois heures, malgré une pluie assez forte qui devait naturellement en retarder la marche... En mai 1776, une montagne avança de trois pieds en six jours. »

M. Bremontier ayant étudié ce phénomène avec une attention particulière, s'est assuré que les dunes du golfe de Gascogne avancent de soixante pieds par an, sur quelques points, et de soixante-douze sur d'autres; et mesurant l'entier espace qu'elles ont parcouru, il conclut qu'il n'y a pas beaucoup plus de quatre mille ans qu'elles ont dû commencer à se mouvoir. Il avait trouvé du reste le même résultat, en comparant leur masse entière, estimée à deux billions et sept cent millions de toises cubes, à la

---

1 Bremontier, *Mémoire sur la fixation des dunes.*

quantité moyenne dont elles s'accroissent dans un temps fixé. Deluc était déjà arrivé à la même conclusion, en faisant le même calcul sur les dunes de la Hollande, où les dates des digues lui fournissaient le moyen de déterminer leurs progrès avec toute l'exactitude désirable.

Du reste, tous les géologues sont d'accord sur cette question, tous ont reconnu que la dernière révolution qui a bouleversé notre globe est d'une date comparativement moderne. Il me suffira donc d'invoquer avec Mgr Wiseman, sur cette conclusion importante, le témoignage de quelques-uns des plus éminents observateurs des faits généraux de la géologie.

De Saussure, après avoir parlé des éboulements de roches des glaciers de Chamouny, ajoute : Cette observation donne lieu de penser avec M. Deluc, que l'état actuel de notre globe n'est pas aussi ancien que quelques philosophes l'ont imaginé.

Dolomieu écrit de même : Je veux défendre une autre vérité qui me paraît incontestable, sur laquelle les ouvrages de M. Deluc m'ont éclairé et de laquelle je crois voir des preuves dans chaque page de l'histoire de l'homme, et partout où des faits naturels sont consignés. Je dirai donc, avec M. Deluc, que l'état actuel de nos continents n'est pas très-ancien.

Cuvier a non-seulement donné son assentiment à ces conclusions, mais les a exprimées en termes beaucoup plus positifs : C'est dans le fait, dit-il, un des résultats, quoique inattendus , de toute bonne recherche géologique , que la dernière révolution qui a tourmenté la surface du globe n'est pas très-ancienne. Et dans un autre endroit , il ajoute : Je pense donc, avec MM. Deluc et Dolomieu, que s'il y a quelque chose de démontré en géologie, c'est que la surface de notre globe a été la victime d'une grande et soudaine révolution , dont la date ne peut pas remonter beaucoup plus haut que cinq ou six mille ans. Et l'on peut ajouter au témoignage que Cuvier a si souvent rendu au récit des livres saints, qu'il ne s'est pas laissé influencer dans ses recherches par le désir de justifier le récit de Moïse; il l'insinue clairement dans ses ouvrages.

7º *Existence de l'Homme à l'époque du déluge.*

La croyance générale d'un déluge universel, fondée sur les traditions de tous les peuples comme sur la tradition sacrée, accrédita, jusqu'à une époque qui n'est pas encore bien éloignée, l'idée que la plupart des gros ossements fossiles qui présentent quelque apparence avec les ossements humains, étaient les restes des hommes antédiluviens. De là toutes ces découvertes étonnantes de squelettes de géants qu'on retrouve partout dans l'histoire, chez les anciens comme chez les modernes. Ainsi Pline le naturaliste parle [1] d'un squelette humain de quarante-

____

1 Liv. 7, chap. 16.

six coudées, trouvé en Crète ; Aulu-Gelle, après Hérodote[1], cite la découverte qui fut faite à Tégée, du corps d'Oreste, long de sept coudées ; Pausanias raconte une trouvaille semblable faite dans l'île de Lada, d'un squelette de dix coudées. Ainsi, plus près de nous, Jérome Maggi cite un squelette de cinq coudées, déterré en creusant une citerne près de Reggio ; Jean Cassanio raconte aussi la découverte faite vers 1564, dans les environs de Valence, de plusieurs os d'un géant qui devait lui paraître d'une taille bien extraordinaire, puisque les deux dents qui les accompagnaient pesaient chacune huit livres et avaient un pied de longueur. On connaît l'homme de dix-neuf pieds, trouvé à Lucerne, en 1577 ; on connaît surtout la découverte faite sous Louis XIII du squelette de Teutobochus, roi des Cimbres, trouvé dans un tombeau qui avait trente pieds de longueur ; on connaît encore l'homme témoin du déluge trouvé, il y a un siècle, dans le calcaire d'Æningen, et considéré par Scheuchzer comme un des restes de la race maudite que détruisit le déluge de Noë, jusqu'à ce que Cuvier eût reconnu que cet homme de l'ancien monde n'était qu'une Salamandre gigantesque qui n'a plus de semblable dans la nature. Tous ces ossements si étonnants appartenaient vraiment à des géants ; ils étaient des débris fossiles d'éléphants, de rhinocéros, de mastodontes ou d'animaux marins encore plus grands.

1 Liv. 3, chap. 10.

D'un autre côté, la plupart des ossements humains qui ont pu d'abord être considérés comme des fossiles d'une race antédiluvienne, parce qu'ils ont été trouvés dans des terrains qui n'avaient point été remués par la main de l'homme, examinés plus attentivement, ont été reconnus pour appartenir à des dépôts d'alluvions modernes. Ainsi les ossements humains trouvés dans la grotte ou cave de Durfort, dans le Jura, par d'Hombres Firmas, en 1795, examinés plus tard par M. Marcel de Serres, sont généralement regardés comme ayant été introduits dans cette cave à une époque postérieure au déluge. Ils ne semblent pas provenir d'hommes enfouis ou charriés par les eaux, et d'ailleurs on ne trouve avec eux aucun débris d'animaux perdus, comme ceux qui appartiennent aux terrains diluviens. Il en est de même des ossements humains trouvés près de Koestriz, en Saxe, en 1820, par le baron de Schlottein, de ceux qui ont été découverts en Allemagne dans le gypse des bords de l'Elster, et de plusieurs autres qui ont laissé croire que c'est à une époque postérieure au déluge, qu'ils ont été introduits dans les dépôts où on les a découverts mêlés à ceux des animaux.

Tous ces squelettes de géants, ces débris d'animaux pris autrefois pour des dépouilles humaines, ces ossements humains trouvés de nos jours et reconnus pour avoir été mêlés à des dépôts anciens, à une époque postérieure au déluge, ou pour appartenir à des formations modernes, devaient sans doute exciter la défiance des géologues sur la question de l'existence des fossiles humains dans le diluvium. Mais devait-on, en bonne logique, sur une preuve tout-à-fait négative, établir cette conclusion positive : « *C'est une vérité scientifique qu'il n'y a point d'ossements humains fossiles, dans les terrains diluviens, et par conséquent c'est aussi une vérité scientifique que l'homme n'existait pas à l'époque du déluge.* » Voilà pourtant ce qui s'est dit et ce qui se dit quelquefois encore ; ce qu'il y a d'étonnant surtout, c'est de trouver cette conclusion chez des hommes qui, dans leurs ouvrages, ont l'air de professer le plus grand respect pour les livres saints.

Cuvier paraît avoir admis cette opinion, quoiqu'il semble laisser échapper quelques paroles, comme pour la déguiser, dans son Discours sur les Révolutions du globe. Un homme d'un si grand poids dans le monde savant devait sans doute faire autorité ; aussi son opinion paraît-elle avoir fait rejeter, souvent sans examen, parmi des faits mal observés, tous ceux qui lui étaient contraires.

S'il était démontré qu'on s'était souvent trompé, qu'on s'était même trompé toujours sur la nature ou sur l'âge des fossiles qu'on avait pris, dans le temps passé, pour des ossements humains antédiluviens, il était démontré par-là qu'il fallait se tenir sur ses gardes, en pareille circonstance, qu'il ne fallait accueillir désormais que les observations, où, de la part du géologue comme de celle de l'anatomiste, on ne pourrait supposer ni défaut d'attention ni défaut

de lumières, on pouvait conclure que l'existence de
l'homme, à l'époque du déluge, n'était pas encore
rigoureusement démontrée par la science, puisqu'on
n'en trouvait pas de traces évidentes dans les dépôts diluviens. Mais il y a bien loin de cette conclusion à celle qui tend à établir qu'il n'y a point de
fossiles humains dans le diluvium, qu'il est impossible d'en trouver jamais, et qui se met ainsi en opposition ouverte et directe avec la plus respectable
des traditions religieuses et historiques.

Il y a encore dans les terrains géologiques, depuis
les plus récents jusqu'aux plus anciens, bien des
découvertes à faire, et celles qui ont déjà si souvent
surpris les géologues ont dû leur apprendre toute la
circonspection que commande une science de faits,
toute de faits qui ne se révèlent qu'avec le temps.
Il n'y a que quelques années qu'on niait encore
l'existence des mammifères, à la seconde époque
zoologique, on soutenait même qu'elle était impossible, et cependant « [1] il est avéré maintenant que
l'on a trouvé, dans le schiste calcaire de Stonesfield,
trois espèces de didelphes, entre autres le didelphis
bucklandi, et que le grès bigarré de la Thuringe
renferme des animaux de la famille des marsupiaux. » Pendant longtemps on a nié l'existence
des fossiles d'oiseaux dans les terrains secondaires,
et on sait aujourd'hui qu'ils se trouvent jusque dans
le grès rouge et dans les terrains calcaires de plu-

1 Huot, *Ossements et coquilles.*

sieurs contrées. Suivant Cuvier, on n'avait jamais trouvé, dans les cavernes à ossements, de restes de poissons ni d'animaux marins; et aujourd'hui on y a reconnu des vertèbres, des écailles de poissons, des dents de squale, des coquilles fluviatiles et terrestres, etc. « [1]Pour prouver que l'homme n'existait pas encore, ou du moins n'habitait pas nos pays, à l'époque où y vivaient ces éléphants, ces rhinocéros, ces hyènes dont les débris ont été conservés dans le limon des cavernes et les autres couches comparativement récentes des formations antédiluviennes, on faisait remarquer qu'on ne trouvait ni dans ces terrains, ni dans des terrains plus anciens, aucun os qu'on pût rapporter à un singe ou même à une chauve-souris ; d'où l'on concluait qu'ils devaient avoir été déposés antérieurement à l'apparition de ces deux familles à la surface du globe, *et à plus forte raison avant l'apparition de l'homme, qui avait dû être la fin et comme le couronnement de la création*. On ne niait pas qu'il pût y avoir, disons mieux, on ne doutait pas qu'il n'y eût à l'état fossile des ossements de cheiroptères, de quadrumanes, d'hommes ; mais on supposait que les couches qui les renfermaient avaient été par suite des derniers cataclysmes, ensevelies sous les eaux des mers et pour jamais soustraites à notre examen.

La supposition était très-soutenable, tant qu'il n'y avait pas de faits qui prouvassent le contraire ; mais

1 Bertrand.

jourd'hui il y en a. Depuis quelques années on a
couvert des restes de chauve-souris bien carac-
risés dans les brèches osseuses de Cagliari en Sar-
igne, dans celles d'Antibes en Provence, et dans
limon de plusieurs cavernes en Belgique ; ces
stes mêmes paraissent tous pouvoir être rapportés
des espèces actuellement vivantes dans nos con-
ées. Il y a plus, on a trouvé dans les plâtrières
Montmartre le squelette presque complet d'une
hauve-souris, qui par sa taille, par le nombre et la
sposition de ses dents, ressemble parfaitement à
tre chauve-souris sérotine, de sorte que cette es-
ce habitait déjà les lieux où nous la voyons encore
jourd'hui, bien avant le temps où y parurent les
ces depuis si longtemps éteintes des éléphants et
es rhinocéros.

Relativement aux quadrumanes, les recherches
nt restées plus longtemps infructueuses, et notre
élèbre Cuvier, qui a examiné tant d'ossements fos-
les, n'en a jamais trouvé un seul qu'on pût soup-
onner appartenir à un singe, à un maki ou à tout
utre animal de l'ordre des quadrumanes. C'est seu-
ment, en effet, en 1836, qu'a eu lieu la première
écouverte, et elle a eu lieu presque en même temps
u pied des Pyrénées et au pied des monts Hyma-
ayas. Il est à remarquer que, dans les deux pays,
es terrains qui renfermaient ces précieux débris
'appartenaient pas aux formations les plus récentes
es terrains antédiluviens. »

Après avoir signalé d'autres découvertes inatten-

tendues, A. Bertrand ajoute : « Quoi qu'il en soit.
de tous les arguments qu'on a présentés pour démontrer l'impossibilité de trouver, dans les formations antédiluviennes, des ossements humains, il n'en
est pas un seul qui conserve aujourd'hui quelque
valeur, de sorte qu'il n'est plus permis de rejeter,
sans un examen scrupuleux, les cas de cette nature
qui peuvent être annoncés, surtout quand ils le seront par des hommes éclairés ; or, on ne peut nier
que parmi les géologues qui, depuis quelques années,
ont publié des observations sur les ossements humains découverts soit dans les cavernes de la Belgique, soit dans d'autres dépôts limoneux, tels que
ceux qu'on connaît dans la vallée du Rhin, il n'y en
ait plusieurs dont les lumières sont prouvées par
leurs travaux antérieurs, et dont la bonne foi ne saurait être soupçonnée. »

L'existence de l'homme à l'époque du déluge a
donc été niée très-légèrement par les géologues. On
n'avait pas encore fait assez de recherches pour pouvoir trancher aussi brusquement une question si
importante par elle-même et surtout si grave au
point de vue religieux. Il ne faudrait que quelques
faits comme ceux qui ont été observés depuis un
petit nombre d'années, pour démontrer d'une manière incontestable qu'on rencontre des fossiles humains dans les terrains diluviens.

En effet, on a trouvé de nouveau des ossements
humains dans les terrains où l'on avait nié leur présence ; on en a trouvé sur des points jusqu'alors in-

connus ; et dans plusieurs cas au moins, sinon dans tous, ces dépôts ossifères n'ont point été remaniés par les eaux ; car il n'est guère possible, dans l'état où le déluge a laissé le globe , que les eaux d'une inondation aient pu ou s'élever à la hauteur de certaines cavernes, ou y séjourner assez longtemps pour détremper et remanier le limon calcaire où l'on a trouvé quelques-uns de ces débris.

Il est vrai, dit M. Huot, qui me fournit la plupart des détails qui vont suivre , il est vrai que l'assertion de Spallanzani, qui avait prétendu qu'il existait des ossements humains dans les brèches osseuses de la Dalmatie, et dont le témoignage avait été révoqué en doute, a été confirmée par le double témoignage de M. Germar, qui y a trouvé de semblables ossements, et de M. Keferstein, qui y a découvert un morceau de verre ; il est vrai que le comte Bruner a trouvé des crânes humains dans le dépôt marno-alluvial coquillier de Krems en Autriche , comme le comte Razomowski a trouvé des ossements humains mêlés à d'autres débris d'animaux, au milieu des sables de Baden , dans la Basse-Autriche ; il est vrai enfin que M. Boué a observé , en 1823, derrière Larh, dans le pays de Bade, des ossements humains contenus dans le dépôt alluvial de la vallée du Rhin , et *mêlés à des restes de mammifères perdus*.

« Ces faits seuls , continue M. Huot , suffiraient pour faire regarder comme probable l'existence de l'homme pendant l'époque diluvienne, mais ils ont été suivis d'autres faits plus concluants peut-être. »

La caverne de Bise, près de Narbonne (Aude), a offert à M. Tournal, non-seulement des ossements humains dans le même dépôt que celui qui recèle des débris d'ours, d'hyènes, de lions, de tigres et d'autres animaux perdus, mais encore des produits de l'industrie humaine dans son enfance, tels que des poteries grossières; et les matériaux sous lesquels sont ensevelis ces fossiles sont regardés par tous les géologues comme appartenant au terrain diluvien.

Ces découvertes attirèrent l'attention de plusieurs géologistes du midi de la France, et après plusieurs explorations faites par M. E. Dumas et par M. J. de Christol dans les départements de l'Aude, de l'Hérault et du Gard, les cavernes de ce dernier département parurent à M. de Christol mériter assez d'attention pour qu'elles devinssent le sujet d'une notice intéressante qu'il présenta le 29 juin 1829 à l'Académie des Sciences.

La caverne de Pondres (Gard) est *entièrement comblée par le dépôt de transport que M. Buckland nomme diluvium. Il n'existe pas le moindre vide entre ce terrain et la voûte de la caverne.* Circonstance remarquable, dit M. de Christol, en ce qu'elle ne permet pas de supposer que des objets modernes aient pu y être introduits, comme cela a pu arriver dans des cavernes dont l'accès est libre et facile. Le dépôt diluvien a, dans certains points, la solidité du tuf, et on y trouve des ossements à toutes les hauteurs : le plus grand nombre appartient à des hyènes, des aurochs et des cerfs. Dans les parties les plus basses comme dans les parties supérieures, on a trouvé des fragments de poterie d'argile qui n'a été ni lavée ni cuite, mais seulement séchée au soleil, et des *ossements humains.*

Une autre caverne, celle de Souvignargues, n'est éloignée de la première que d'une demi-lieue. La seule chambre dans laquelle on puisse entrer, les autres ayant été obstruées par des éboulements, a pour ouverture un trou qui n'a guère plus de 50 centimètres de diamètre ; après avoir rampé sur le ventre dans un corridor de 5 mètres de longueur, et avoir marché courbé pendant l'espace de 25 mètres, on aperçoit plusieurs chambres assez spacieuses, tapissées de stalactites, et dont le sol est couvert d'une croûte de stalagmites au-dessous de laquelle est un diluvium d'environ 2 mètres d'épaisseur. Dans la couche la plus basse que les deux naturalistes aient pu faire fouiller, on trouva une molaire de cerf, plusieurs molaires de bœuf, une phalange onguéale de solipède, une molaire d'ours et *plusieurs ossements humains,* tels qu'une omoplate, un humerus, un radius, un péroné, un sacrum et deux vertèbres. Tout annonçait que le sol était intact, qu'il n'y avait point eu d'éboulement, et que les couches de diluvium n'offraient aucune interruption dans leur continuité. Les os trouvés dans cette caverne happent fortement à la langue ; leur couleur, leur poids, leur degré d'altération ne montrent aucune différence entre eux et les ossements d'une autre caverne, celle du Lunel-Vieil, remplie d'ossements d'hyènes.

Le docteur Schmerling de Liège, qui avait, en 1831, exploré plus de quinze cavernes dans les environs de cette ville, a découvert, dans l'une d'elles, la caverne d'Engis près Engihoul, à soixante-dix mètres au-dessus du niveau de la Meuse, au milieu d'un dépôt argileux mêlé de cailloux roulés, de quartz et de fragments calcaires, un crâne et d'autres ossements humains bien caractérisés, confondus avec des débris d'ours, de deux espèces de rongeurs, de quatre espèces d'oiseaux, etc. Le même explorateur a trouvé, en 1835, dans une autre caverne, près de Chokier, parmi des restes d'ours et de rhinocéros, non-seulement des ossements humains, mais plusieurs objets d'industrie humaine, une aiguille faite en arête de poisson, un os taillé en pointe et portant d'autres traces de coupures, des silex taillés en flèches, en couteaux, et des os travaillés.

Cette année même (1850), M. Marcel de Serres a présenté à l'Académie des Sciences une notice sur de nouvelles cavernes à ossements qu'il vient de découvrir à La Tour, près Lunel (Hérault). Il y a trouvé, dans le diluvium ordinaire, au milieu de débris d'ossements d'ours, etc., des poteries de terre. Le plateau dans lequel s'ouvrent ces cavernes remplies par les eaux qui ont formé le dépôt, est élevé d'environ 135 mètres au-dessus du niveau de la Méditerranée.

La hauteur de ce dépôt au-dessus de la Méditerranée, celle d'Engis, à 70 mètres au-dessus de la Meuse; celle du dépôt du duché de Bade, à environ 100 mètres au-dessus du Rhin, et la nature des fossiles qui s'y trouvent, ne permettent pas d'en attribuer la formation à une inondation postérieure au déluge universel. Remarquons-le bien encore : à Pondres, le diluvium remplit toute la caverne ; rien n'a donc pu s'y introduire depuis le déluge : à Souvignargues, les couches de diluvium n'ont pas été remuées; les ossements humains qu'on y a trouvés, y étaient donc depuis la formation de ces couches.

Les tourbières de la Belgique ont offert aussi aux recherches de M. Charles Moren, professeur à la Faculté des Sciences de l'Université de Gand, des ossements humains mêlés à des espèces d'animaux perdues, telles que des castors différents de ceux d'Amérique, des cerfs de grande taille et des aurochs que l'on peut considérer comme perdus dans la plus grande partie de l'Europe.

Quant aux ossements trouvés dans les tourbières de la Belgique et dans quelques autres localités, comme dans la caverne de Mialet, près d'Anduze (Gard), où M. Teissier découvrit, en 1831, parmi des ossements d'animaux, hyènes, ours, oiseaux, etc., des ossements humains, plusieurs objets travaillés, une lampe, une figurine en terre cuite, des bracelets en cuivre, des os taillés, etc., en étudiant les caractères de race que présentent les crânes humains, on a cru reconnaître que ceux-là appartenaient à la race caucasique, et par conséquent à des dépôts modernes. Je ne sais jusqu'où doit aller cette distinction ostéologique, mais nous n'hésiterons point à l'admettre ; et nous regarderons ce mélange d'ossements d'animaux perdus et d'ossements humains, comme l'effet du remaniement des terrains où ils se trouvent. « [1] On ne peut pas du moins dire la même chose des crânes trouvés par M. Schmerling dans les cavernes de la province de Liège : elles rappellent toutes les formes africaines. Il en est de même de ceux observés par MM. Boué, Razomowski et autres : ainsi les têtes trouvées dans les sables de Baden, en Autriche, se rapprochent aussi de celles des races nègres ; celles des bords du Rhin et du Danube offrent de grandes ressemblances avec les têtes de Caraïbes et celles des anciens habitants du Chili et du Pérou. Il y a donc, dans les ossements que l'on trouve enfouis, à distinguer les races européennes, qui ne doivent se trouver que dans les dépôts modernes, ou peut-être remaniés, et les races tropicales qui doivent appartenir à des dépôts plus anciens. Ce sont celles qui ont pu être contemporaines des éléphants et des rhinocéros de nos contrées. Et en effet, il est tout-à-fait conforme aux autres faits géologiques que les premiers humains appartiennent aux races qui habitent encore les régions chaudes, puisque les animaux et les plantes de l'époque qui s'est terminée

1 Huot.

par les cataclysmes diluviens, appartiennent aussi à des climats brûlants. »

J'aurais pu citer bien d'autres découvertes qui prouvent la présence d'ossements humains, mêlés à des restes d'animaux d'espèces perdues, dans les dépôts formés par la dernière inondation générale qui a changé la face du globe, et qui a modifié bien profondément peut-être les conditions de l'existence pour les créatures destinées à y vivre. Mais les faits qui viennent d'être mentionnés ne permettent guère de douter que l'homme n'ait été contemporain de la grande révolution qui a ravagé la terre et dont le souvenir est resté dans la mémoire de tous les peuples. Et si ces faits ne sont pas encore assez nombreux, si quelques-uns sont d'une origine encore un peu douteuse, on reconnaîtra du moins qu'on n'a pas le droit d'affirmer que le diluvium ne contient pas de traces de l'existence de l'homme, et on reconnaîtra que nous sommes en bonne voie pour arriver à la solution complète de cette grande question. La géologie est loin d'avoir achevé son œuvre : « [1] on doit reconnaître que si les dépôts et les blocs erratiques ont été observés sur presque tous les points du globe visités par quelques observateurs, il s'en faut qu'ils aient été partout fouillés et assez minutieusement étudiés pour que l'on ait un catalogue général et complet des espèces dont ils recèlent les débris, et pour que l'on puisse affirmer que

1 N. Boubée.

nulle part ils ne montrent de trace de l'existence
des hommes. Loin de là, car les moins connus, les
moins explorés de ces dépôts sont précisément ceux
de l'Asie, ceux du nord-est de l'Afrique, où cependant devront se trouver les débris des premiers peuples alliés aux dépôts du cataclysme par lequel ils
furent engloutis : or ici la question à résoudre est à
la fois si importante et si simple, qu'on a peine à
comprendre que nul voyageur n'ait encore songé
à l'étudier sur les lieux. Car évidemment, si dans
l'ancienne Mésopotamie, dans la Babylonie, l'Assyrie, l'Arménie, on rencontre au milieu des dépôts diluviens, à blocs erratiques, des ossements
humains, ou des objets ouvragés, il n'en faudra pas
davantage pour démontrer que le déluge qui vient
de nous occuper et dont nous avons pu, par les
seules considérations géologiques, constater l'universalité, la cause et les terribles effets, est précisément celui dont le livre saint nous donne la date
précise. » .

Les géologues connaissent-ils seulement la millième partie de la surface de la terre? On a fouillé,
on a examiné avec soin plusieurs points remarquables ; mais dans quelles contrées? Les observations
qui ont été faites avec le plus d'exactitude ne se sont
guère étendues en dehors de l'Europe ; et dans
cette partie du monde, la France et l'Angleterre,
quelques contrées de l'Allemagne, sont peut-être
les seules qui aient été étudiées un peu sérieusement. Faut-il s'étonner qu'on ait si rarement ren-

contré les vestiges de l'homme antédiluvien ? Avant le déluge, la race humaine n'était pas encore si nombreuse qu'elle ait été forcée de se disperser et de se répandre au loin sur le globe. En admettant cette nécessité, est-ce le continent de l'Europe, surtout dans sa partie occidentale, qui aurait pu le plus facilement recevoir ces colonies d'émigrés ? Les géologues sont les premiers à nous dire, qu'avant le déluge, l'Europe était en grande partie inhabitable ; qu'elle était couverte d'un grand nombre d'immenses bassins remplis d'eau ; que ces bassins, tous marins dans l'origine, furent en partie remplacés par des lacs d'eau douce ; que le lit et le niveau des principales rivières étaient bien plus élevés qu'à présent ; que le volume de leurs eaux était bien plus considérable ; en un mot, que toutes les basses terres étaient, pour la plupart, inabordables, et ne pouvaient offrir à l'homme les ressources et les agréments propres à l'engager à y fixer sa demeure. L'espèce humaine devait donc être rare dans nos contrées, et il faudrait peut-être s'étonner plutôt d'en trouver quelques restes que de n'en trouver aucun. C'est lorsque l'étude des terrains diluviens aura été faite avec soin sur le sol de l'Asie où toutes les traditions placent le berceau du genre humain, que la question de l'existence de l'homme à l'époque du déluge recevra sa solution complète. Les contrées de l'Asie sont celles qui peuvent jeter plus de lumière sur ce problème, et ce sont précisément celles qui sont restées plus inconnues à la géologie.

Enfin, n'est-il pas à croire que les fossiles de notre espèce doivent être beaucoup plus rares que ceux des autres animaux ? « [1] Il n'y a que les corps organisés qui sont entraînés sous les eaux et enveloppés par des sédiments imputrescibles qui deviennent fossiles. Hors de cette condition où ils sont tout à la fois soustraits à l'action de l'air et de l'eau, et où leur substance est conservée ou remplacée par la substitution d'une autre qui la représente, ils ne laissent point de traces de leur présence. Ainsi les animaux qui sont ensevelis dans la terre ou qui flottent à la surface des eaux, se décomposent avec le temps et ne laissent à leur place ni pétrification ni le cachet de leur cadavre.

» Ce n'est donc pas des hommes morts avant l'évènement du grand cataclysme dont il faudrait espérer de rencontrer les ossements à l'état fossile ; car on ne me contestera pas, je pense, la supposition que leurs restes étaient recueillis et recevaient la sépulture d'une manière quelconque par leurs semblables. Cet usage instinctif n'a été méconnu par aucun peuple, pas même des antropophages. Qu'on aille à la Nouvelle-Guinée, à l'île Waigiou, où se rencontrent les plus féroces individus de notre espèce, on le trouvera observé par le Papou comme par le sauvage de l'Amérique, ainsi que l'ont remarqué tous les voyageurs. Il n'y aurait donc de fossiles que les restes des hommes qui furent vic-

[1] M. l'abbé Forichon.

times de la submersion subite de leur séjour. Or cette condition ne paraît pas la plus favorable à la formation des fossiles ; car il ne faut pas croire que tous les ossements qui se trouvent à cet état, ceux des dépôts diluviens en particulier, ne proviennent que des animaux tués par le cataclysme, ni qu'ils les représentent tous ; mais au contraire, plusieurs considérations rendent probable qu'ils sont aussi les restes d'une partie des animaux morts antérieurement et gisant à la surface du sol où ils ont pu long-temps se conserver intacts. Ces os ont pu être entraînés avec les terres qui, se précipitant des collines, sont venues d'abord les ensevelir dans les vallons et sur les plaines que les eaux ont dû submerger les premières. En effet, les amas les plus considérables de fossiles se trouvent dans les lieux de ce genre que fréquentaient naturellement les espèces dont ils proviennent. Qu'un grand nombre des animaux qui vivaient alors aient été saisis par les eaux et enveloppés dans les terres qu'elles emportaient, on doit l'admettre évidemment ; mais il est certain aussi que la plupart de ceux qui auront flotté sur les eaux ne seront pas devenus fossiles. Ce qui aura dû particulièrement arriver aux espèces qui habitaient ou qui auront pu gagner les hauteurs. Les fossiles des animaux doués de ces avantages sont en effet beaucoup moins nombreux : peut-être encore ne proviennent-ils que des ossements épars sur le sol, sur le flanc des coteaux, et qui auront pu être entraînés dans les vallées où ils se sont mêlés avec les autres.

» Or, n'est-il pas à présumer que l'homme, vu son intelligence et ses habitudes, se soit trouvé occuper une position plus avantageuse que celle de beaucoup d'animaux, et qu'à l'approche de l'inondation il ait cherché à gagner les hauteurs et à fuir les dangers d'une manière quelconque. Les individus n'auront alors été atteints que par le fait de l'élévation des eaux, et leurs cadavres auront flotté à leur surface avec tant d'autres animaux dont il n'est rien resté : et pendant le temps que la décomposition de leur chair les faisait ainsi surnager, beaucoup de matériaux ont pu se déposer au-dessous d'eux. »

Quelles que soient les données de la science sur la présence des fossiles humains dans les terrains diluviens, quoi qu'aient pu dire quelques géologues sur cette question, Moïse nous dit en termes formels et l'apôtre saint Pierre [1] nous rappelle que ce fut la colère de Dieu qui souleva les flots vengeurs du déluge contre une race impie et corrompue, et qu'une seule famille fut jugée digne d'être épargnée ; le géologue chrétien ne doute donc pas de l'existence de l'homme au jour de cette épouvantable catastrophe. Si nos recherches n'ont pas en-

1 1re Epitre, chap. 3, v. 20. — 2e Epitre, chap. 3, v. 6.

core donné, sur ce point, tous les témoignages
qu'ils désirent pour confesser cette vérité religieuse
comme un fait démontré, constaté physiquement,
nous dirons aux hommes de la science, à ceux qui
n'ont pas en même temps le bonheur d'être des
hommes de foi, nous leur dirons avec toute la confiance que nous avons dans nos livres sacrés : Ne vous
prononcez pas témérairement contre la Bible ; elle
a déjà passé par bien des épreuves ; tous les faits
qu'elle contient ont été contrôlés avec la critique
la plus sévère, souvent la plus méchante ; on ne
lui a pas fait grâce d'un mot ; et cependant quelle
est l'erreur dans laquelle on a pu la surprendre ?
On a voulu l'attaquer par toutes les sciences, et
toutes les sciences, la linguistique, l'ethnographie,
la physique, etc., n'ont eu que des révélations glo-
rieuses pour la justifier toujours. La géologie ne
lui fera point défaut ; elle a pour mission de justifier
le récit de la Genèse. Si quelques géologues ne se
croient pas encore fondés à tenir le langage qui est
pour nous un devoir, sur la question qui vient de
nous occuper, nous leur dirons sans inquiétude sur
le résultat que nous attendons : Fouillez, examinez
encore, étendez vos recherches, et à bientôt ! La
lumière se fera ; la Providence qui a pris soin de
conserver des médailles, des inscriptions, des bas-
reliefs, etc., sous les ruines des villes bâties par les
peuples de l'antiquité, pour venger les livres saints
des attaques de leurs contradicteurs ; la Providence
qui a pris soin de nous conserver les traces des

végétaux et des animaux qui ont les premiers habité les mers et les continents, aura conservé aussi, pour les produire à un jour donné, les témoins irrécusables d'un des plus grands événements arrivés sur la terre depuis la création de l'homme.

CHAPITRE V.

Le matérialisme en présence de la géologie. — La géologie nous fournit les armes les plus puissantes contre le matérialisme.

1° La géologie prouve que l'homme est tout nouveau sur la terre.

2° La géologie nous fait remonter jusqu'à l'origine des végétaux et des animaux.

3° Examen de la doctrine du développement graduel. — MM. Forichon, Jehan, Cuvier. — Les espèces sont permanentes. — L'apparition simultanée de plusieurs genres et de plusieurs espèces, prouve qu'ils ne sont pas sortis les uns des autres. — Quelques espèces anciennes étaient même plus parfaites que les nôtres. — Témoignages de MM. Agassiz, Buckland, d'Orbigny, Godefroy.

4° Les végétaux et les animaux ne sont pas le produit spontané de la matière. — 1° Les molécules organiques des matérialistes n'existent pas. — 2° Les infusoires ne fournissent aucun argument en faveur de leur thèse. — Expérience de Spallanzani. — Découverte de M. Ehremberg. — 3° Le principe vital n'est pas l'effet de l'organisme. — Il en est plutôt la cause. — 4° La vie n'est pas le produit des lois générales de la nature. — Discussion par M. Forichon.

5° Le monde n'est pas éternel. — La géologie nous fait assister à la formation du globe, dans son noyau comme dans son écorce. — Il est facile de remonter jusqu'à la naissance des corps les plus fixes dont se compose le globe. — La matière n'est donc pas éternelle.

6° La géologie nous conduit jusqu'au jour où commença l'œuvre mystérieuse de la création. — Elle ne peut nous expliquer le mystère, mais elle nous fait sentir la nécessité d'un Créateur.

1° Combinaisons et cristallisation de la matière élémentaire. — Elles n'ont pas eu lieu en vertu d'une propriété inhérente à la matière. — Elles ne peuvent s'expliquer par des causes fortuites. — Elles supposent donc un Organisateur suprême.

2° Le mouvement. — Division de la masse gazeuse, en plusieurs masses distinctes — en corps lumineux — en corps opaques plus ou moins denses. — Qui a fait cette division ? — Mouvement. — Il n'est pas essentiel à la matière. — Attraction, projection. — Mouvements différents dont les astres sont animés. — Qui les a réglés ? — Paroles de Newton. — Mouvement de rotation. — Il est différent dans chacun des astres. — Qui a réglé cette différence ? — Le résultat des calculs faits par Laplace sur la cause du mouvement des astres.

3° Organisation du globe. — Plan de la Providence dans les révolutions du globe. — Création des végétaux et des animaux. — Ils ne sont pas le produit nécessaire des lois naturelles. — D'où viennent-ils ? — Création de l'homme. — Il n'a pas de cause dans la nature. — La terre était destinée à l'homme. — La géologie nous conduit à l'existence de Dieu. — La science reste confondue devant le mystère de sa puissance. — Paroles de Job.

Le Matérialisme en présence de la Géologie.

La philosophie n'a point trouvé dans ses thèses les plus solides, une réfutation plus satisfaisante que celle que nous donne la géologie contre le matérialisme, sous toutes les formes qu'il a prises dans les questions d'histoire naturelle où il s'est retranché pour attaquer dans son principe et dans ses conséquences la raison de toute religion et de toute morale. L'esprit de l'homme ne s'élève qu'avec peine

et par des efforts dont il n'est pas toujours capable,
jusqu'à la hauteur de la métaphysique, et là souvent
il lui arrive de s'éblouir et de s'égarer dans les régions immenses ouvertes devant lui. Nous ne mar-
chons jamais avec plus d'assurance et de bonheur
dans la voie de la vérité, que lorsque nous pouvons
la palper, pour ainsi dire, la faire voir à notre âme,
par les yeux de notre corps comme par les yeux de
notre intelligence. Or, la géologie nous fait sentir,
nous fait toucher de nos mains quelques-unes de
ces vérités premières, que le matérialisme aurait
voulu arracher de l'esprit et du cœur du genre humain. Ainsi elle nous montre, dans ses monuments
les plus frappants et dont le témoignage est le plus
incontestable, notre arrivée toute récente sur la
terre, l'apparition des animaux et des végétaux,
l'enfance et la naissance de la planète que nous habitons ; et, en nous ramenant par une série de faits
évidents à un principe de toutes choses, elle nous
force de reconnaître l'existence, l'action nécessaire,
la puissance et la sagesse d'un Dieu créateur, qui,
au jour fixé dans ses conseils éternels, a tiré du
néant et de la confusion les éléments de ce monde,
et les a soumis aux lois qui en font l'ordre et
l'harmonie.

Arrivés au terme de la course que nous avions à
faire à travers les différents âges de la terre, jetons
un dernier regard sur le chemin que nous avons parcouru, et, du point de vue religieux où nous nous
sommes placés, observons quelques-uns de ces faits

généraux sur lesquels la plupart des systèmes géologiques sont d'accord ; interrogeons-les sur ce qu'ils peuvent nous apprendre de l'origine de l'homme, des animaux et des végétaux, sur la nature de la matière, sur les lois qui régissent l'univers, enfin, sur le principe de toutes choses, sur Dieu ; et leur réponse nous dira la valeur de ces théories absurdes, inventées par l'impiété, pour ruiner parmi les hommes les vérités fondamentales sur lesquelles repose tout ce qu'il y a de plus saint et de plus sacré sur la terre, la religion et les devoirs qu'elle commande.

1° *L'homme est nouveau sur la terre.*

L'école matérialiste a prétendu que si l'homme n'est pas sur la terre depuis un temps indéfini, il y est du moins depuis un temps bien reculé au-delà des limites que lui assigne la Genèse. Les plus modérés lui ont donné de vingt à trente mille ans d'existence ; Volney a soutenu que la formation des colléges sacerdotaux, chez les Egyptiens, à la seconde période de l'histoire de ce peuple, remonte au moins à treize mille trois cents ans avant l'ère chrétienne ; pour prouver la haute antiquité des Egyptiens, Dupuis en appelait au fameux zodiaque d'Esneh, et lui donnait plus de vingt-cinq mille ans de date ; d'autres, moins timides, traitaient d'absurde la chronologie mosaïque, et lui préféraient celle des Chinois, qui faisaient remonter leur origine à trois millions deux cent soixante-seize mille ans, ou mieux encore celle des Brahmes de l'Inde, qui se donnaient, sur des calculs astronomiques, une antiquité de quatre millions trois cent vingt mille ans.

Or, la géologie nous démontre que l'homme, loin d'être vieux sur la terre, n'y est que le dernier venu de toutes les créatures, et qu'il n'y a paru qu'au dernier âge du globe, c'est-à-dire il y a environ six mille ans. Nous avons vu, dans le chapitre précédent, que la plupart des géologues ont été conduits à douter de l'existence de l'homme, et à la nier même formellement à l'époque du déluge ; or, il est prouvé géologiquement, par une foule de chronomètres qui donnent tous le même résultat, que le déluge ne peut remonter au-delà de cinq à six mille ans. Nier l'existence de l'homme à l'époque de la dernière révolution du globe, c'est à nos yeux une erreur que nous rejetons comme celle qui la porte au-delà de la chronologie de Moïse ; c'est une erreur de détail que des découvertes nouvelles corrigeront inévitablement ; mais nous trouvons au fond de cette erreur un fait géologique qui renferme la vérité : *la date de la naissance de l'homme n'est pas éloignée de la date du déluge*, et nous opposons ce fait aux théories matérialistes sur la question qui nous occupe. Il est certain que sous le diluvium, il y a des formations immenses remplies d'animaux de toute espèce qui y ont vécu et qui y sont morts, se succédant probablement *et sans aucun doute, suivant les géologues*, pendant une longue suite de siècles ; les animaux et les végétaux les plus fragiles ont laissé, dans ces couches antédiluviennes, des traces évidentes, des restes dans un état de conservation si parfaite, qu'on y reconnaît non-seulement les genres et les espèces, mais les individus eux-mêmes; quant à l'homme, s'il a laissé quelques traces encore bien rares dans le diluvium, on ne trouve dans les dépôts inférieurs, ni ossements qui lui aient appartenu, ni produits de son industrie; aucun signe de sa présence. Il n'est pas possible de s'égarer ici dans les ténèbres dont la vanité des peuples anciens a si souvent enveloppé leur origine, il n'est pas possible de se laisser surprendre par les erreurs ou par les mensonges de leurs histoires; les réponses de la nature sont claires, précises et sincères. Les faits géologiques prouvent que l'homme est venu tout récemment sur la terre, qu'il n'y a paru qu'après tous les animaux et lorsque plusieurs races en avaient successivement disparu. Dans les terrains modernes ou post-diluviens, les traces de l'homme se retrouvent partout dans ses ossements, dans ses ouvrages; s'il eût été vieux dans le monde, avant le déluge, les produits de sa fabrication, les métaux, les pierres à son usage, quelques restes conservés avec ceux des animaux qui vivaient avec lui se retrouve-raient de même, seraient du moins plus communs. Il faut donc reconnaître que le genre humain s'est bien plus répandu sur le globe, a vécu bien plus longtemps depuis le déluge, qu'il n'a pu le faire avant; c'est assez dire que la géologie nous conduit à la chronologie de Moïse, sur la naissance de l'homme.

2° *La Géologie nous fait remonter jusqu'à l'origine des végétaux et des animaux.*

L'école matérialiste a dit : La nature vivante a toujours été ce qu'elle est ; il est impossible de lui assigner un commencement ; si des végétaux et des animaux naissent chaque jour pour remplacer ceux qui périssent chaque jour, il n'y a pas de raison pour qu'il en ait jamais été autrement, ni pour que cet état de choses puisse jamais changer.

Le géologue n'a pas besoin d'une longue discussion philosophique pour apprécier cette doctrine ; il trouve contre elle un jugement et une condamnation sans appel, dans les éléments de la géognosie.

Avant la formation des terrains dits de *transition*, il n'y avait encore à la surface de la terre ni végétaux, ni animaux ; le globe entier n'était qu'une matière brute, inorganique ; « [1] la vie n'a pas toujours existé sur le globe, et il est facile à l'observateur de reconnaître le point où elle a commencé à déposer ses produits. » Si l'on admet, comme chose possible, que l'épanchement des roches plutoniques dans les premières couches de sédiment aura fait disparaître les débris organiques qu'elles pouvaient renfermer, il est du moins certain que, dans la théorie de la formation des terrains primitifs

[1] Cuvier.

par le refroidissement, comme dans celle de leur formation par l'oxidation des matériaux dont ils se composent, *aucun végétal, aucun animal,* soit de ceux qui existent maintenant, soit de ceux que nous ne connaissons qu'à l'état fossile, n'*aurait pu vivre* sous la haute température qui régnait sur toute notre planète, à l'époque de la première consolidation de son enveloppe et lors même que se déposèrent les plus anciennes couches de sédiment. Il est donc certain qu'il y a eu une époque dans l'histoire de notre globe où la vie des végétaux et des animaux était impossible; et les faits sont d'accord avec la théorie, car, en descendant par degré dans cette masse énorme de terrains fossilifères dont quelques lits sont dus presque tout entiers à des débris de végétaux, dont des roches sont remplies de débris d'animaux et quelquefois même uniquement composées de tests microscopiques d'animaux marins, après avoir rencontré des races différentes, propres à chaque époque, qui apparaissent successivement, et dont un grand nombre ont disparu dans les couches supérieures, on arrive presque subitement à des dépôts de sable et d'argile, à des bancs de calcaire, de schiste, etc., dont plusieurs n'ont point été altérés, et *on n'y trouve aucune trace de restes organiques.* Les systèmes organiques ont donc eu un commencement; et, puisque les mêmes genres et les mêmes espèces n'ont pas toujours vécu ensemble, puisqu'ils ont paru successivement et que plusieurs ont ensuite disparu pour toujours, l'état actuel des choses n'a donc pas été toujours ce qu'il est, et il n'y a pas eu succession éternelle entre les êtres de la nature vivante. De là ces deux importantes conclusions de Buckland : « 1° Les espèces actuellement existantes ont eu un commencement, et ce commencement date d'une époque comparativement récente dans l'histoire physique de notre globe ; 2° ces mêmes espèces ont été précédées d'autres systèmes organiques animaux et végétaux : et pour chacun de ceux-ci comme pour les premiers, on peut démontrer qu'il fut une époque où ils n'existaient pas encore, et que par conséquent, pour ces systèmes plus anciens comme pour ceux qui existent maintenant, la doctrine d'une succession éternelle et indéfinie, tout à la fois dans le passé et dans l'avenir, est également insoutenable. »

3° *Examen de la doctrine du Développement graduel.*

Repoussant toujours l'intervention d'un agent créateur, l'école matérialiste a dit encore : 'La diversité des genres et des espèces dans la nature vivante est due à leur transformation graduelle, au développement d'un ou de quelques individus primitifs ; si, dans les deux règnes organiques, il n'y a pas eu succession éternelle des mêmes espèces, du

---

1 Voir *Encyclopédie nouvelle*, art. *Animal*, et les écrits de Robine, Lamark, de La Méthrie, P. Leroux, etc.

18

moins elles ne sont dues qu'à une suite de transmu-
tations d'une forme d'organisation dans une autre
forme plus élevée et plus parfaite.

« [1] Si c'était là l'histoire véritable de la formation
des animaux les plus parfaits, nous devrions apercevoir leur organisme s'élever par cette opération; car
la nature est toujours présente, et les animaux, ses
premières ébauches, sont tout prêts à recevoir leur
perfection. Nous ne voyons cependant aucun descendant d'insecte ou de mollusque se changer en
poisson, ni aucun ovipare devenir mammifère; il ne
paraît pas même que nos moutons et nos gazelles
aient aucune tendance à s'approcher du chien ou du
tigre; et le singe, qui, de mémoire d'homme, n'est
sorti de carnassier ni de chauve-souris, n'a jamais
franchi le court espace qui le sépare organiquement
de nous.

» Depuis que les animaux sont connus de l'homme,
aucun naturaliste ne s'est aperçu qu'un animal quelconque pris dans la série ait gagné dans le cours
de son existence la plus petite perfection sur ses
ancêtres. Chaque espèce se borne à produire des
êtres qui lui sont semblables. Jamais la colombe n'a
pondu d'œuf qui ait renfermé l'organisation d'un
milan. Toutes les anomalies, au contraire, que nous
observons dans le développement des animaux, portent sur des individus qui sont restés au-dessous
de la perfection de leur espèce, et les ouvrages de

---

1 Forichon.

a nature, sous ce rapport, se distinguent plutôt par défaut que par addition. Où est donc l'atelier où cette nature ajoute à ses premiers ouvrages comme Watt perfectionnait ses mécaniques? Où les auteurs de ces belles découvertes ont-ils surpris la nature sur le fait? Il eût été digne de leur sagacité de se procurer, pour établir leur système, au moins un animal produit par une espèce moins parfaite que la sienne. »

Il y a bien quelques espèces animales ou végétales qui se prêtent à des modifications dans leur forme, dans les dimensions, la couleur, etc. ; la culture, le climat, le croisement donnent bien quelques variétés dans les individus ; mais les espèces sont permanentes dans leur essence. Il y a loin de là assurément à la transmutation d'une forme d'organisation dans une autre forme plus élevée et plus parfaite qui conduirait à des espèces et à des genres nouveaux. S'il est un phénomène constant dans la nature vivante, c'est la division nette et distincte des espèces, des genres, des ordres et des classes, malgré leur vie commune, malgré leur mélange, malgré les efforts que l'homme fait quelquefois pour les pervertir. C'est la conséquence nécessaire de l'immutabilité des lois générales qui régissent le monde, immutabilité sans laquelle il n'y aurait que désordre et confusion dans la nature, et sans laquelle il n'y aurait pas de science possible.

» [1] L'immutabilité des espèces, au moins dans l'ordre des choses où nous vivons, et depuis l'apparition de l'homme sur le globe, n'est qu'une application spéciale d'un autre grand fait, l'immutabilité des lois physiques et physiologiques qui président à l'évolution des êtres. Depuis un temps immémorial, la marche de la nature s'accomplit dans une harmonieuse uniformité, qui toutefois n'exclut point la variété; mais celle-ci est restreinte elle-même dans des limites déterminées et dépend de lois qui lui sont propres. L'unité dans la variété, telle est la loi du monde; unité dans l'espèce, variété dans les individus, telle est la base de toute la théorie des classifications scientifiques. S'il n'existait pour chaque être une forme propre, caractéristique et permanente, un type radical et constitutif de l'espèce, et dont il est comme individu la réalisation variée, il serait impossible d'établir aucune classification, de coordonner aucun système; la notion même de la science serait détruite, et l'univers ne nous présenterait de toutes parts que des êtres isolés, entre lesquels l'esprit ne pourrait saisir aucun rapport de ressemblance, aucun point fixe de comparaison et de relation, aucun caractère commun, durable et constant; ce serait la négation de tout ordre, de toute harmonie, ce serait, nous le répétons, la destruction complète de toute science, ce serait le chaos. »

1 Jéhan.

Toutes les observations , toutes les recherches faites jusqu'à ce jour sont venues confirmer ces principes invariables ; on ne trouve pas dans la nature un seul fait qui y fasse exception. Les êtres organiques de l'antiquité la plus reculée rendent à la permanence des espèces le même témoignage que ceux de nos jours. Les monuments et les momies de l'Egypte nous ont conservé, en peinture et en réalité, tout un muséum d'histoire naturelle , des végétaux et des animaux de deux à trois mille ans : Cuvier, Geoffroy Saint-Hilaire, M. Kunth, M. de Candolle, etc. les ont étudiées avec le plus grand soin , et en les comparant aux espèces-actuelles, ils n'ont pu y découvrir la plus légère différence. « Il y a dans les animaux , dit Cuvier, des caractères qui résistent à toutes les influences , soit naturelles , soit humaines , et rien n'annonce que le temps ait , à leur égard , plus d'effet que le climat et la domesticité.

» Je sais que quelques naturalistes comptent beaucoup sur les milliers de siècles qu'ils accumulent d'un trait de plume ; mais dans de semblables matières, nous ne pouvons guère juger de ce qu'un long temps produirait, qu'en multipliant par la pensée ce que produit un temps moindre. J'ai donc cherché à recueillir les plus anciens documents sur les formes des animaux , et il n'en existe point qui égalent, pour l'antiquité et pour l'abondance, ceux que nous fournit l'Egypte. Elle nous offre non-seulement des images , mais les corps des animaux eux-mêmes, embaumés dans ses catacombes.

» J'ai examiné avec le plus grand soin les figures d'animaux et d'oiseaux gravés sur les nombreux obélisques venus d'Egypte dans l'ancienne Rome. Toutes ces figures sont pour l'ensemble, qui seul a pu être l'objet de l'attention des artistes, d'une ressemblance parfaite avec les espèces telles que nous les voyons aujourd'hui.

» Mon savant collègue, M. Geoffroy Saint-Hilaire, pénétré de l'importance de cette recherche, a eu soin de recueillir dans les tombeaux et dans les temples de la haute et de la basse Egypte, le plus qu'il a pu de momies d'animaux. Il a rapporté des chats, des ibis, des oiseaux de proie, des chiens, des singes, des crocodiles, une tête de bœuf embaumés; et l'on n'aperçoit certainement pas plus de différence entre ces êtres et ceux que nous voyons, qu'entre les momies humaines et les squelettes d'hommes d'aujourd'hui. »

Des études analogues ont été faites sur les plantes de ces temps éloignés, et l'on a constaté de même leur identité avec les mêmes espèces de nos jours.

Au témoignage de la nature actuelle, vient se joindre encore celui de la nature primitive. Parmi les innombrables fossiles végétaux et animaux conservés dans les terrains géologiques, il n'en est pas un seul qui puisse fournir un argument à la théorie de la transformation des espèces par leur développement graduel. Cependant, comme le dit Cuvier,

« si les espèces ont changé par degrés, on devrait trouver des traces de ces modifications graduelles, on devrait découvrir quelques formes intermédiaires entre le palœotherium et les espèces d'aujourd'hui, et jusqu'à présent cela n'est pas arrivé. Pourquoi les entrailles de la terre n'ont-elles point conservé les monuments d'une généalogie si curieuse, si ce n'est parce que les espèces d'autrefois étaient aussi constantes que les nôtres? »

Qu'on fouille depuis les formations les plus récentes jusqu'aux plus anciennes ; il n'y a aucun fossile connu, ni végétal ni animal, qui ne soit organisé d'après les lois générales qui président encore aujourd'hui à la coordination universelle de la vie. Il n'en est aucun qui soit arrivé graduellement à une des grandes divisions qui embrassent toutes les espèces actuellement existantes ; et quoique ces divisions mettent à une grande distance les unes des autres les espèces qui doivent s'y classer, *elles eurent toutes leurs représentants aux époques les plus anciennes*. Tous les fossiles peuvent entrer, dès le premier jour de leur existence, dans nos classifications botaniques ou zoologiques, et pas un de leurs descendants n'en est sorti. Dès l'apparition des règnes organiques, le plan général dans lequel doivent entrer les organisations les plus anciennes comme les plus récentes, est arrêté définitivement, il ne se développe pas avec le temps , il est complet dès le premier moment de sa manifestation.

Dans les premières couches fossilifères, c'est-à-dire, dès que nous pouvons trouver trace de vie sur la terre, une foule d'individus et d'espèces apparaissent en même temps, vivent en même temps, mêlés les uns aux autres, sur les points les plus éloignés, dans les terrains dont la formation remonte à la même époque. Une espèce, un genre primitif ne précèdent point une autre espèce, un autre genre de ces premiers êtres organisés; tous paraissent être arrivés à la vie simultanément. On a trouvé dans les terrains de transition plus de 250 espèces de végétaux déterminés: 4 algues, 16 équisétacées, 68 lycopodiacées, plus de 130 fougères, des palmiers, des conifères, etc., et beaucoup de plantes non déterminées; parmi les animaux, on ne connaît encore qu'un oiseau de l'ordre des passereaux, mais on compte plusieurs espèces de poissons, des tortues, 50 espèces de trilobites, des insectes, plus de 200 coquilles, beaucoup de radiaires, des polypiers, etc. Cette apparition simultanée des trois divisions du règne végétal, les acotylédones, les monocotylédones et les dicotylédones, et des quatre embranchements du règne animal, les vertébrés, les articulés, les mollusques et les rayonnés, est un fait plus puissant que tous les raisonnements physiologiques, contre lequel ne peut tenir la théorie des transformations graduelles.

Si ce système avait quelque valeur, n'est-ce pas à l'origine de la vie, lorsque la nature avait en elle toute la vertu et toute l'énergie que lui prêtent les matérialistes, que nous devrions trouver les traces de ces transformations merveilleuses ? Aux époques les plus reculées nous ne devrions trouver que des cryptogames, parmi les végétaux ; que des zoophytes, parmi les animaux, à l'exclusion de tous les êtres organisés qui appartiennent aux classes plus élevées. Aux époques suivantes, des espèces et des genres plus complexes et plus parfaits devraient se montrer dans l'ordre relatif de leur perfection. Aujourd'hui les mousses devraient être devenues des chênes ou des cèdres, les mouches devraient être devenues des aigles, les huîtres devraient être transformées en crocodiles ou en baleines ; il ne devrait plus y avoir sur la terre que les végétaux et les animaux les plus parfaits. *Cependant aucun prodige semblable ne s'est opéré dans la nature vivante ; les végétaux et les animaux placés aux deux bouts de l'échelle de la botanique et de la zoologie, se sont trouvés associés dès le commencement, sans que l'espace intermédiaire fût rempli, et depuis des milliers de siècles qui nous séparent de l'origine de cet état de choses, aucune espèce n'a fait un pas en avant.*

Bien au contraire, s'il est vrai que le plan général arrêté pour les règnes organiques ne s'est complété qu'avec le temps ; que les classes ont été remplies successivement, en sorte que l'état actuel du règne organique est le plus compliqué qui ait jamais existé et que notre époque présente le plus grand nombre d'ordres, de genres et d'espèces qui aient jamais vécu ensemble, *il est bien vrai aussi, il est plus certain peut-être,* que beaucoup de végétaux et d'animaux des époques les plus anciennes, *loin de se transformer graduellement en espèces plus parfaites ou plus élevées, ont suivi une marche rétrograde dans leurs descendants.* Ainsi les calamites, les lépidodendrons, etc. avaient des dimensions gigantesques à leur âge primitif, et n'ont plus que des nains pour les représenter dans la nature actuelle : on a trouvé, dans les terrains de transition, des équisétacées qui avaient dix mètres de haut, et aujourd'hui les plus grandes espèces atteignent à peine trois mètres de hauteur ; on a trouvé de même des lycopodiacées qui avaient jusqu'à trente-quatre mètres de haut, et de nos jours elles n'atteignent pas un mètre. Ainsi, parmi les échinodernes, ou plutôt les pédicellés, les *encrinites* avaient, dès leur apparition, les formes d'organisation les plus parfaites et les plus élevées, un fini de combinaison que n'ont jamais atteint les *rayonnés* fossiles des formations postérieures pas plus que les belles familles qui habitent nos mers actuelles : « Les *échinodermes étoilés,* dit M. Agassiz, commencent leur développement dans les terrains les plus anciens par une foule de genres et d'espèces qui, à bien des égards, paraissent de beaucoup supérieurs à leurs représentants actuels. » Ainsi encore, l'ordre des trachélipodes carnivores de Lamarck, de la période tertiaire, en prenant la place de l'ordre plus élevé des céphalopodes carnivores de la période secondaire, n'indique, dans les mollusques, qu'une rétrogradation, loin d'annoncer un développement progressif. Il

en est de même d'une foule d'autres. Enfin ce mouvement rétrograde a été signalé par Buckland, dans
l'embranchement le plus élevé de la série zoologique,
celui des vertébrés, dans la classe des poissons.
« Il n'existe, dit-il, aucun point dans tout l'ensemble
de la nature qui, plus que la progression que nous
avons tracée dans la classe des poissons, repousse
la doctrine du développement graduel ou de la
transmutation des espèces. Les sauroïdes, en effet,
qui occupent dans l'échelle organique une place plus
élevée que les formes ordinaires des poissons osseux, ne s'en montrent pas moins en nombre considérable dans les formations carbonifères et secondaires où elles atteignent une taille énorme, tandis
qu'ils disparaissent pour être remplacés par des
formes moins parfaites dans les couches tertiaires,
et que deux genres seulement les représentent parmi
les poissons actuellement existants.

» Ici, comme dans plusieurs autres cas, ce que
l'on observe, c'est une sorte de développement rétrograde qui s'avance des formes complexes aux
formes simples. Il existait, à ces époques reculées, des espèces qui réunissaient plusieurs caractères organiques que l'on ne retrouve plus dans
nos périodes modernes que répartis sur des familles
séparées ; et ces faits semblent indiquer que la
nature, dans la création successive des poissons,
est plutôt partie des formes les plus parfaites, en
suivant les procédés de la division et de la sous-
traction, qu'elle n'a opéré par addition, en pre-

nant pour point de départ les formes les moins parfaites. »

M. Al. d'Orbigny, traitant la question avec plus
de détails, dans le mémoire qu'il vient de présenter
à l'Académie des Sciences (août 1850) sur l'instant
d'apparition dans les âges du monde, des ordres
d'animaux comparés au degré de perfection de l'ensemble de leurs organes, arrive à cette conclusion
générale : « Il n'y a pas, dans les animaux fossiles,
un perfectionnement progressif de l'organisation,
à mesure que la vie animale se déroule avec les âges
du monde, et il y aurait plutôt perte pour quelques
races. »

Ces observations, ou plutôt ces faits sans réplique, frappent au cœur les systèmes matérialistes
de la formation des différents êtres organisés par
un développement graduel, par une série continue de métamorphoses d'une espèce inférieure dans
une autre espèce immédiatement supérieure.

« On est donc forcé, comme dit M. Godefroy [1],
d'abandonner cette ancienne idée que les premiers
êtres n'étaient que des ébauches imparfaites de
la nature. S'il y a eu progrès dans la création en
ce sens que les différentes classes d'animaux vertébrés n'ont paru que successivement, il est important de bien établir que les produits de la création, quel que soit le rang qui leur est assigné,
ont présenté à toutes les époques cette admirable

------

1 *Cosmogonie de la Révélation.*

perfection qui appartient à tout ce qui sort des mains
du Créateur. »

. Concluons par ces paroles de Buckland : « Les
doctrines qui expliquent l'existence des espèces actuelles par un développement ou une transmutation
d'autres espèces, ou qui admettent une succession
éternelle d'individus des mêmes espèces sans un
commencement comme sans une fin probable, ne
s'étaient encore heurtées contre aucune réponse
aussi décisive que celle qui nous est fournie par les
débris organiques fossiles. »

4° *Les Végétaux et les Animaux ne sont pas le produit spontané de la matière.*

Le triomphe de la doctrine du développement graduel des espèces végétales et animales eût sans doute
donné champ large aux matérialistes. Ils avaient
cependant à résoudre encore une difficulté qui les
ramenait au point de départ qu'ils voulaient éviter
à tout prix : d'où venait l'être ou les êtres primitifs
d'où tous les autres étaient sortis, en se transfor-
mant progressivement ? Pour échapper à la nécessité d'admettre cet agent créateur auquel nous rappelle sans cesse toute la nature et surtout la nature
vivante, ils n'avaient plus qu'un pas à faire ; ils
l'ont fait intrépidement, et ils ont dit que la première molécule organique s'est développée dans
un globule de liquide, que la vie n'est qu'un résultat des lois générales de la nature, en d'autres

termes, que les végétaux et les animaux sont le produit spontané de la matière.

Cette question n'est pas du ressort de la géologie; mais elle tient trop à celles que nous examinons ici, elle est trop grave en elle-même pour qu'il ne nous soit pas permis de la toucher en passant.

1° On pourrait supposer peut-être qu'au lieu d'avoir produit par un acte spécial les végétaux et les animaux destinés à la reproduction de tous les autres, le Créateur aurait disposé des germes ou des molécules organiques, si l'on veut, pour en faire sortir les végétaux et les animaux, en vertu de lois ayant leur place dans l'immense répertoire de la nature, et qu'au temps convenable pour chaque espèce, lorsque les conditions arrêtées dans son plan ont été remplies, ces germes ont pris vie, se sont développés sous l'action de ces lois établies à l'origine des choses. Dans cette hypothèse, il faudrait remarquer toutefois que cette loi productrice des animaux serait bien différente de toutes celles que nous connaissons aujourd'hui, et qu'elle aurait eu une existence à part et des caractères particuliers. Mais ce n'est pas ce qu'ont voulu dire les inventeurs de la génération spontanée; il y a un créateur, un organisateur, un moteur, il y a un agent étranger à la nature dans cette hypothèse, et c'est précisément l'existence nécessaire de cet agent qu'ils s'efforcent de nier et de repousser : suivant eux, toute vertu de production était donc inhérente à la matière et appartient aux lois qui la régissent.

Or, qu'est devenue cette fécondité si précieuse de la matière? Qu'est devenue cette vertu physico-chimique qui a opéré autrefois tant de merveilles? On dit que le monde a toujours été tel qu'il est, que les mêmes phénomènes s'y succèdent sans interruption, sans qu'il soit possible de leur assigner ni commencement ni fin; et voilà que le plus grand des phénomènes, la production des êtres organisés, n'a pas laissé dans le présent la plus légère trace de sa toute-puissance passée.

Qu'était-ce donc que cette molécule organique qui a été comme le premier élément d'une graine pour les végétaux, d'un œuf pour les animaux? S'il y avait des molécules essentiellement organiques, donnant nécessairement naissance à un être organisé, sous l'action des lois naturelles, ces essences prodigieuses se révéleraient aujourd'hui comme autrefois. Si la matière a dans sa nature la puissance de former un germe d'organisation, cette vertu lui est inhérente, ne peut jamais s'en séparer, et cependant nous ne connaissons pas un seul fait aujourd'hui qui puisse nous porter à lui attribuer cette admirable propriété. Il n'y a pas assurément de molécules plus *organiques* que celles qui ont fait partie des corps organisés, et cependant y a-t-il un seul végétal, un seul animal qui renaisse de ses cendres, dont les molécules se raniment jamais par la vertu qui leur est propre, après avoir été séparées du corps dont elles faisaient partie? Elles rentrent dans le vaste laboratoire de la nature, elles redeviennent sel, gaz, etc., ce qu'elles étaient auparavant, c'est-à-dire matière inerte, inorganique, jusqu'à ce qu'un autre être vivant vienne se les assimiler, et si alors elles deviennent *organiques*, c'est par un effet de la vie, c'est la vie qui les rend telles, c'est à la vie qu'elles le doivent ; mais la vie n'a jamais en elles son origine, son point de départ, elles n'en sont jamais la cause.

2º On a cru trouver, dans la production des infusoires, un puissant argument en faveur de la génération spontanée des animaux, un souvenir et une image de ce qui s'est passé à l'origine des choses. Parmi ces êtres obscurs dont le microscope nous a révélé l'existence et dont il est surtout facile d'établir l'animalité sur les mouvements qu'on les voit faire en tous sens dans la goutte d'eau qui est pour eux comme un océan, il en est qu'on voit apparaître tout-à-coup, sans qu'on puisse savoir d'où ils viennent. On en a conclu qu'ils naissent spontanément de la matière, qu'ils ne sont qu'une molécule organique développée dans un globule de liquide.

Invoquer le témoignage de ces êtres presque insaisissables pour prouver la formation spontanée des animaux, c'est fermer les yeux à la lumière du soleil et chercher les ténèbres pour mieux voir son chemin, c'est abandonner les faits les plus manifestes et les plus palpables pour s'appuyer sur des apparences vagues et sur des données fugitives, c'est vouloir conclure le connu par l'inconnu. Pas-

sons néanmoins sur ce moyen de preuve si peu logique : ce que nous savons de l'histoire de ces animalcules ne contredira point ce que nous apprend
celle de tous les animaux que nous connaissons
mieux.

Nous ne savons guère, il est vrai, comment a lieu
la production des infusoires dans une eau renfermée dans des vases où aucun principe fécondant ne
paraît pouvoir pénétrer ; mais nous ne savons pas
non plus à quel degré de ténuité la matière qui porte
ce principe peut être réduite. Bien des recherches
et bien des expériences nous ont appris que le terme
de division auquel peut être portée la liqueur proli-
fique , sans perdre sa vertu fécondante, même dans
les espèces animales assez grandes , dépasse tout
ce que nous pouvons imaginer. Reil a évalué la
longueur des zoospermes à la vingt-cinq millième
partie d'une ligne ; suivant lui, on pourrait en lo-
ger mille dans l'épaisseur d'un cheveu ; Cliffon Win-
tringham a estimé leur poids à la cent quarante mille
millionième partie d'un grain. Une expérience de
Spallanzani nous a donné des résultats semblables
et plus curieux encore : avec trois grains de liqueur
spermatique étendus dans vingt-deux litres d'eau,
il a fait éclore des œufs de batraciens , seulement
en les touchant avec une goutte de cette solution ,
en sorte que la fécondation s'est opérée avec une
quantité de matière fécondante qui ne devait pas
dépasser un 2,994,687,500me de grain de cette liqueur, c'est dire avec un atome. S'il en est ainsi du

principe fécondant pour les autres animaux, à quel degré de petitesse peut donc exister celui qui vient des infusoires ? Les matières végétales ou animales mises en infusion dans l'eau où apparaissent les infusoires peuvent cacher les œufs et les spermes de ces animalcules ; ils peuvent se trouver invisibles sur les parois des vases dans lesquels se fait l'expérience, l'air tout seul peut les apporter et les déposer dans le liquide soumis au microscope, quelles que soient les précautions prises pour les écarter.

Quoi qu'il en soit de l'opération mystérieuse de la nature à cette extrémité du règne animal, nous la connaissons du moins assez pour qu'il nous soit démontré que les infusoires ne sont pas le produit spontané de la matière, et c'est tout ce qu'il nous faut ici sur la question de leur origine. On sait aujourd'hui de la manière la plus positive que la plupart des infusoires se reproduisent par les mêmes moyens que les autres animaux. Il y a longtemps déjà que M. Ehremberg avait reconnu les organes de la génération chez ces êtres microscopiques, et depuis on s'est assuré que tous, tous ceux du moins qu'on a pu bien reconnaître, se reproduisent par le moyen de ces organes, comme les animaux plus grands. La théorie matérialiste n'a pas de réplique contre ce fait incontestable ; et il nous donne le droit de conclure, en allant du connu à l'inconnu, que les infusoires qui ont échappé jusqu'ici à nos observations ont la même origine que ceux dont nous avons vu la naissance.

3º On a dit d'un autre côté que la formation des êtres vivants n'est que le produit d'une combinaison des molécules dont se compose l'organisme vivant, qu'un résultat des lois générales de la nature.

Observons tout d'abord que les matérialistes ont pris à tâche de confondre la vie avec les instruments de la vie ; ils avaient sans doute de très-bonnes raisons pour faire cette confusion. Mais la vie, cette *âme mortelle*, suivant Pythagore, ce *principe moteur*, suivant Aristote, ce *principe vital*, suivant les physiologistes modernes, la vie est-elle simplement le résultat des fonctions des organes, en est-elle simplement l'effet ? Est-ce la matière organique ou même organisée qui la fait naître, ou plutôt n'est-ce pas elle qui développe le système de l'organisation ? Tous les êtres vivants n'ont-ils pas fait primitivement partie d'un corps semblable à eux, n'ayant point alors de vie propre et participant seulement à celle de leur *parent ? Bouture* ou *graine*, dans les végétaux, *gemme* ou *œuf*, dans les animaux, ces molécules organiques ou organisées ne seraient-elles pas restées toujours matière inerte et inanimée, si des êtres vivants ne leur avaient pas communiqué le principe vital qu'ils avaient eux-mêmes ? Ces *germes* n'ont-ils pas reçu la vie de la vie ? Au lieu donc de n'être qu'un simple effet de l'organisme, la vie n'en est-elle pas plutôt la cause nécessaire ?

« [1] Il est vrai, dit M. Forichon, que la vie ne se manifeste à nous que par les actes de l'économie vivante ; mais ces organes sont, ainsi que le mot le dit, des instruments, et supposent conséquemment, pour fonctionner, une puissance sans laquelle ils chôment comme ceux d'un atelier sans artiste ; et c'est précisément cette puissance qu'il faut reconnaître.

» Or, nous ne pouvons la supposer elle-même le résultat des organes, non pas seulement pour éviter un vice de logique, mais parce que les animaux nous montrent, dans l'histoire de leur développement, que les organes ne sont pas tous formés au même instant ; ils ne paraissent que successivement dans l'organisme, à mesure que la vie continue son ouvrage ; et l'être qu'elle fait exister n'attend pas pour vivre le complément de ses fonctions organiques.

» Les organes des animaux diminuent de quantité, et sont retranchés pour la plupart, à mesure que l'on descend dans la série zoologique ; et, vers la fin de son échelle, l'animal finit par ne plus présenter qu'un seul organe, un simple tube ou un cul-de-sac assimilateur. Or, l'hypothèse que l'être, en tant que vivant, n'est qu'un résultat des fonctions, est, dans ce cas, trop évidemment inadmissible pour qu'il soit besoin de faire remarquer qu'elle nous renferme dans le cercle d'une proposition qui

1 *Questions scientif.*, art. *de la Vie.*

se réduirait à dire que le résultat des fonctions de cet organe unique est de se produire lui-même. Le fait de cette simplicité d'organisation nous amène donc naturellement à nous demander quel est le principe d'où l'animal tire l'existence ; car l'organisme ainsi réduit montre évidemment qu'il est le résultat d'une cause spéciale distincte, conséquence qui n'est pas moins vraie pour les animaux plus compliqués.

» La vie paraît si peu devoir être le résultat des fonctions organiques, que c'est précisément quand elle arrive au complément de l'organisme , quand elle a achevé et mis en action les derniers instruments, en un mot quand l'animal est parfait, que la période d'ascension vitale se termine et que celle de descension commence. »

S'il est vrai que c'est le principe vital qui développe les organes ; s'il est vrai que, sans ce principe, les organes ne peuvent se développer et sont condamnés à rester toujours matière inanimée, les organes reçoivent donc la vie et ne la donnent pas. La vie est donc un principe, une force, une cause qui est en dehors de la matière, qui suppose des organes à son service, pour se manifester, mais qui n'est pas le résultat de l'organisme qui n'existe pas et qui ne fonctionne pas sans elle. La vie n'est donc ni dans les atomes, ni dans les molécules organiques, pas même dans les germes destinés à devenir des êtres vivants. « La vie ne naît que de la vie, comme a dit Cuvier[1] ; et il n'en existe d'autre que celle qui a été transmise de corps vivants en corps vivants par une succession non interrompue... » Et ailleurs[2] « La vie en général suppose l'organisation en général, et la vie propre de chaque être suppose l'organisation propre de cet être, comme la marche d'une horloge suppose l'horloge ; aussi ne voyons-nous la vie que dans des êtres tout organisés et faits pour en jouir ; et tous les efforts des physiciens n'ont pu encore nous montrer la matière s'organisant, soit d'elle-même, soit par une cause extérieure quelconque. En effet, la vie exerçant sur les éléments qui font à chaque instant partie du corps vivant et sur ceux qu'elle y attire, une action contraire à ce que produiraient sans elle les affinités chimiques ordinaires, il répugne qu'elle puisse être elle-même produite par ces affinités, et cependant l'on ne connaît dans la nature aucune autre force capable de réunir des molécules auparavant séparées.

» La naissance des êtres organisés est donc le plus grand mystère de l'économie organique et de toute la nature ; jusqu'à présent nous les voyons se développer, mais jamais se former ; il y a plus : tous ceux à l'origine desquels on a pu remonter, ont tenu d'abord à un corps de la même forme qu'eux, mais développé avant eux ; en un mot à un *parent*. Tant

1 *Anatomie comparée.*
2 *Règne animal.*

que le petit n'a point de vie propre, mais participe à celle de son parent, il s'appelle un *germe*.

» Le lieu où le germe est attaché, la cause occasionnelle qui le détache et lui donne une vie isolée, varient, mais cette adhérence primitive à un être semblable est une règle sans exception. »

L'organisation est donc une condition nécessaire à la vie, mais la vie n'est pas le produit de l'organisme.

4° Enfin la thèse matérialiste nous est présentée encore sous une autre forme : la vie est le produit des lois générales de la nature, ou, comme dit le docteur Fourcault, la vie n'est qu'une succession de phénomènes physico-chimiques.

La génération des animaux n'est possible sans doute qu'en vertu des lois de la nature qui règlent les conditions de leur naissance, de leur développement, de leur vie ; en ce sens, l'existence des animaux est un des phénomènes naturels. Mais, en dehors des êtres organisés qui se reproduisent les uns les autres, y a-t-il dans la nature un agent, une puissance capable de donner la vie à un animal ? Voilà toute la question dans ses termes les plus simples.

« [1] Puisque les faits rendent évident que la loi d'où résulte le type de l'animal est tout-à-fait distincte de la physique générale qui régit la matière du globe, et que c'est même en soustrayant à son

[1] Forichon.

influence les éléments organiques constitutifs des
animaux, que cette loi vitale parvient à les organiser et à leur communiquer la vie ; puisque cette loi
de l'animalité n'existe pas hors de la série des êtres
vivants, et que c'est par la filiation seule des individus qui la composent que la vie est transmise,
qu'elle est même attachée à un principe distinct
pour le type de chaque espèce, et qu'elle ne passe pas
de la ligne d'un genre à celle d'un autre; il faut donc
reconnaître que là réside un principe à part, indépendant et producteur de la vie ; en vain, on cher-
cherait ailleurs la raison de son existence dans les
lois de la nature, à tel point que si on arrêtait la
succession de ses effets, on éteindrait le principe
dans sa source, et nous ne voyons aucune loi dans
le monde physique qui pût en rétablir le cours. C'est-
à-dire, pour parler plus clairement, que si tous les
animaux qui embellissent aujourd'hui le globe venaient à être détruits, rien dans les lois de la matière n'autorise à présumer qu'en vertu de ces lois
notre planète serait repeuplée, et que l'on verrait
spontanément sortir de la terre des hommes et d'autres animaux, comme on a osé le dire pour ceux de
la Nouvelle-Hollande.

» Si cette cause productrice des animaux était,
comme on le suppose, une des lois de notre globe,
on ne voit pas pourquoi nous ne verrions pas paraître de temps à autre des hommes à côté de nous,
de ces orphelins par excellence, véritables hommes
primitifs ; les enfants qui sortent du sein des fem-

mes ne devraient pas empêcher la grand'mère nature d'accoucher quelquefois des descendants de
Japhet. »

On a voulu faire de la vie l'effet d'un principe semblable à celui qui préside à la cristallisation dans le
règne minéral, et regarder « [1] l'organisation comme
le résultat d'une affinité qui s'opère entre les molécules organiques dont se composent les parties fluides qui forment primitivement les corps dans lesquels la vie doit se développer. » Mais pour quiconque
a quelques notions sur les êtres vivants et sur les
êtres inorganiques, il n'y a pas à s'y méprendre pour
un seul instant.

« Je ne puis confondre cette cause (la vie ou le
principe vital), dit encore M. Forichon, avec une
affinité chimique, ni avec aucune autre loi quelconque qui modifie la matière, puisque hors des espèces vivantes je ne la trouve nulle part dans la nature. Elle n'est pas présente partout pour opérer les
mêmes effets indépendamment de la destruction ou
de la présence de ses produits, ni inhérente aux matériaux du globe comme celle qui forme les masses
des oxides et des autres corps inorganiques, partout
où l'on trouve les molécules; en effet, les causes
physiques et chimiques ne résident pas dans leurs
productions; elles sont en dehors de leurs propres
effets et en sont tout-à-fait indépendantes. Si la cause
organisatrice des animaux n'était qu'une cause de

[1] Fourcault.

19

ce genre, cette affinité ne devrait produire tout au plus que des masses plus ou moins volumineuses de matière vivante, ce qui serait déjà beaucoup accorder.

» Mais la cause qui fait vivre un nouvel être ne se borne pas à un résultat semblable ; elle a pour but une organisation déterminée des facultés diverses, des instruments différents, quoique la matière soit identiquement la même pour tous ; et jamais il ne lui arrive, je ne dirai pas de produire un tigre à la place d'un agneau, mais un lièvre au lieu d'un autre rongeur.

» Cependant M. Fourcault considère les espèces comme « un effet des lois secondaires de l'affinité par lesquelles les combinaisons moléculaires produisent les variétés d'organisation. » Mais l'auteur des *Lois de l'Organisme vivant* a-t-il fait attention que c'est là précisément tout l'animal, et qu'ainsi cette loi secondaire l'emporterait de beaucoup par ses effets sur l'affinité principale, et dénoterait plus de puissance qu'elle ; car que serait une masse de matière, même vivante, sans l'organisation ?

» Qu'a donc de commun la fonction assimilatrice des animaux avec la loi qui réunit, qui agrège les molécules d'un minéral en masses interminées, tandis que la quantité de matériaux qui forment le volume d'un être vivant est limitée pour chaque espèce ; jamais le rat n'acquiert la taille de l'éléphant, ni le phoque la grandeur de la baleine. La distance se conserve malgré l'analogie et l'identité même d'organisation d'un même genre ; notre chat domestique a beau être pourvu d'aliments, la nutrition n'en fait jamais un tigre. Le volume comme la forme des animaux est déterminé, sans qu'il soit donné à la fonction vitale assimilatrice un moule dans la nature pour chaque espèce. Leurs membres cependant ne se prolongent pas sans règle et sans mesure ; or, si cette puissance particulière qui détermine la forme et la dimension des êtres vivants, n'était que la puissance de cohésion ou l'affinité chimique, rien ne l'empêcherait de faire disparaître cette différence de forme et de volume des animaux, puisque les éléments organiques sont les mêmes pour tous. Des conditions contraires se trouvent pour les produits de l'affinité minérale. On a donc lieu de s'étonner que des physiologistes prétendent expliquer par ces dernières lois les fonctions animales, et ne voir que des phénomènes chimiques dans ceux de l'économie vivante. »

Loin d'être le résultat des lois générales de la nature, l'organisme le plus simple est sans cesse en lutte contre l'action de ces lois qui ne tendent qu'à le détruire, qu'à en séparer les éléments pour les faire rentrer dans l'état plus commun de la matière, dans leur état plus général d'inertie, d'inorganisation et de mort. Les molécules qu'un être vivant s'est assimilées, dont ses organes sont composés, ne lui sont point unies par les lois de la physique et de la chimie ; c'est le principe vital qui les a mises à son usage ; il ne les possède, il n'en jouit qu'en commun, en union avec ce principe, et il les perd en le perdant.

« ¹ Nous vivons si peu en vertu des lois générales, physiques ou chimiques, que la puissance vitale est un fait, une action en opposition avec toutes les circonstances physiques qui environnent l'organisme. Elle tend sans cesse à s'en isoler, et elle le défend d'autant mieux contre leur atteinte qu'elle est plus active. Elle lutte sans relâche contre les agents de la nature qui l'oppriment, et c'est précisément quand ceux-ci l'emportent sur elle que la vie s'éteint, et qu'elle abandonne à leur puissance la matière qui faisait son domaine. Et, au milieu de ce cadavre en putréfaction, sous l'empire des lois générales, l'œuf de l'insecte trouvera le moyen de se soustraire à leur influence s'il possède le principe de la vie, tandis qu'il se putrifiera lui-même s'il en est privé...

» Les lois générales de la chimie tendent à détruire les êtres organisés, c'est-à-dire, à séparer les éléments qui les composent. La fonction de la vie au contraire consiste à les réunir, et tandis que la chimie générale combine d'autant moins les éléments qu'ils sont déjà associés en plus grand nombre, l'être vivant au contraire assimile d'autant mieux les matériaux de la nutrition qu'ils sont plus composés. »

Enfin, remarquons en terminant que la théorie de

1 Forichon.

la génération spontanée nous ramène à la théorie
du développement graduel des espèces que démen-
tent et que repoussent les faits géologiques les plus
constants ainsi que l'immutabilité des lois physiques
et physiologiques, comme nous l'avons vu dans l'article précédent. Il faut en effet que la première molécule organique se développe seule, sans *parent*,
sans fécondation ; il faut que chaque espèce végétale ou animale ait ainsi le bonheur de trouver le
germe d'où sortira l'individu qui doit la représenter ; il faut que ce germe si précieux, devenu graine
ou œuf malgré tous les agents naturels qui s'oppo-
sent à son organisation, sans enveloppe pour le
protéger, sans moyens pour élaborer les éléments
qu'il doit s'assimiler, puisse se soustraire à l'humidité, au froid, à une trop grande chaleur, à toutes
les causes qui peuvent le détruire dans un instant ;
il faut ensuite qu'en prenant vie, en naissant, il
soit capable de chercher sa nourriture ; il faut que
le petit mammifère qui ne peut se nourrir pendant
longtemps que du lait de sa mère, qui ne vit que
sous sa protection et entouré des plus grands soins,
suffise tout d'un coup à tous ses besoins, etc... Ou
bien, si chaque espèce n'avait pas sa molécule organique pour lui donner naissance, si les espèces
sont dues à une transmutation, il faut admettre en
outre, avec Lamarck, que le premier infusoire a
donné naissance à des infusoires plus parfaits d'où
est sorti un mollusque très-simple qui, avec du
temps, s'est aussi perfectionné dans ses descendants,

que des mollusques a réussi à sortir un articulé ,
puis des articulés un poisson, des poissons un reptile ; un reptile aura par erreur pondu un œuf d'oiseau, les oiseaux seront venus, en y travaillant bien
tous, ils auront donné naissance à un premier mammifère ; celui-ci aura passé de l'organisation d'un
ruminant à celle d'un rongeur, d'un carnassier ; un
beau quadrumane , un singe d'un ordre supérieur,
un singe de bon ton et de belles manières aura
donné naissance à un bimane, au premier homme...
Est-il permis d'insulter ainsi le sens commun ?
Est-il supposable que des hommes sérieux ont
feint de croire et ont voulu faire croire pareilles bil-
levesées , plutôt que d'admettre et de reconnaître
l'existence d'un Dieu créateur ?

5° Enfin les matérialistes , pour arriver au but
de leur triste entreprise , après avoir cherché à expliquer l'organisation de l'univers sans organisateur,
devaient nier la création , pour nier le Créateur. Ils
ont donc dit que le monde est éternel, qu'il a toujours été comme il est aujourd'hui et qu'il sera toujours le même ; ils ont soutenu l'éternité du globe
et des matériaux qui le composent.

La géologie a encore contre cette thèse des arguments plus sensibles que la métaphysique , car c'est
par des faits évidents qu'elle la combat. De même
qu'elle nous a fait voir que la nature vivante a eu son
commencement, elle nous montrera que la matière
inorganique , que la masse du globe présente aussi
partout les preuves de sa naissance.

Le globe, avons-nous dit, se compose de deux parties distinctes, d'une enveloppe et d'un noyau. L'enveloppe est formée d'un grand nombre de couches déposées les unes sur les autres; la différence des fossiles qui s'y trouvent prouve qu'elles appartiennent à des époques différentes, et la nature de ces couches comme celle de la plupart des fossiles qu'elles contiennent, prouve qu'elles ont été formées dans l'eau, l'une après l'autre et à de longs intervalles. Après les couches fossilifères se présentent d'autres roches stratiformes, les gneiss, les schistes, les quarzites; là c'est la matière toute brute et inorganique maniée et remaniée par l'eau, mais déposée aussi par lits qui se succèdent.

« Quoique tous ces terrains aient été déposés par les eaux, dit M. Arago[1], quoiqu'on les rencontre dans les mêmes localités, et les uns sur les autres, le passage d'une espèce à la suivante ne se fait pas par des nuances insensibles. On remarque toujours alors une variation subite et tranchée dans la nature physique du dépôt et dans celle des êtres organisés dont on y trouve les débris. Ainsi, il est évident qu'entre l'époque où le calcaire du Jura se déposait, et celle de la précipitation du système grès vert et craie qui le recouvre, il y a eu à la surface du globe un renouvellement complet dans l'état des choses. On peut en dire autant de l'époque qui a séparé la précipitation de la craie de celle des terrains tertiaires,

---

1 *Exp. du Syst. de M. Elie de Beaumont.*

comme il est également manifeste qu'en chaque lieu, l'état ou la nature du liquide d'où les terrains se précipitaient a dû changer complètement entre le temps de la formation tertiaire et celui des anciens terrains de transport.

» Ces variations considérables, tranchées et non graduelles dans la nature des dépôts successifs formées par les eaux, sont considérées par les géologues comme les effets de ce qu'ils ont appelé les *révolutions du globe*. Alors même qu'il semblerait difficile de dire bien précisément en quoi ces révolutions consistaient, leur existence n'en serait pas moins certaine. »

L'enveloppe porte donc, dans la série des couches qui la composent, la preuve incontestable de sa formation lente et successive, par des dépôts séparés par de grandes révolutions. Les terrains qui forment aujourd'hui nos plaines n'ont donc pas toujours été; il y eut un temps où le noyau qu'ils recouvrent était à découvert: il y a donc eu une époque où l'enveloppe de notre globe n'existait pas.

Au-dessous des formations sédimentaires se trouve le noyau composé des différentes roches des terrains primitifs, granite, syénite, porphyre, trapp, basalte, etc. De l'aveu de toutes les sciences, ces roches sont d'origine ignée; avant de devenir solides, elles ont été à l'état de pâte incandescente comparable aux laves de nos volcans; le globe n'était alors qu'une masse en fusion, une masse liquide, et à son origine tous les matériaux de cette masse étaient à l'état gazeux, d'après le système de Laplace, suivi par presque tous les savants. Du reste, quelle que soit l'hypothèse cosmogonique ou géogénique qu'on doive adopter, il est certain que la partie superficielle du noyau a été tourmentée et disloquée à plusieurs reprises. Grand nombre des roches qui forment la croûte solide de ce noyau l'ont brisée pour sortir des profondeurs du globe, et ont été lancées dans des directions et à des époques différentes, à travers les couches de sédiment jusque dans les terrains secondaires. Ainsi ont surgi la plupart de nos montagnes longtemps après la formation de la première croûte solide, puisque plusieurs ont percé ou soulevé des couches sédimentaires et fossilifères qui ont ainsi perdu la position horizontale que les eaux leur avaient donnée en les déposant, pour être relevée dans une position oblique et quelquefois verticale sur les flancs des montagnes formées par l'éruption de ces masses non stratifiées. « [1] C'est une opinion presque généralement admise maintenant, que les montagnes se sont formées par voie de soulèvement, qu'elles sont sorties du sein de là terre, en perçant violemment sa croûte, en sorte qu'il y a eu peut-être une époque où la surface du globe ne *présentait aucune aspérité remarquable.* » Le noyau du globe n'est donc arrivé que graduellement à l'état où il est actuellement, puisqu'il n'a pas toujours été solide, puisqu'il

---

[1] M. Arago, *Exp. du Syst. de M. Elie de Beaumont.*

a été soulevé et percé dans sa partie extérieure sur des étendues immenses, par des montagnes de roches plutoniques qui se sont formées à toutes les époques jusqu'à la période secondaire inclusivement, comme nous voyons se former encore les montagnes volcaniques.

Nos plaines et nos montagnes, nos terrains de sédiment et nos terrains non stratifiés ont donc pris graduellement la place qu'ils occupent sur le globe ou dans sa masse, c'est-à-dire, l'enveloppe et le noyau de la terre n'ont donc pas toujours été tels qu'ils sont. La terre n'est donc devenue ce qu'elle est actuellement que par des formations successives; elle a eu ses différents âges, par conséquent elle a eu son commencement, elle n'est point éternelle.

D'un autre côté, qu'on interroge isolément les corps qui paraissent les plus fixes et les plus stables dans la nature, qu'on étudie leurs caractères physiques ou chimiques, tous nous diront et nous montreront de même qu'ils n'ont pas toujours été ce qu'ils sont, que leurs éléments n'ont pas toujours été unis ou combinés, qu'il y a eu aussi un jour pour leur formation, pour leur naissance.

« [1] Qu'une personne heurtant du pied une pierre au fond d'un désert, avance que cette pierre est là de toute éternité.

» Non, répondrons-nous, cette pierre n'est pas là

---

1 M. Jéhan.

de toute éternité. Si c'est un caillou ordinaire, il peut avoir traversé des événements nombreux, et présenter des témoignages d'événements physiques qui ont modifié la surface du globe, et son aspect roulé nous racontera les déplacements considérables que lui a fait subir l'action des eaux.

» Est-ce un morceau de grès, un conglomérat formé de détritus arrondis provenant d'autres roches? Les ingrédients qui entrent dans sa composition offrent des témoignages tout semblables de mouvements imprimés par l'action des eaux, qui les ont réduits à l'état de sables ou de cailloux, puis transportés à la place qu'ils occupent à l'heure actuelle, antérieurement à l'existence de la couche dont ils font partie. Une couche de cette nature n'a donc pas occupé de toute éternité la place où nous la voyons maintenant. »

Il est évident que les roches d'agrégats, comme les grawackes, les poudingues, etc., composées d'argile, de sable, de cailloux roulés, de fragments de quartz, de schiste, de calcaire, etc., ont été formées postérieurement aux roches d'où ont été arrachés les débris dont elles se composent. Leurs bancs immenses nous démontrent non-seulement que les couches les plus solides du globe se sont formées graduellement, mais nous rappellent encore la présence de la mer ou l'action violente des cours d'eau les plus puissants sur les terrains primitifs. Les sables et les cailloux qui sont sur les rivages de l'Océan ne font pas autour de son bassin des dépôts comparables à ceux que nous voyons dans l'intérieur des continents. Ce n'est donc qu'après un long travail des agents naturels , après des révolutions profondes à la surface du globe, qu'ont été formées nos roches les plus anciennes comme les plus modernes.

Parmi ces roches, celles des terrains de transition sont fossilifères, comme les calcaires du système cumbrien, les schistes du silurien, les grès du dévonien; les végétaux et les animaux qui s'y trouvent ne sont pas sans doute entrés dans la pierre après sa formation, il faut qu'ils aient vécu sur les rivages ou dans les mers où se sont formés ces dépôts dans lesquels ils ont été enveloppés avant leur solidification. Or, ces roches se présentent sur de vastes étendues et ont souvent une puissance considérable : le terrain cumbrien où abonde le nautile qui le caractérise , peut avoir jusqu'à trois mille mètres d'épaisseur, quoiqu'il n'ait le plus souvent qu'environ cinq cents mètres; le terrain silurien, rempli de trilobites, d'une épaisseur moyenne de quatre à cinq cents mètres, atteint jusqu'à deux mille mètres. Ces roches ont donné naissance à la plupart des collines des terrains anciens, et la Providence a caché à leur base ainsi qu'à leur sommet les fossiles qui s'y trouvent , comme pour nous donner acte de leur naissance, de même que nous cachons sous les fondements de nos édifices des médailles ou des pièces de monnaie portant le millésime courant pour faire connaître un jour à nos descendants l'année de leur construction. Voilà donc des bancs immenses, des collines dont la roche est d'une formation posté- rieure à l'apparition des végétaux et des animaux sur la terre.

Ces formations sont composées, il est vrai, des débris arrachés aux roches primitives, et en géné- ral ne diffèrent de celles-ci que par leur stratifica- tion. Mais les roches primitives ne sont pas plus éternelles que les autres, et le plus simple examen de leur composition nous conduit aussi au jour de leur formation.

La place que plusieurs occupent dans les terrains géologiques qu'elles ont disloqués et percés, sur les- quels elles se sont épanchées, nous prouve qu'elles n'ont pas eu toujours sur le globe leur position ac- tuelle, que lorsqu'elles ont été injectées des en- trailles de la terre, elles ne devaient pas être à l'é- tat solide dans lequel nous les voyons, car elles ont pris toutes les formes d'amas, de veines, de dykes, de cônes renversés, de ballons, etc., dans les roches qu'elles ont soulevées et brisées. Pour remplir exac- tement comme elles l'ont fait les fissures, les fentes, les poches, tous les vides qu'elles ont trouvés sur leur passage, il fallait qu'elles fussent à l'état de pâte molle, et les roches voisines qu'elles ont altérées par leur contact, les roches métamorphiques, nous apprennent que cette pâte devait être incandescente ou du moins sous une très-haute température. Leurs caractères chimi- ques nous disent d'ailleurs qu'il fut un temps où elles n'existaient ni à l'état solide, ni à l'état liquide.

Prenons « un morceau de roches cristallines[1], un fragment de granite, par exemple. Le granite est une substance composée de trois autres minéraux, orthose, quartz et mica, dont chacun présente une forme extérieure et une structure interne particulières, en même temps que certaines propriétés physiques qui lui sont inhérentes. Or il est démontré par l'analyse chimique que ces trois minéraux, orthose, quartz et mica, sont composés eux-mêmes d'autres substances, oxigène, silicium, aluminium, potassium, fer, etc., qui les ont précédés en existence à un état de plus grande simplicité avant que de s'être combinées pour former les minéraux constituants des roches granitiques. Ce fragment de roche n'a donc pas toujours été dans les conditions où il se trouve maintenant; il n'existe donc pas de toute éternité sur le point où on le rencontre aujourd'hui, non plus que la masse d'où il provient. »

Il en est de même de toutes les autres roches primitives dont les débris ont servi de matériaux aux roches sédimentaires. Le porphyre, le trapp, le trachyte, le basalte, etc., sont composés de feld-spath, de serpentine, de pyroxène, d'amphibole, etc., composés eux-mêmes de silice, d'alumine, de potasse, de chaux, de magnésie, de fer oxidé, etc., sels qui

1 M. Jéhan.

ne sont encore que des oxides métalliques ou métalloïdes provenant en premier lieu de corps plus
élémentaires, le gaz oxigène, le silicium , l'aluminium , le potassium, le calcium , le magnésium ,
le fer.

Or, tous ces corps élémentaires ne sont pas entrés
dans les autres par quantités considérables ; ils se
sont unis les uns aux autres par particules si divisées qu'elles échappent à notre œil comme à notre
main. Avant leurs diverses combinaisons, ces éléments , dont les corps composés sont tous formés,
étaient donc libres ; toutes ces particules, qu'on ne
peut se figurer que par la pensée, n'étaient point
adhérentes les unes aux autres, elles n'existaient
que comme atomes.

Ainsi s'évanouissent pour ainsi dire les corps que
nous regardons comme tout ce qu'il y a de plus fixe
et de plus stable dans la nature ; ainsi s'évanouit le
globe lui-même, et il ne nous reste à sa place qu'une
masse gazeuse, invisible, impalpable « [1] *inanis* et
vacua αορατος και ακατασκευαστος », qui dut remplir
l'immensité de l'espace, à l'origine des choses.

La géologie nous montre donc la terre sous l'aspect le plus mobile, passant par des phases successives bien différentes, subissant à plusieurs reprises
des révolutions profondes dans son enveloppe et
dans son noyau ; bien loin de nous présenter le
monde comme éternel, elle s'unit à toutes les scien-

1 Genèse.

ces naturelles, pour nous démontrer qu'il a été soumis à des lois de développement, qu'il a eu ses âges, son commencement, comme tous les êtres qu'il renferme ; elle nous prouve qu'il y a eu un jour où la matière même avait à peine une existence sensible : *c'est nous conduire aussi près que possible du néant.*

6º Arrivés ici sur les limites de la création, nous ne pouvons faire un pas au-delà ; c'est le chaos qui est devant nous, c'est l'inconnu le plus impénétrable ; l'œil n'y trouve pas où s'arrêter, l'esprit s'y égare et s'y perd, sans nous rapporter une idée, un simple trait d'une image qu'il a fixée. C'est qu'entre l'être et le néant il y a un abîme que l'intelligence humaine ne peut ni sonder ni franchir ; nous n'y découvrons aucun phénomène que nous puissions saisir et apprécier, nous n'y voyons aucune loi comparable à celle que nous connaissons. Il n'y a rien dans ce mystère qui doive nous surprendre. Ne faisons-nous pas chaque jour l'expérience de notre ignorance, lorsque nous essayons de remonter jusqu'au principe des choses que nous connaissons le mieux ? S'il y a dans le monde physique des effets qui nous sont connus, nous sommes presque toujours condamnés à ignorer la nature de leur cause première. Or nous touchons ici à la source même du principe de tout ce qui existe dans l'univers ; les sciences naturelles ne peuvent donc nous donner ce premier chapitre de leur histoire. La géologie, science de faits définis et déterminés, ne peut donc nous conduire au-delà des bornes dans lesquelles se renferme le monde actuel ; mais elle prend acte de l'état dans lequel se trouvent les éléments du monde, à l'origine de toutes choses , et remontant par les différentes phases de la terre jusqu'au jour de son organisation actuelle, elle interroge tous les êtres, elle examine et discute les faits les plus constants de la nature, et oppose leur réponse et leur témoignage à ceux qui ont voulu mettre en doute l'existence d'un Dieu créateur, comme à ceux qui ont voulu le confondre avec son ouvrage , pour le détruire dans leur conscience.

Prenons donc connaissance nette et précise de la position qui nous est faite ici par les sciences.

Nous avons devant nous une immense nébuleuse, une masse gazeuse qui remplit l'espace. Les lois de l'affinité et de l'attraction planétaire n'existent pas, puisque les éléments sont libres et ne forment encore ni liquides ni solides , et puisque , d'un autre côté, la séparation des différentes masses dont doit se composer le système planétaire n'est pas encore faite. La matière est donc inerte, sans mouvement, confuse, sans ordre : *inanimis et inordinata,* c'est le *tohu bohu* de la Genèse. Voilà le monde à son origine.

Or, qu'est devenue cette masse informe et sans vie? Jetons un coup d'œil en arrière sur l'œuvre admirable sortie de ces éléments confus.

1° Les éléments de la masse gazeuse se sont rapprochés et combinés , pour former des liquides et des solides. Après avoir été tous à l'état de fluides aériformes, mêlés les uns aux autres, indépendants les uns des autres, ces éléments ont donc vu changer leur condition première, dans une révolution générale. Ils ont été forcés de s'unir les uns aux autres, dans les *proportions définies* et *invariables* de leurs combinaisons si variées, et ceux qui sont arrivés ainsi à l'état solide ont en outre été forcés de se combiner sous des formes géométriques *constamment régulières*, lorsque leur cristallisation n'a pas été troublée; c'est-à-dire qu'ils ont été soumis aux lois de l'affinité. Or l'affinité n'était pas inhérente à la matière, n'était pas une condition nécessaire de son existence, puisqu'il y a eu un temps où elle ne lui était pas soumise, lorsque les éléments étaient libres et remplissaient l'espace à l'état de gaz, peut-être à l'état de matière éthérée plus subtile encore. Il y a donc eu une force immense, présente dans toute l'immensité de l'espace, une puissance étrangère à la matière qui l'a soumise à cette loi universelle et permanente à laquelle aucune substance ne peut se soustraire aujourd'hui. Quelle est cette force qui a donné à la matière une disposition, une forme qu'elle ne tient pas de sa nature? Il faut bien la chercher dans une puissance placée en dehors du monde physique, qui le domine tout entier, qui a sur lui un empire absolu, comme sa cause première, unique et nécessaire.

Il est évident que les combinaisons chimiques des éléments, comme leurs dispositions régulières dans la cristallisation, n'ont pas lieu en vertu de propriétés essentiellement et nécessairement inhérentes à la matière, puisqu'elle n'a pas toujours été dans cet état ; il est évident aussi qu'on ne peut pas les expliquer par des causes fortuites ; car, dans cette hypothèse, cette combinaison et ces formes devraient s'offrir au hasard, avec des variétés innombrables, dans des proportions et sous des formes indéfinies. Or il n'en est jamais ainsi ; tous les corps sont soumis à des proportions constantes de combinaisons, et toutes les substances cristallisées se présentent en outre sous des figures d'une exactitude parfaite, d'une précision mathématique qui ne peuvent être dues, comme les combinaisons, qu'à des lois énergiques et invariables. Toute la matière, jusque dans ses infiniment petits, jusque dans ses molécules et dans sa poussière, ne cesse donc de nous dire qu'elle n'a pas toujours été telle que nous la connaissons, que sa composition et sa forme ne sont même pas à elle, qu'elle n'est que ce qu'elle a été faite, que tout ce que nous admirons en elle lui a été donné par la main toute-puissante qui la gouverne.

« [1] Si l'on ramène de cette manière tous les corps minéraux aux conditions les premières et les plus simples de leurs éléments constituants, on voit que ces éléments ont été, à toutes les époques, régis par un système unique de lois fixes et universelles

1 Buckland.

qui règlent encore maintenant le mécanisme du monde matériel. En étudiant l'action de ces lois, nous y reconnaîtrons une subordination [tellement constante des moyens à leurs fins, une harmonie, un ordre, des prévisions si parfaites dans les propriétés physiques, dans les proportions numériques, dans les fonctions chimiques des éléments organisés, tant de preuves d'une intelligence et d'un plan coordonné à l'avance pour adapter ces éléments primordiaux à une infinité de fonctions complexes dans les systèmes futurs d'organisation, soit animale, soit végétale, qu'il est impossible que nous nous rendions un compte satisfaisant de l'existence de tous ces mécanismes si beaux et si parfaits, si nous refusons d'admettre qu'ils tirent leur origine de la volonté et de la puissance d'un Créateur suprême, être dont nos facultés finies ne peuvent arriver à comprendre la nature, mais dont tout ce qui existe nous proclame la sagesse, la grandeur et la bonté infinies. »

Dès le premier moment de leur existence, les éléments étaient probablement préparés à subir l'action des lois qui devaient les régir. En créant la matière, dit Newton, Dieu l'a composée de diverses espèces de molécules élémentaires, solides, dures, invariables, dont les dimensions, les figures et les différentes qualités sont assorties aux fins qu'il se proposait ; et ces molécules sont d'une telle fixité, qu'elles ne peuvent être ni divisées ni altérées par aucun procédé de l'art ni par aucune force existante dans la nature, sans quoi l'essence des corps pourrait changer avec le temps. Sans doute les atomes devaient être propres à entrer dans le plan général de la nature, et cette aptitude seule doit faire reconnaître déjà, avec Newton, qu'ils sont l'œuvre d'une puissance pleine de prévoyance et d'intelligence. Mais ce qu'il s'agit de constater ici, c'est qu'ils ne sont pas entrés dans ce plan par une conséquence nécessaire de leur existence. Ils ont changé leur première manière d'être, pour se combiner et cristalliser, sous l'empire de lois auxquelles ils n'étaient pas soumis dans l'état où nous avons été conduits à les reconnaître, en nous rapprochant autant que possible de leur origine. La matière si profondément modifiée, qu'elle n'a plus rien de sa nature originelle, si ce n'est peut-être dans ses atomes, n'a donc point le caractère d'un être éternel et nécessaire. Son mode d'existence ne lui appartient même pas; elle ne fait corps dans l'univers qu'à des conditions auxquelles elle ne peut échapper; il faut qu'elle se combine dans des proportions rigoureusement invariables, sous des formes définies et arrêtées auxquelles elle ne peut rien changer; et encore une fois ces proportions, ces formes ne sont pas dans son essence primitive, puisqu'elle a existé sans les avoir. Nous devons donc reconnaître que la matière est dans la dépendance d'une cause supérieure qui n'est pas en elle, que l'Organisateur suprême qui en dispose à son gré ne peut avoir sur elle un empire si absolu que parce qu'il est aussi son Créateur.

2° La matière élémentaire dispersée dans l'espace, ne formant à son origine qu'une seule masse gazeuse ou éthérée, s'est divisée en plusieurs masses distinctes, s'est réunie autour de plusieurs centres ; ici pour former le soleil, la terre avec la lune son inséparable compagne, là Jupiter avec ses satellites, Saturne avec son anneau si extraordinaire, etc. Or, il n'était pas dans l'essence même de la matière élémentaire qu'elle fût ainsi divisée, puisqu'elle a existé sous un seul et même volume ; qui a donc fait cette division ?

La masse gazeuse, divisée en masses distinctes, a formé tous les corps de l'univers : et, pour ne parler que de notre système solaire, elle a donné ici un corps lumineux, là des corps opaques ; l'une des masses s'est placée, comme Mercure, à treize millions de lieues du soleil, et une autre, comme Uranus, s'est placée à six cent cinquante-neuf millions ; dans un de ces astres, comme dans Saturne, les matériaux qui le composent n'ont guère que le huitième de la densité des matériaux qui composent la terre, et dans un autre, comme dans Mercure, cette densité est plus que double ; le soleil est vraisemblablement au centre de la masse dont notre système a été formé : suivant nos calculs il devrait donc se composer des matériaux les plus denses, et cependant ceux qui composent la terre le sont quatre fois plus... Connaît-on dans le monde physique quelque loi qui donne la raison de cette distribution si inégale et si différente de la matière élémentaire? Et, s'il y en avait une, pourrait-on la reconnaître ici comme cause de cet arrangement; n'en serait-elle pas plutôt l'effet? Comment donc la grande masse de fluides aériformes a-t-elle fourni au soleil un corps lumineux, et aux planètes des corps non lumineux? Pourquoi la matière est-elle plus dense dans Mercure que dans tous les astres, moins dense dans le soleil qui est au centre de notre système, que dans Uranus qui est sur les limites? Quelles ténèbres se feraient autour de nous, si nous ne trouvions pas en Dieu, créateur et ordonnateur de l'univers, la lumière qui les dissipe!

Mais ce n'est pas tout : il a fallu du mouvement dans la matière, pour qu'elle se rendît de tous les points de l'espace aux centres autour desquels elle devait se réunir ; il a donc fallu un moteur, car le mouvement n'est point essentiel à la matière, le repos paraît au contraire son état naturel. D'ailleurs, quel que soit le mouvement qu'on suppose comme essentiel à la masse élémentaire d'où est sorti l'univers, il est impossible d'y trouver la cause des mouvements divers dont les astres sont animés.

Nous savons aujourd'hui que l'attraction planétaire est une des principales forces motrices de la nature; mais cette attraction n'existait pas à l'époque où toute la matière ne formait qu'une immense nébuleuse, puisque les astres qui en ont été formés n'existaient pas encore; et si l'on suppose qu'il était dans l'essence de la matière première

d'avoir quelque force semblable, on tombe dans une
autre difficulté ; car, dans cette hypothèse, la nébuleuse n'eût jamais fait qu'un immense globe immobile qui n'eût pas permis à sa masse de se diviser
pour nous donner notre système planétaire. Que la
masse élémentaire ait été soumise à la loi d'attraction, avant ou après sa division, dans un cas comme
dans l'autre il faut reconnaître dans cette loi
l'œuvre de l'Agent suprême qui a créé et réglé l'attraction planétaire comme l'attraction moléculaire
« [1] Admettre que la gravitation soit innée, inhérente
et essentielle à la matière, de sorte qu'un corps
puisse agir sur un autre corps à travers le vide
et la distance qui les séparent, sans le concours
d'un agent par qui l'action et la force de ces
corps soient transmises de l'un à l'autre, est à mes
yeux la plus grande absurdité que l'on puisse concevoir, et aucun homme, je pense, ne peut y tomber, pour peu qu'il soit capable de raisonnement
en matières philosophiques. Evidemment la gravitation doit avoir pour cause un agent qui opère toujours d'après des lois déterminées. »

Une autre force motrice qu'il faut joindre à l'attraction pour expliquer les mouvements des astres,
c'est la projection qui les empêche de tomber vers
le centre de tout le système, en leur faisant décrire
autour de lui le cercle qu'ils parcourent. Supposera-
t-on encore que ce mouvement était essentiel à la
masse gazeuse et que les planètes l'avaient naturel-

---

1 Newton , *Lettre à Bentley.*

lement en se détachant de la nébuleuse? Qu'on explique alors comment ce mouvement essentiel à la matière, c'est-à-dire ce mouvement qui en était par-là même inséparable, qui devait y exister toujours au même degré, sans pouvoir ni augmenter ni diminuer, dans le tout comme dans chacune de ses parties, est devenu cependant si différent dans les corps célestes que l'un, comme Mercure, parcourt un arc de six cent cinquante-trois lieues dans une minute, tandis que l'autre, comme Uranus, n'en parcourt que quatre-vingt-treize ; que la Terre parcourt, dans le même temps, quatre cent douze lieues, tandis que la Lune, qui a dû en être détachée, n'en parcourt que quatorze. Sans doute nous expliquons bien ces différents mouvements des astres en diminuant ou en augmentant la projection, en raison de l'attraction à laquelle ils obéissent suivant leur distance du centre commun vers lequel ils gravitent; mais il faut modifier les forces motrices pour les mettre ainsi en équilibre. La formation d'une planète détachée de la masse principale ayant diminué la force d'attraction dans le centre commun, en diminuant sa masse à chaque fois qu'une portion s'en est détachée, il faudrait donc admettre que l'attraction et la projection ont été modifiées autant de fois qu'il y a eu division dans la masse principale ; si ces deux forces ont été ainsi modifiées, elles n'étaient donc essentielles ni au tout ni à ses parties. Il faut donc reconnaître qu'une puissance qui n'était pas dans la matière a présidé à sa distribution en masses distinctes, et a donné à ces masses les lois qui y maintiennent l'ordre et l'harmonie qui nous étonnent. Or, qui a réglé ces mouvements si précis que nos astronomes peuvent annoncer sans se tromper d'une minute, quelle sera la position relative des astres, à quel point du ciel ils correspondront, dans mille ans d'ici, comme dans un jour ? Quelle main a lancé les planètes sur la tangente des orbites qu'elles parcourent, les empêchant par l'attraction de se perdre dans l'espace et les empêchant par la projection de se précipiter vers leur centre commun ? « [1] Les mouvements observés maintenant par les planètes, ne peuvent être simplement déterminés par une cause naturelle, ils doivent provenir de la volonté d'un agent libre et plein d'intelligence. Puisque les comètes descendent dans les régions de nos planètes et s'y meuvent en toute sorte de directions, suivant quelquefois le même chemin que les planètes, d'autres fois prenant le chemin opposé, ou bien encore une direction oblique, ayant leurs plans inclinés vers le plan de l'écliptique et à des angles de toute espèce, il est bien évident qu'aucune cause naturelle ne pourrait obliger les planètes, tant principales que secondaires, à se mouvoir constamment dans la même direction et sur le même plan. Cette régularité doit être l'effet d'un calcul intelligent. Il n'y a pas non plus de cause naturelle qui fût capable de communiquer aux planètes le degré précis de

[1] Newton, *Lettre à Bentley.*

vélocité qui leur est nécessaire, relativement à leur distance du Soleil et des autres corps placés dans une position centrale pour se mouvoir en orbes concentriques autour de ces corps... Pour ordonner ce système avec son ensemble admirable de mouvements, il fallait une cause qui jugeât et comparât les quantités diverses de matière qui devaient entrer dans la formation du Soleil et des planètes, qui appréciât la puissance de gravitation résultant de ces différences, réglât les distances à établir entre le Soleil et les planètes principales, de même qu'entre Saturne, Jupiter, la Terre et les planètes secondaires, et qui assignât aux planètes le degré juste de vélocité qu'elles devaient avoir pour accomplir leur révolution autour des corps placés au centre. Afin de mettre en rapport et d'ajuster toutes ces choses dans un ensemble de corps si variés, il a fallu bien certainement, non pas une cause fortuite ou aveugle, mais l'intelligence du géomètre le plus habile et du mécanicien le plus consommé. »

Enfin, il y a encore dans les astres un autre mouvement qui ne paraît avoir sa première raison d'être ni dans l'attraction ni dans la projection, pas plus que dans un mouvement semblable essentiel à la masse élémentaire, c'est le mouvement de rotation. En parcourant son orbite, chacun des astres tourne sur lui-même avec une vitesse constante et régulière, propre à chacun d'eux ; quelle est la cause de ce mouvement? Pour l'expliquer, dans notre système planétaire, on a recours à un échange continuel d'électricité positive d'un côté et négative de l'autre, entre une planète et le Soleil. Cette explication peut être bonne, mais quelle que soit sa valeur, elle ne peut recevoir ici aucune application ; car, pour que cet échange d'électricité se fasse, il faut supposer au moins deux globes en présence l'un de l'autre, et au point de départ où nous sommes placés, il n'y avait de possible qu'un seul globe, celui que pouvait former la masse gazeuse où était contenue la matière de tous les corps. — Supposera-t-on que le premier globe était animé lui-même de ce mouvement de rotation ? — Cette hypothèse est très-admissible, elle est même bien probable, car elle sert à expliquer la formation et la projection des planètes qui se seraient détachées de la masse primitive par l'effet de la force centrifuge due à ce mouvement rapide de rotation. Mais alors, ou ce mouvement de rotation avait été donné au premier globe, ou il lui était essentiel : dans le premier cas, nous arrivons à la cause première que nous cherchons, nous sommes obligés de la reconnaître, nous sommes d'accord ; dans le second, nous demanderons pourquoi la matière n'a pas été essentiellement divisée par ce mouvement, en plusieurs globes, comme elle l'est actuellement ; pourquoi ce mouvement essentiel, immuable, est devenu si différent dans les corps célestes. On ne peut ici le répéter trop souvent : si les forces qui maintiennent l'univers étaient essentiellement inhérentes à la matière, il n'y aurait pas de commencement assignable à leur action, les choses eussent été toujours dans l'état où elles sont, sans changement, sans modification. D'un autre côté, si les masses qui ont formé les planètes avaient pris leur mouvement de rotation tel qu'il est aujourd'hui, dans un mouvement semblable essentiel à la grande masse première, comment ce mouvement serait-il devenu dans chacune d'elles si différent de ce qu'il devait être au moment où elles l'ont reçu? Ainsi le Soleil, qui est regardé comme le reste de la nébuleuse, et ce n'est pas un petit reste puisque sa masse est à peu près égale à sept cent quatre-vingt fois la somme de toutes les masses planétaires, le Soleil tourne sur lui-même dans environ vingt-cinq jours; chacun des points de la circonférence de son équateur parcourt donc au moins vingt-sept lieues dans une minute. Or aucune des planètes n'offre aujourd'hui une vitesse de rotation qui approche de celle-là; toutes ont une vitesse beaucoup inférieure ou beaucoup supérieure. La dernière planète détachée devrait cependant avoir une vitesse à peu de chose près égale, seulement un peu plus grande, si le mouvement primitif imprimé aux matériaux qui la composent n'avait pas été modifié. Mercure paraîtrait devoir être le dernier venu dans le système, et pourtant son mouvement de rotation n'offre rien de semblable à celui du Soleil : les points de son équateur ne parcourent pas trois lieues dans une minute; sur la Terre les mêmes points en parcourent plus de six; dans Mars, qui est plus éloigné du centre commun, il faut revenir à trois lieues environ, et dans Saturne ils parcourent plus de cent quarante lieues dans le même temps ; la Lune a dû former une même masse avec la Terre, et pourtant, pendant qu'un point de l'équateur sur la Terre parcourt par la rotation plus de six lieux dans une minute, le même point dans la Lune ne parcourt pas quatre lieues dans une heure. On dira que tous les mouvements des astres ont été réglés et fixés par les lois de l'attraction et de la projection. Mais ces lois elles-mêmes ont dû se modifier, comme nous l'avons déjà remarqué, toutes les fois qu'il y a eu formation d'une planète, c'est-à-dire au moins huit ou neuf fois, puisqu'à chaque formation la masse centrale venant à diminuer de toute la partie qui s'en était séparée, sa force d'attraction diminuait en proportion. Qui réglait donc toutes ces modifications? Quelle puissance arrêtait ou plutôt prévenait le désordre qui devait être la conséquence nécessaire de tous ces changements dans l'œuvre déjà accomplie? La plus légère perturbation parmi les grands agents de la nature amènerait infailliblement sa ruine ; et lorsque les différentes pièces de l'univers se posaient dans l'espace, lorsque les rouages de l'admirable machine se faisaient, ne fonctionnaient pas encore avec l'ensemble qui leur donne harmonie et puissance, on supposerait que les lois générales du monde se réglaient, se modifiaient par les forces de la matière même qu'elles régissent. C'est une logique que le plus gros bon sens repousse.

Laplace, prenant pour éléments de ses calculs les

données que lui fournissaient les mouvements des astres et en particulier la direction commune de ces mouvements d'Occident en Orient, a trouvé « *qu'il y a plus de cent trente-sept milliards à parier contre un, que les mouvements des planètes et de leurs satellites ne sont pas l'effet du hasard, et qu'ils ont été produits par une cause commune.* » C'est déjà quelque chose assurément, pour se croire dans le vrai, que d'avoir cent trente-sept milliards de chances contre une à opposer aux matérialistes, en soutenant contre eux qu'il existe une cause première qui a donné le mouvement à tous les astres et qui l'a réglé suivant les lois que nous connaissons. Je ne sais pas s'il y a parmi les faits historiques, regardés comme le mieux constatés, un seul fait, par exemple l'existence de César, l'existence de Napoléon lui-même, qui soit plus probable que ce fait pris dans le monde physique ; mais le sort de la vérité doit-il dépendre de la valeur de quelques formules mathématiques? L'évidence doit-elle se démontrer par le calcul des probabilités? Pour la plupart des hommes, mieux vaudrait dire qu'il est probable, autant de fois qu'on le voudra, que les machines des locomotives de nos chemins de fer ou des vaisseaux à vapeur ne se sont pas faites seules.

3º Notre planète séparée de la masse élémentaire, mise en mouvement sur elle-même et utour du centre commun d'attraction, une fois formée dans son noyau et dans les premières couches de son enveloppe, n'était encore qu'un globe aride et nu, une affreuse solitude où régnait le silence de la mort. Que de phénomènes appelleraient sur eux notre attention et notre admiration, si nous devions suivre maintenant dans ses détails tout le travail qui s'est fait sur la Terre depuis le jour où elle prit place dans notre système planétaire jusqu'à l'époque où nous sommes! La division des mers et des continents, la distribution des eaux dans les nuages, à la surface du globe et dans les roches de son enveloppe, la formation des montagnes et des plaines, la formation des veines ou filons métalliques, les dépôts de sel gemme, de houille, etc.; toutes les œuvres de la nature nous prouvent un plan de création qui n'a pu être conçu et exécuté que par une intelligence toute-puissante, présente dans toutes les différentes parties de l'univers, préparant et disposant toutes choses dans le calme de sa sagesse, et les menant toutes à leur fin avec une énergie, une force de volonté et d'action qui ne se trouvent qu'en Dieu... [1] *Attingit à fine usque ad finem fortiter, et disponit omnia suaviter.*

Au premier coup d'œil, on serait tenté de prendre pour du désordre toutes ces révolutions profondes dont le globe a été le théâtre à son origine; elles n'apparaissent que comme des agents de ruine et de destruction; mais des considérations plus élevées nous montrent bientôt dans ces bouleversements des instruments qui obéissent à une vo-

---

1 Liv. de *la Sagesse*, chap. 8.

lonté pleine de sagesse et de prévoyance qui a réglé et déterminé leur action, qui avait ses intentions dès le principe et qui va droit et ferme à leur
accomplissement. C'est en tourmentant la surface
du globe, en soulevant ses couches, en les inclinant,
que Dieu a fait sortir les continents du sein des mers;
c'est en brisant les roches de nos terrains anciens
qu'il y a fait entrer les métaux précieux que nous y
trouvons; c'est en ravageant par des inondations
et par des torrents les forêts du monde primitif
qu'il nous a conservé ses richesses végétales dans
les dépôts de houille si utile aujourd'hui, surtout
pour nos machines à vapeur; c'est en ouvrant les
entrailles de la terre et en y renfermant les eaux de
la mer, qu'il nous a ménagé ces magasins inépuisables de sel gemme, que les peuples de l'intérieur
des continents sont si heureux d'y trouver ; c'est en
faisant alterner les couches de roches poreuses avec
les couches de roches imperméables, qu'il a établi
le système de l'économie hydraulique qui nous donne
nos fontaines et nos ruisseaux, etc., etc. Nous se-
rions entraînés trop loin de notre but si nous avions
à examiner et à discuter ici toutes les œuvres de la
nature et si nous devions recueillir les témoignages
qu'elles s'accordent à rendre à leur divin auteur.
Mais il est un fait étranger au système du monde
purement physique, qui ne se lie point par son essence aux lois générales qui ont présidé à la formation de la matière inorganique : c'est le fait de la
création des végétaux et des animaux. Il y a dans

la naissance des êtres organisés une preuve trop frappante de l'existence d'une cause première surnaturelle, pour qu'elle ne trouve pas sa place dans notre thèse comme un dernier argument contre la théorie des matérialistes.

La géologie nous le répète sans cesse : la terre a été longtemps sans habitants. Pendant que son noyau se formait par le refroidissement de sa surface, ou par l'oxidation graduelle de ses éléments ; pendant que sa croûte se soulevait, se brisait de toutes parts ; pendant qu'un immense océan acide et brûlant rongeait et désagrégeait ses roches primordiales, les remaniait dans des eaux dont la température pouvait s'élever à plus de 200 degrés, sous la pression d'une atmosphère pesante ; pendant que les détritus arrachés aux formations plutoniques se déposaient au fond des mers et se convertissaient en bancs de gneiss, de micaschistes, etc., sous l'action de la chaleur centrale, la vie était certainement impossible sur le globe. Aussi ne trouve-t-on dans les terrains primitifs aucune trace d'organisation végétale ou animale ; c'était une terre inhabitable, il n'y avait place que pour la matière brute. Cependant la vie apparaît tout-à-coup dans les couches suivantes : ce sont des végétaux vigoureux qui, dès le premier moment de leur apparition, sont bien supérieurs aux végétaux de même espèce actuellement connus ; ce sont des familles nombreuses d'animaux assez variés pour représenter déjà les quatre grandes divisions dans lesquelles tous les genres et toutes les espèces doivent se classer.

Or, ce n'est pas une propriété essentielle à la matière de s'organiser en vertu des lois qui la régissent; par sa nature, au contraire, elle reste nécessairement à l'état inorganique, et si le principe vital s'en empare pour former le corps des végétaux et des animaux, dès que cette force étrangère ne la retient plus, dès qu'elle peut échapper au mouvement qu'elle en avait reçu, elle retourne aussitôt à son état essentiel d'inertie et de mort. La vie n'est ni le produit spontané de la matière, ni le produit des lois physico-chimiques; si elle venait à s'éteindre complètement dans le monde, nous n'y connaissons pas une seule force capable de la ranimer. La vie ne naît que de la vie, comme l'a dit Cuvier; ou, ce qui est la même chose, l'organisation, qui est une condition préalable et nécessaire de la vie, est toujours elle-même le produit d'un être organisé. Tous les végétaux et tous les animaux viennent nécessairement d'un *parent* existant avant eux, semblable à eux par la forme et par la constitution. Il faut donc en conclure, non-seulement que les premiers être organisés ne sont pas le produit de la matière s'organisant peu à peu; mais encore qu'ils ont paru sur la terre sans y trouver un *parent semblable à eux*, et sans avoir besoin de son secours pour y jouir de la vie, c'est-à-dire qu'ils ont paru *complets, parfaits* chacun dans son espèce. « [1] Les

1 Bremser.

corps des animaux et des plantes durent se former jadis d'une manière subite et d'un seul jet : Dieu voulut et sa volonté fut faite ; car je crois aussi peu que le cèdre du Liban fut originairement un lichen, que l'éléphant doive son origine à une huître ou à un zoophyte, eût-il passé même par mille gradations ; j'admets encore moins que l'homme ait été originairement un poisson, comme quelques naturalistes modernes s'efforcent de nous l'expliquer. » Les espèces elles-mêmes, différentes par leur composition chimique comme par leurs caractères physiques, ont eu leur type original qui les représentait dès le premier jour telles que nous les connaissons actuellement. « [1] Les espèces ont une existence réelle dans la nature, et chacune d'elles, au moment où elle fut créée, fut douée des attributs organiques qui les distinguent encore aujourd'hui. » Il est donc sorti un être complet de chacune des créations qui ont eu lieu successivement, peut-être à de longs intervalles, comme le croient les géologues, et certainement à différentes reprises, comme le dit Moïse, lorsque le globe offrait des conditions convenables à la vie de chaque espèce nouvelle.

Si la vie n'est point essentielle à la matière, si elle n'est point le produit des lois qui la régissent, d'où sont venus ces premiers êtres organisés, parfaits? S'il n'y a dans la nature aucune puissance capable de produire un végétal, un animal complet, d'où

—————————

[1] Lyell.

sont venus les végétaux et les animaux qui ont été les premiers à habiter la terre ? Ils n'avaient aucun principe dans le monde physique ; leur cause première était donc en dehors de toutes les causes naturelles : quelle est cette cause ?

Quel que soit le système géogénique qu'on adopte, on est obligé de convenir que l'existence de l'espèce humaine ne remonte pas au-delà de cinq à six mille ans ; la géologie le démontre d'une manière incontestable. Les êtres organisés nous ont laissé la preuve de leur existence dans toutes les couches supérieures de l'enveloppe du globe, et nous trouvons leurs débris les plus fragiles trop bien conservés, pour qu'il soit possible de supposer que les restes de l'homme ou les traces de son industrie n'aient pas pu se conserver de la même manière. L'homme est donc venu tout récemment sur la terre. D'où vient-il? S'il tient à la matière par ses organes, s'il appartient à une classe animale par son corps, son intelligence l'en sépare complètement, en fait un être qui n'a point son semblable hors de son espèce, et l'élève au-dessus de toutes les autres créatures.

Remontons au jour de notre première origine ; interrogeons tous les êtres qui nous ont précédés : nous n'en trouverons pas un seul qui ait avec l'homme ces rapports constants et invariables, permanents dans chaque espèce, établis par la nature entre le *parent* préexistant et les *germes* qui prennent vie dans sa vie, organisation dans son organisation. L'homme n'a point de semblable hors de sa race, il est unique dans son genre, unique par la composition chimique de ses principes immédiats, unique par le fini de toute son organisation, unique surtout par son intelligence, par ses facultés de parler, de commander à ses inclinations, de perfectionner ses travaux, etc. Il devient le plus puissant des animaux, et à sa naissance il en est le plus faible ; sans arme défensive ou offensive, presque dépourvu d'instinct, il mourrait infailliblement de faim, de froid ou de chaud, sans le secours de ses parents qui lui est absolument nécessaire au moins pendant six ou sept ans. Aucun animal n'a plus besoin que l'homme d'être créé parfait, ou du moins en état de vivre par ses propres forces. Comment donc ont pris naissance cet homme complet, cette femme complète, ce premier couple d'où descend le genre humain ? Nous n'avons pas notre père sur la terre ; il est donc en dehors de la nature. Or, au-delà des causes naturelles, il n'y a plus que la cause nécessaire de toutes choses, il n'y a plus que Dieu.

Enfin l'apparition de l'homme, après nous avoir démontré l'existence nécessaire d'un Créateur suprême, nous explique encore les intentions paternelles de sa providence en poursuivant constamment l'exécution du plan magnifique dans lequel viennent se ranger toutes les œuvres de la création. Depuis le moment où Dieu a tiré du néant les éléments de l'univers, depuis le moment où les pre-

miers atomes se mirent en mouvement dans la nébuleuse pour former le centre de notre planète, jusqu'au jour où parut le roi de la terre, fait à l'image
et à la ressemblance de son Créateur, dépositaire
de sa puissance sur les créatures et chargé de lui
en présenter fidèlement l'hommage, tout l'ensemble
de la nature auquel se relient les combinaisons de
la matière, les révolutions qu'elle a subies, les innombrables mécanismes que la vie organique a revêtus, nous annonce de toutes parts, et dans toutes
ses phases, la fin naturelle de la création : Dieu voulait donner à l'homme l'empire de la terre, c'était
pour lui qu'il la préparait.

« [1] Pour comprendre la prééminence de notre
destinée, il suffit de considérer ce que la sagesse
éternelle a fait pour nous préparer une demeure...
Entendez-vous à travers les âges antiques le bruit
du long travail de la nature, de ces révolutions qui
se succèdent pour pétrir, élaborer, façonner notre
planète, pour entasser couches sur couches, accumuler débris sur débris, pour combiner, modifier
de mille manières ; fixer, coordonner harmonieuse-
ment les éléments inorganiques de notre globe?
Pourquoi ces vallées qui se creusent, ces montagnes qui s'élèvent, ces plaines qui se déroulent,
ces innombrables niveaux qui s'établissent? Dans
quel but tous ces exhaussements et ces affaisse-
ments, ces remaniements, ces mélanges de maté-

______

[1] M. Jéhan.

riaux si divers, et tous ces grands mouvements, à la surface et dans les entrailles de notre terre ? Où tend l'action de ces lois, de ces forces, de ces agents, de tous ces moteurs que dirige le doigt du Très-Haut durant cette laborieuse évolution de notre planète ? N'est-ce pas afin que nous ayons sous nos pieds un sol ferme et stable ; des granites, des marbres, des pierres de toutes sortes, pour élever nos temples, construire, décorer nos palais, bâtir nos cités ; d'immenses magasins de houille combustible dans les débris fossiles de la végétation primitive ; d'inépuisables mines de sel gemme pour les contrées éloignées de la mer ; de l'or, de l'argent, du fer, du cuivre, du plomb, etc., métaux si précieux que, sans eux, nulle culture, nulle civilisation ne serait possible ? N'est-ce pas encore pour que nous ayons aujourd'hui des sources et des fontaines, des fleuves et des rivières, lesquels, obéissant aux déclivités habilement calculées des terrains, s'écoulent, sans jamais interrompre leur cours, vers le réservoir commun des mers ? N'est-ce pas enfin pour que nous ayons une terre végétale, présentant les conditions les plus avantageuses au travail et à la culture, et, avec ce sol fécond, des gazons et des arbres, des fleurs et des fruits, et, avec les plantes, une atmosphère épurée et des animaux destinés à nous servir, à nous vêtir, à nous nourrir, à peupler et animer tous les districts de la nature.

» Ainsi donc, beauté, variété, grandeur, harmonie, richesses, jouissances, ressources sans nombre

préparées pour l'homme ; innombrables preuves de
la sagesse de la providence du Créateur ; voilà ce
que la science découvre à chaque pas, avec une admiration profonde, en étudiant la merveilleuse organisation de notre globe. »

C'est ainsi que la géologie, en nous faisant l'histoire de la terre, nous montre que rien n'est éternel
dans ce monde, que tout a eu son commencement,
que tout vient de Dieu et n'a d'existence possible
que par cette cause première, seule nécessaire, seule
éternelle : « *Omnia per ipsum facta sunt : et sine
ipso factum est nihil, quod factum est.* » [1] Ce que
saint Paul disait à Athènes devant l'Aréopage : « *In
ipso vivimus, movemur et sumus.* — C'est en Dieu
que nous vivons, que nous nous mouvons, que nous
sommes [2] », il faut le dire de tous les êtres dont se
compose l'univers. Tout ce qui existe a reçu de Dieu
l'existence, tout ce qui se meut a reçu de Dieu le
mouvement, tout ce qui vit a reçu de Dieu la vie ;
les éléments du monde, la matière dans tous ses
états, sous toutes ses formes, les molécules que les
lois de l'affinité ont rapprochées les unes des autres
pour les faire cristalliser, les astres que les mouvements les plus rapides emportent dans l'espace, les
végétaux et les animaux qui donnent vie à la nature,
tout est venu de Dieu et rien ne serait sans Dieu.
L'existence de Dieu est évidente comme l'existence

1 Ev. de s. Jean, ch. 1.
2 Act. des Ap., ch. 17.

de l'univers ; c'est un fait sur lequel brille une lumière plus éclatante que celle du soleil ; Dieu se voit et se touche dans ses œuvres. « [1] Le Créateur devient visible par la grandeur et par la beauté des créatures... Ils sont vains, *ils ont une bien pauvre science*, les hommes qui n'ont pas la connaissance de Dieu... : en considérant ses œuvres, ils n'ont pas su reconnaître l'ouvrier. » Ou bien encore, comme dit saint Paul : « [2] Les perfections invisibles de Dieu, son éternelle puissance, sa divinité, sont devenues visibles depuis la création du monde, et ceux qui ne veulent pas le reconnaître sont inexcusables... Tout en se croyant sages, ils ne sont que des insensés. »

Mais comment Dieu a-t-il tiré le monde du néant? Comment a-t-il imposé à la matière les lois qui ont présidé à sa formation et à toutes les transformations qu'elle a subies? Comment a-t-il créé les êtres organiques? Pourquoi tant de races ont-elles paru et disparu successivement? Comment les espèces nouvelles sont-elles arrivées à la vie ; Dieu est-il intervenu directement, immédiatement, dans chaque création, ou bien dès le commencement créa-t-il les germes ou plutôt l'organisme complet des différents êtres, laissant à la nature le soin de les mettre en mouvement dans les circonstances convenables, etc. Ce sont là des questions sur lesquelles la science

1 Sagesse, ch. 13.
2 Ep. aux Rom., ch. 1.

ne peut donner que des hypothèses, et il est probable
qu'elles tourmenteront notre curiosité bien longtemps encore. Dieu voulait se révéler dans la création, et il l'a fait dans un langage que tout le monde
comprend ; avec les éléments que nous trouvons en
nous et autour de nous, le problème de son existence
est facile à résoudre. Quant au moyen dont il s'est
servi pour créer, quant au procédé qu'il a voulu
suivre dans ses opérations, c'est le secret de sa
puissance. La faiblesse de notre nature ne pouvait
peut-être pas le porter... Qui sait? Il eût été peut-
être dangereux pour nous de le connaître. L'arbre de
la science a porté des fruits qui ne nous ont pas été
toujours salutaires. D'ailleurs il est bon pour l'homme
que les créatures, dont il est le roi, lui rappellent qu'il
a lui-même un maître, et que sa science, dont il est
si fier, vient de naître avec lui. A nous tous, comme
à Job, s'adressent ces paroles du Seigneur : « [1] Où
étais-tu quand je jetais les fondements de la terre?
Dis-le-moi, si tu as l'intelligence. Qui en a établi les
mesures, le sais-tu? Qui a étendu le cordeau sur
elle? Sur quoi ses bases sont-elles affermies? Qui en
a posé la pierre angulaire? Qui a renfermé la mer en
ses digues, quand elle rompait ses liens comme l'en-
fant qui sort du sein de sa mère, lorsque je l'enve-
loppais de nuées comme d'un vêtement, et que je
l'entourais des ténèbres comme des langes de l'enfance? Je lui ai marqué ses limites, je lui ai opposé

[1] Job, ch. 38.

des portes et des barrières, et j'ai dit : Tu viendras jusque-là, et tu n'iras pas plus loin ; ici tu briseras l'orgueil de tes flots. Est-ce toi qui depuis ta naissance commandes au point du jour, qui montres à l'aurore le lieu où elle se lève?... As-tu pénétré dans la profondeur des mers? As-tu marché dans le sein de l'abîme? Les portes de la mort se sont-elles ouvertes devant toi? As-tu vu l'entrée des ténèbres... Par quelle voie se répand la lumière? Par quel chemin l'aquilon fond-il sur la terre? Qui a ouvert un passage aux torrents des nues? Qui a tracé les sillons de la foudre? etc. » Job avoua son ignorance. « *Qui leviter locutus sum, respondere quid possum? Manum meam ponam super os meum.* » Nous savons par expérience que nous devrions souvent répondre comme lui.

1 Job, ch. 39, v. 34.

CONCLUSION GÉNÉRALE.

La géologie, menaçante à son origine, est tombée d'accord avec la Genèse. — Paroles de M. Boubée. — Moïse ne pouvait savoir scientifiquement ce qu'il a écrit sur l'origine du monde. — M. Cauchy. — Dilemme de M. Ampère. — Moïse était donc inspiré.

La Géologie, menaçante à son origine, est tombée d'accord avec la Genèse.

A son apparition dans le monde scientifique, lorsqu'elle put se montrer comme une autorité avec laquelle on devait compter, la géologie, prenant le ton et les manières du siècle qui la voyait naître, s'annonça pleine de sourdes menaces contre les questions religieuses qu'elle devait trouver sur son passage. Aucun livre ne se présentait plus à découvert que la Genèse aux regards de cette science nouvelle ; aucun livre n'offrait plus de points de contact aux faits sur lesquels elle s'appuie ; jamais annales n'ont conservé le souvenir d'événements plus grands et qui aient en même temps laissé dans la nature des traces plus faciles à retrouver que ceux dont Moïse nous a donné le récit. L'origine de l'univers, l'état du globe au commencement des choses, la création distincte et successive des végétaux et des animaux, la création de l'homme, le jour où il a paru sur la terre, le déluge, l'époque de cette catastrophe, etc. : tels sont les événements livrés par nos livres saints aux investigations de la science. Si les épreuves auxquelles ces questions devaient être soumises avaient pu être prévues, l'auteur qui les écrivit se serait tenu sur ses gardes; mais pouvait-il prévoir, il y a plus de trois mille ans, qu'un jour, qu'aujourd'hui, les connaissances de l'homme lui fourniraient le moyen de vérifier des faits qu'il rapportait comme se perdant, les uns dans un passé qui n'avait pas eu de témoins, les autres dans un temps déjà si éloigné qu'il pouvait se croire seul à en consacrer le souvenir.

Or, qu'est-il arrivé dans les épreuves que la science a fait subir à nos livres saints ? Sur quel point la géologie a-t-elle démontré qu'ils nous ont trompés ? Nous l'avons vu dans le court examen que nous avons fait du récit de Moïse, en présence des faits géologiques. Partout où la science est positive, partout où elle ne raisonne que sur des faits incontestables, elle n'a point d'autre langage que celui de la Genèse. Les savants les plus indifférents à la cause de la religion, et quelquefois les hommes les moins bien disposés en sa faveur, sont forcés de confirmer les faits que l'historien sacré nous fait connaître.

Ce n'est point assurément sur des démonstrations scientifiques que le chrétien fonde sa croyance aux doctrines sublimes ou aux consolantes promesses de la religion. Notre foi a une origine céleste, et ce n'est pas l'homme qui a allumé le flambeau qui nous y conduit; elle s'empare de notre âme par des voies mystérieuses que Dieu seul connaît, elle s'y fortifie par le sentiment qui nous fait trouver nécessaire à notre bonheur les vérités qu'elle nous enseigne, et elle y règne avec un empire absolu, parce que seule elle peut donner une réponse satisfaisante à toutes les questions de notre conscience. Mais il n'en est pas moins vrai que les lumières qui nous viennent de la terre sont aussi un bienfait de la Providence que nous devons recevoir avec reconnaissance. C'est une douce satisfaction qui réjouit notre esprit et notre cœur, que de voir les sciences humaines s'initier aux secrets de la nature, pour apporter leur témoignage aux vérités qui touchent à notre foi.

En voyant cet admirable accord de la Genèse et des plus saines notions de la géologie positive, « ici, dit M. Boubée [1], se présente une considération dont il serait difficile de ne pas être frappé : puisqu'un livre écrit à une époque où les sciences naturelles étaient si peu éclairées, renferme cependant, en quelques lignes, le sommaire des conséquences les plus remarquables auxquelles il ne pouvait être possible d'arriver qu'après les immenses progrès amenés dans la science par le dix-huitième et le dix-neuvième siècle ; puisque ces conclusions se trouvent en rapport avec des faits qui n'étaient ni connus

---

1 *Manuel de Géologie.*

ni même soupçonnés à cette époque, qui ne l'avaient jamais été jusqu'à nos jours, et que les philosophes de tous les temps ont toujours considéré contradictoirement et sous des points de vue toujours erronés ; puisque enfin ce livre, si supérieur à son siècle sous le rapport de la science, lui est également supérieur sous le rapport de la morale et de la philosophie naturelle, on est obligé d'admettre qu'il y a dans ce livre quelque chose de supérieur à l'homme, quelque chose qu'il ne voit pas, qu'il ne conçoit pas, mais qui le presse irrésistiblement ! »

Soyons plus explicite et disons ce quelque chose si frappant dans Moïse.

Deux mille cinq cents ans s'étaient écoulés depuis la création de l'homme et plus de mille depuis le déluge, lorsque Moïse écrivit l'histoire de l'univers depuis son origine. A cette époque, il y a à peu près trois mille quatre cents ans, les éléments des sciences qui pourraient être de quelque secours dans un semblable travail, étaient à peine connues. D'un autre côté, quels témoins, quels mémoires pouvait interroger Moïse sur une œuvre que le néant avait précédée? Quelles traditions pouvait-il consulter sur un événement bien mémorable sans doute, mais dont on ne retrouve pourtant ailleurs qu'un souvenir perdu dans les fables de la mythologie des anciens peuples? Humainement parlant, il n'avait donc aucun moyen de s'assurer de la vérité de ce qu'il nous a appris. Il nous donna cependant cette histoire intéressante : il décrivit avec précision les principaux événements qui signalèrent l'origine des choses ; il en marqua le temps, il dit l'ordre dans lequel ils se succédèrent ; il entra même dans des détails qu'il ne pouvait pas soupçonner ; il nous raconta des choses que nous aurions refusé de croire, que nous aurions traité d'absurdes, dans l'état de nos connaissances naturelles, il n'y a pas cent ans. Ainsi il nous représente la terre comme n'étant d'abord qu'une ombre, une image vague de ce qu'elle devait devenir, *inanis et vacua*, dans une nudité, dans une stérilité que la géognosie seule peut nous faire comprendre et apprécier ; ainsi il nous apprend que le globe a d'abord été couvert tout entier par les eaux , et c'est une vérité que les géologues viennent de nous apprendre, vérité évidente aujourd'hui, mais qui ne l'était guère avant que leurs observations ne l'eussent démontrée ; ainsi il nous dit que la lumière , contre toute apparence, a existé avant le soleil, et il a fallu les découvertes de la physique dans ces dernières années, pour nous prouver que l'existence de la lumière est vraiment indépendante de celle du soleil ; ainsi il nous dit que la formation des végétaux est antérieure à la formation de l'astre qui féconde la nature : on disait que c'était *une erreur manifeste, une grosse bévue* de la part de l'écrivain sacré, et il est prouvé aujourd'hui que la chose n'est rien moins qu'impossible ; ainsi il nous dit que le déluge a été universel : il n'avait aucun moyen de s'en assurer dans le petit coin de terre qu'il connaissait, et aujourd'hui toute la science reconnaît qu'il a dit la vérité, etc... Depuis le jour où fut écrit ce livre si étonnant, le voile qui couvre les mystères de la nature a été soulevé peu à peu après de longs et de pénibles efforts ; l'astronomie, la physique, la chimie, la géologie, la linguistique, l'ethnographie, etc. , toutes les sciences sont venues ; elles ont fait d'admirables découvertes dans la nature, dans l'histoire des premiers hommes ; elles ont corrigé une foule de méprises et d'erreurs dans toutes les parties des connaissances humaines, et toutefois elles n'ont pas trouvé un seul fait à corriger ou à démentir dans le récit de l'antique écrivain de nos livres sacrés. Toutes les découvertes qui ont eu lieu depuis Moïse s'accordent à rendre hommage à chacune des assertions de cet homme extraordinaire. En sorte que tout ce que la science peut faire de mieux aujourd'hui, c'est de s'inspirer à la source de nos livres saints, c'est de rapprocher ses théories le plus possible de la Genèse.

« Cultivez avec ardeur, dit M. Cauchy, les sciences abstraites et les sciences naturelles ; décomposez la matière, dévoilez à nos regards surpris les merveilles de la nature ; explorez, s'il se peut, toutes les parties de cet univers ; fouillez ensuite les annales des nations, les historiens des anciens peuples ; consultez sur toute la surface du globe les vieux monuments des siècles passés ; loin d'être alarmé de ces recherches, je les provoquerai sans cesse, je les encouragerai de mes efforts et de mes vœux. Je ne craindrai pas que la vérité se trouve en contradiction avec elle-même, ni que les faits, les documents par vous recueillis puissent jamais n'être pas d'accord avec nos livres sacrés. »

Après ce beau témoignage rendu à Moïse par un homme qui posséda tous les secrets des sciences modernes, concluons par le dilemme d'un autre savant de l'Institut dont les paroles ont aussi leur valeur : « Ou Moïse, dit M. Ampère, avait dans les sciences une instruction aussi profonde que celle de notre siècle, ou il était inspiré. Vous ne pourriez croire à la profondeur de son instruction scientifique ; croyez donc à son inspiration. »

Le géologue chrétien n'aurait qu'un mot à ajouter à ces paroles : La Genèse est comme la préface ou le premier chapitre de l'Evangile ; si nous devons croire que Moïse a été inspiré en écrivant l'histoire de la nature originelle, nous devons croire de même à son inspiration lorsqu'il nous raconte la chute de l'homme, et lorsqu'il nous annonce sa réhabilitation et sa rédemption par Jésus-Christ.

FIN.

Vannes. — Imp. de Gustave de Lamarzelle.

TABLE ANALYTIQUE DES MATIÈRES.

PREMIÈRE PARTIE.

CHAPITRE PREMIER . . . . Page   1

La Géologie. — La terre — sa forme — ses différents mouvements — sa surface — son atmosphère — son relief. — Partie de la terre connue des géologues. — Noyau. — Ecorce.

CHPITRE II   5

Noyau du globe. — Pesanteur. — Densité. — Chaleur centrale. — Effets de la chaleur centrale. — Eaux minérales et thermales. — Explication des eaux thermales par Laplace. — Volcans. — Laves, puissance de l'agent qui les soulève. — Nature des laves — leur température — leur marche — leur épaisseur. — Tremblements de terre — leur étendue. — Soulèvements. — Formation des montagnes. — Nombre des volcans en activité.

CHAPITRE III 20

Fluidité originaire du globe. — Aplatissement aux pôles, renflement à l'équateur. — Leur explication par M. Arago, M. Francœur. — Les éléments créés à l'état gazeux. — Hypothèse de Laplace — confirmée par les découvertes de Herschell. — Les Neptuniens et les Plutoniens. — Calculs de Breislack sur le poids de la mer et des matériaux solides du globe. — Découverte de Mitscherlich. — Paroles de Cuvier.

CHAPITRE IV 30

Ecorce du globe. — Couches de sédiment. — Terrain, formation, roche, minéral, fossile. — Stratification des roches sédimentaires. — Terrain massif. — Ordre des terrains stratifiés. — Image de ces formations.

CHAPITRE V.   38

Division des roches en quatre grandes classes. — Roches plutoniques, volcaniques, aqueuses, métamorphiques. — Description générale de chacune.

CHAPITRE VI.   50

Les fossiles — leur abondance dans les terrains de sédiment. — Hauteur où ils se trouvent. — Des végétaux fossiles. — Les cryptogames vasculaires. — Les conifères. — Les cycadées. — Haute température du globe à l'époque où vivaient ces végétaux. — Des animaux fossiles. — Apparition successive des espèces. — Le ptérodactyle, l'ichthyosaure, le plésiosaure — leur description par Cuvier. — Nouvelle preuve du décroissement de la température dans nos climats.

CHAPITRE VII.   64

Origine des fossiles. — Ils ne sont pas le produit du déluge historique. — Examen de cette question. — Nature des dépôts fossilifères. — Différence des fossiles. — Parfaite conservation de plusieurs. — Les couches fossilifères ont été déposées dans une eau tranquille.

CHAPITRE VIII   71

Géognosie. — Classification des terrains géologiques. — Terrains primitifs et secondaires de Lehman; terrains de transition de Werner; terrains tertiaires de Cuvier et d'Al. Brongniart. — Diluvium. — Alluvium. — Classification particulière des roches d'origine ignée. — Leur ordre de superposition ne donne pas toujours leur âge. — Caractères généraux des terrains.

CHAPITRE IX.   79

Terrains primitifs. — Roches de ces terrains. — Roches principales, subordonnées. — Etendue des formations de ce groupe.

— Tableau des roches de ces terrains. — Minéraux qui y sont disséminés. — Gîte ordinaire des métaux. — Les filons — leur origine — leur âge relatif.

CHAPITRE X. 88

Terrains de transition. — Leurs limites sont incertaines. — Roches principales. — Minéraux qui y sont disséminés. — Fossiles de ces terrains. — Végétaux, animaux. — Tous les animaux sont marins. — Stratification, puissance des formations de ce groupe.

CHAPITRE XI. 95

Terrains secondaires. — Description de ces terrains par Brongniart. — Roches principales, subordonnées. — Roches plutoniques qui les percent. — Minéraux qui y sont disséminés. — La houille; bassins houillers. — Origine de la houille. — Sel gemme. — Mine de Willizcka. — Végétaux fossiles. — Animaux fossiles. — Tous sont marins et appartiennent à des espèces ou à des genres éteints. — Apparition et disparition de quelques fossiles des plus remarquables.

CHAPITRE XII. 109

Terrains tertiaires. — Leur position — leurs roches. - Puissance de ces dépôts. — Etat du globe à l'époque de leur formation. — Alternation des dépôts marins et des dépôts d'eau douce. — Il est difficile d'établir un système de relations entre les différents dépôts de cette période. — Roches principales. — Roches subordonnées. — Minéraux disséminés. — Végétaux fossiles. — Animaux fossiles. — Les fossiles deviennent de plus eu plus semblables aux espèces actuelles. — Comparaison des coquilles actuellement vivantes avec celles des terrains tertiaires, par M. Deshayes. — Coquilles; poissons; oiseaux; mammifères. — Le règne végétal et le règne animal à la fin de cette période.

CHAPITRE XIII. 124

Terrains d'alluvions. — Caractères distinctifs du diluvium. —

Blocs erratiques. — Leur forme; leur position ; leur mode de transport. — Minéraux disséminés dans le diluvium. — Fossiles. — Brèches osseuses. — Cavernes à ossements. — Post-diluvium. — Formations marines; lacustres. — Alluvium. — Roches et minéraux du diluvium et du post-diluvium. — Remarque de M. Boubée sur les aérolites.

CHAPITRE XIV..................................... 141

Terrains de cristallisation — leur description. — Minéraux qui les constituent. — L'âge d'une roche d'origine ignée n'est pas toujours celui de la roche de sédiment où elle se trouve. — Roches des terrains de cristallisation. — Minéraux disséminés.

CHAPITRE XV..................................... 150

Origine des montagnes — leur âge relatif. — Système de M. Elie de Beaumont, exposé par M. Arago. — L'inclinaison des couches de sédiment sur les flancs des montagnes prouve que celles-ci ont été formées par voie de soulèvement postérieurement à la déposition de ces couches. — Le moyen de reconnaître l'âge relatif des montagnes. — Application des principes de la théorie de M. Elie de Beaumont.— Les soulèvements des différentes chaînes de montagnes, ne seraient-ils pas la cause des différentes révolutions du globe? — Les douze systèmes de chaines de montagnes reconnus.

CHAPITRE XVI. 167

Géologie. — Cinq époques correspondent aux cinq groupes des terrains géologiques.

Première époque. — La terre à l'état de nébuleuse. — Refroidissement de la masse gazeuse. — Combinaisons des éléments. — Réactions chimiques ; leurs effets. — Formation des premiers terrains de cristallisation. — Action des astres sur la masse pâteuse du globe. — Formation des métaux. — Le globe couvert par les eaux. — Temps nécessaire au refroidissement du globe, suivant M. Fourier.

Deuxième époque. — Formation des premières montagnes.

— Abaissement de la température. — Apparition du règne végétal. — Apparition du règne animal. — Les premiers animaux sont tous marins. — Les poissons.

Troisième époque. — Changements dans la nature des dépôts, etc. — La formation houillère prouve l'existence de vastes terres découvertes, de grands cours d'eau, de grands lacs, d'une haute température. — Hypothèse de M. de Candolle sur la lumière nécessaire à quelques végétaux de cette époque. — Ces végétaux purifient l'air. — Apparition des conifères, des cycadées. — Apparition et disparition de plusieurs races animales. — Raison de leur disparition.

Quatrième époque. — Apparition des animaux à sang chaud. — Oiseaux; mammifères. — Apparition des dicotylédones. — La nature pendant cette période et dans son premier état. — La température à cette époque. — État du globe; état de l'Europe à cette époque. — La nature organique s'enrichit; la nature inorganique s'appauvrit.

Cinquième époque. — Les géologues supposent, à cette époque, l'existence d'un grand nombre de bassins, de lacs, de cours d'eau puissants. — Ces bassins, ces lacs sont détruits; les fleuves débordent. — Le déluge. — La chaîne des Andes se soulève. — Les animaux reparaissent, à quelques exceptions près. — Fossiles humains. — Abaissement probable de la température après le déluge. — Quelle sera la révolution qui terminera l'époque actuelle?

SECONDE PARTIE.

INTRODUCTION 203

Moïse et les géologues. — Bonnes intentions, maladresse des premiers géologues. — La géologie tournée contre la cosmogonie sacrée. — La Genèse et la géologie ne peuvent être en opposition. — Moïse n'avait qu'à faire connaître le Créateur par la création. — Il n'avait point à faire un traité scientifique. —

Il n'a donc pas tout dit ; mais ce qu'il nous a donné comme vrai,
a science ne peut nous le montrer comme faux. — Division.

CHAPITRE PREMIER. 211

La création. — Hypothèse de Laplace. — Suivant le témoignage des savants, elle est la plus vraisemblable. — La cosmogonie sacrée ne la repousse pas. — Passage des saintes
Écritures et des SS. Pères relatifs à cette question. — Commentaires.

CHAPITRE II. 220

ARTICLE PREMIER. — Phases de la création. — La loi du développement graduel a été probablement suivie au commencement des choses comme elle l'est aujourd'hui. — Phases dans
l'œuvre de la création. — Tout système géologique fondé sur
la Genèse est une œuvre périlleuse.

ARTICLE II. — Durée indéterminée de la première phase. —
Elle laisse aux géologues tout le temps qu'ils peuvent demander. — Les deux premiers versets de la Genèse. — Comme
l'a dit le P. Perrone, la chronologie sacrée commence à la création de l'homme et non à la création du monde. — Opinion du
cardinal Wiseman s'appuyant sur plusieurs SS. Pères.

ARTICLE III. — Accord de la Genèse et de la géologie sur
l'apparition successive des êtres organisés. — Il est reconnu par
MM. Delafosse, Ampère, le card. Wiseman. — La formation
des terrains géologiques a demandé bien du temps — Embarras
des anciens géologues sur l'origine de ces terrains. — Ils ne
sont pas dus au déluge. — Examen de cette question par le
card. Wiseman et M. Desdouits. — A quelle époque ces terrains
ont-ils été déposés?

ARTICLE IV. — *Première solution.* — Hypothèse des jours
périodes. — Ce n'est pas une opinion condamnée. — Le mot
hébreu qui signifie jour a plusieurs acceptions. — Les SS. Pères
ne lui ont pas tous donné le sens naturel. — Les traditions sont
favorables à cette interprétation. — Exposé de l'hypothèse des
jours périodes. — Elle donne champ large à la géologie sacrée.

Deuxième solution. — Hypothèse antéhexamérique. — Les terrains géologiques seraient antérieurs au premier jour génésiaque. — Le card. Wiseman suit cette opinion. — Comment il résume cette hypothèse. — Commentaire du premier chapitre de la Genèse. — Cette hypothèse ne laisse aucune difficulté sur le récit biblique.

CHAPITRE III............................. 271

Observations et questions soumises aux géologues. — 1° L'incandescence primitive du globe et la fluidité actuelle de sa masse intérieure ne sont pas incontestables. — Hypothèse de Humphry Davy — de M. Ampère. — Objections.

2° Les lois actuelles ne sont peut-être pas les mêmes que celles qui ont présidé à l'organisation du monde. — Observations.

3° Les formations, les créations et les révolutions successives et distinctes que suppose la géologie, ne sont pas toutes démontrées. — Découvertes modernes qui ont forcé les géologues à abandonner leurs premières opinions. — Le système des irruptions de la mer est abandonné. — Il n'est peut-être pas nécessaire d'avoir recours aux grandes révolutions que supposent les géologues, pour expliquer les changements qui ont eu lieu sur le globe. — État géographique de l'Europe, après la formation de la craie, suivant M. Boué. — Il explique bien des changements dans la nature vivante, sans supposer des catastrophes générales. — M. Prévost, touchant ces questions. — Il est donc facile de se tromper, en faisant l'histoire des formations fossilifères.

4° La formation des terrains fossilifères n'aurait-elle pas pu se faire en moins de temps qu'on ne le suppose? — Grandes formations qui se sont faites depuis les temps historiques. — Ex. attérissements. — Le Nil — le Pô — etc. — Formations marines, suivant M. Lyell. — Formations lacustres, suivant M. Boubée. — La rapidité avec laquelle les végétaux et les animaux se multiplient, nous expliquerait la grande abondance

des fossiles dans les anciens terrains. — Les six jours génésiaques seraient-ils des jours naturels? — Quelques géologues
l'ont cru. — MM. Maupied, Glaire, Debreyne.

CHAPITRE IV...................................... 320

Le déluge. — Traditions. — C'est un fait géologique incontestable.

1° Existence du déluge. — Monuments du déluge. — Vallées
de dénudation. — Rochers dénudés. — Blocs erratiques. —
Dépôts de sables et de galets. — Hypothèse de Hutton, de
Lyell, etc., sur les roches de transport. — Autres témoins du
déluge, les animaux semblables aux nôtres. — Cavernes à ossements; brèches osseuses.

2° Unité du déluge. — Raison de la dispersion des dépôts diluviens. — Ces dépôts accusent une même cause. — Ils sont
tous de même nature. — Toutes les traces laissées par le déluge ont la même direction. — Les cailloux roulés, les blocs erratiques, les vallées, les sillons creusés sur les montagnes, vont
toujours du nord au sud.

3° Durée du déluge. — La nature des dépôts diluviens prouve
qu'ils sont le produit d'une action violente et passagère. — Le
déluge n'a pas laissé de formation. — Récit de Moïse.

4° Universalité du déluge. — Les dépôts diluviens sont répandus en tous lieux. — Les traces du déluge sont restées partout. — L'hypothèse d'une inondation partielle aussi considérable, est difficile à expliquer physiquement. — Le déluge n'é-
tait peut-être que moralement universel. — Cette opinion a été
soutenue et n'a pas été condamnée. — Isaac Vossius. — Commentaire de M. Maupied, sur le passage de la Genèse relatif au
déluge.

5° Cause du déluge. — Hypothèse de M. Elie de Beaumont.
— Tous les agents de la nature peuvent avoir été mis en œuvre pour produire le déluge. — Récit de Moïse. — Différents
réservoirs de la nature. — Le globe fut enseveli sous les mêmes
eaux qui l'avaient enveloppé, au commencement des choses,

comme l'avait dit Moïse, et comme l'ont reconnu les géologues. — Aux eaux de la mer et de l'atmosphère, il faut ajouter celles provenant des neiges et des glaces des montagnes et des deux pôles. — Bernardin de Saint-Pierre attribue le déluge à l'effusion des glaces polaires. — Les mers intérieures. — Moïse ne nous donne pas le déluge comme un fait purement naturel.

6° Époque du déluge. — Chronomètres naturels. — Alluvions, dunes. — Observations et calculs de Bremontier, de Deluc, confirmés par Dolomieu, Cuvier.

7° Existence de l'homme à l'époque du déluge. — Les géants antédiluviens. — Les géologues ont nié l'existence de l'homme à l'époque du déluge. — En ont-ils le droit ? — Bien des fossiles nouveaux se découvrent chaque jour. — On a trouvé des fossiles humains dans des terrains regardés comme diluviens. — Brèches osseuses de la Dalmatie, etc. — Cavernes des départements de l'Aude, du Gard, etc. — Cavernes de la Belgique, etc. — Fossiles de races nègres trouvés en Belgique, en Autriche, etc. — Ce sont les terrains habités par les premiers hommes qui sont le plus inconnus aux géologues. — Les fossiles humains doivent être plus rares que les autres. — Que les géologues fassent de nouvelles fouilles et la lumière se fera.

CHAPITRE V 401

Le matérialisme en présence de la géologie. — La géologie nous fournit les armes les plus puissantes contre le matérialisme.

1° La géologie prouve que l'homme est tout nouveau sur la terre.

2° La géologie nous fait remonter jusqu'à l'origine des végétaux et des animaux.

3° Examen de la doctrine du développement graduel. — MM. Forichon, Jehan, Cuvier. — Les espèces sont permanentes. — L'apparition simultanée de plusieurs genres et de plusieurs espèces, prouve qu'ils ne sont pas sortis les uns des autres. — Quelques espèces anciennes étaient même plus parfaites que les nôtres. — Témoignages de MM. Agassiz, Buckland, d'Orbigny, Godefroy.

4° Les végétaux et les animaux ne sont pas le produit spontané de la matière. — 1° Les molécules organiques des matérialistes n'existent pas. — 2° Les infusoires ne fournissent aucun argument en faveur de leur thèse. — Expérience de Spallanzani. — Découverte de M. Ehremberg. — 3° Le principe vital n'est pas l'effet de l'organisme. — Il en est plutôt la cause. — 4° La vie n'est pas le produit des lois générales de la nature. — Discussion par M. Forichon.

5° Le monde n'est pas éternel. — La géologie nous fait assister à la formation du globe, dans son noyau comme dans son écorce. — Il est facile de remonter jusqu'à la naissance des corps les plus fixes dont se compose le globe. — La matière n'est donc pas éternelle.

6° La géologie nous conduit jusqu'au jour où commença l'œuvre mystérieuse de la création. — Elle ne peut nous expliquer le mystère, mais elle nous fait sentir la nécessité d'un Créateur. — 1° Combinaisons et cristallisation de la matière élémentaire. — Elles n'ont pas eu lieu en vertu d'une propriété inhérente à la matière. — Elles ne peuvent s'expliquer par des causes fortuites. — Elles supposent donc un Organisateur suprême. — 2° Le mouvement. — Division de la masse gazeuse en plusieurs masses distinctes — en corps lumineux — en corps opaques plus ou moins denses. — Qui a fait cette division? — Mouvement. — Il n'est pas essentiel à la matière. — Attraction, projection. — Mouvements différents dont les astres sont animés. — Qui les a réglés? — Paroles de Newton. — Mouvement de rotation. — Il est différent dans chacun des astres. — Qui a réglé cette différence? — Le résultat des calculs faits par Laplace sur la cause du mouvement des astres. — 3° Organisation du globe. — Plan de la Providence dans les révolutions du globe. — Création des végétaux et des animaux. — Ils ne sont pas le produit nécessaire des lois naturelles. — D'où viennent-ils? — Création de l'homme. — Il n'a pas de cause dans la nature. — La terre était destinée à l'homme. — La géologie nous conduit à l'existence de Dieu. — La science reste confondue devant le mystère de sa puissance. — Paroles de Job.

CONCLUSION GÉNÉRALE........................... 477

La géologie, menaçante à son origine, est tombée d'accord avec la Genèse. — Paroles de M. Boubée. — Moïse ne pouvait savoir scientifiquement ce qu'il a écrit sur l'origine du monde. — M. Cauchy. — Dilemme de M. Ampère. — Moïse était donc inspiré.

FIN DE LA TABLE.

Vannes. — Imp. de Gust. de Lamarzelle.

www.ingramcontent.com/pod-product-compliance
Lightning Source LLC
LaVergne TN
LVHW020130030726
842520LV00001B/99